智能感知专业核心课系列教材

智能传感器技术实践教程

主　编　祝学云
副主编　刘　莹　毛志成　范　文

東南大學出版社
SOUTHEAST UNIVERSITY PRESS
·南京·

内 容 简 介

本书围绕智能传感器设计实验，介绍了三部分内容：基础传感器技术实验，基于 Cortex-M4 的微处理器实验和智能传感器技术实验。

在第一部分“基础传感器技术实验”中，按照传感器原理分类，分别介绍了电阻式传感器实验，电感式、电容式传感器实验，磁敏式、磁电式、压电式传感器实验，光敏式、光电式、光纤式传感器实验和热敏式、热电式传感器实验。在第二部分“基于 Cortex-M4 的微处理器实验”中，介绍了基本操作与 GPIO 实验，定时器与中断实验，通信实验(串口通信与网络通信)，A/D 转换实验(片上 A/D 与片外 A/D)和应用实验。在第三部分“智能传感器技术实验”中，介绍了智能传感器数据处理实验，智能传感器自适应实验和智能传感器设计实验，在智能传感器设计实验中，分别介绍了智能质量传感器设计实验，智能位移传感器设计实验，智能气压传感器设计实验和智能网络传感器设计实验。

本书可作为高等院校智能感知工程、测控技术与仪器、自动化、机器人工程、电子科学与技术和信息工程等专业的课程实验教材，也可作为人工智能等相关专业人士的参考资料。

图书在版编目(CIP)数据

智能传感器技术实践教程 / 祝学云主编. --南京：东南大学出版社，2025.2. -- ISBN 978-7-5766-1877-8

Ⅰ. TP212.6

中国国家版本馆 CIP 数据核字第 20254XT322 号

责任编辑：姜晓乐　　责任校对：咸玉芳　　封面设计：企图书装　　责任印制：周荣虎

智能传感器技术实践教程

Zhineng Chuanganqi Jishu Shijian Jiaocheng

主　　编：祝学云

出版发行：东南大学出版社

社　　址：南京四牌楼 2 号　邮编：210096

出 版 人：白云飞

网　　址：http://www.seupress.com

经　　销：全国各地新华书店

印　　刷：广东虎彩云印刷有限公司

开　　本：787mm×1092mm　1/16

印　　张：14.5

字　　数：362 千字

版　　次：2025 年 2 月第 1 版

印　　次：2025 年 2 月第 1 次印刷

书　　号：ISBN 978-7-5766-1877-8

定　　价：56.00 元

本社图书若有印装质量问题，请直接与营销部联系。电话(传真)：025-83791830。

前 言

随着人工智能技术的迅猛发展，人工智能技术应用将日新月异，对智能传感器的需求越来越显著，未来，智能传感器将广泛应用于各行各业。智能传感器的概念是由美国宇航局提出的，是为了解决航天飞船上传感器众多、集中处理传感器信息的中央处理器负担过重的问题，采取分布式传感器系统解决方案，将传感器与微处理器结合，组成一种自带微处理器的，利用软件技术实现信息检测、信息处理、信息记忆、逻辑思维与判断等功能的传感器，传感器自身具备感知、学习、推理、通信和管理等能力。

传感器与微处理器结合有两种方式：一是将传感器和微处理器等独立模块组合成一体，形成系统集成式智能传感器；二是利用半导体集成电路技术，将传感器、信号处理电路、输入输出接口和微处理器等制作在同一芯片上，形成芯片集成式智能传感器。

智能传感器按照智能化程度可分为初级智能传感器、中级智能传感器和高级智能传感器。初级智能传感器除了具有信息检测、信息处理、信息记忆和信息传输等功能外，还具有自动校零、非线性校正、消除噪声影响和提高精度等功能；中级智能传感器除了具有初级智能传感器功能外，还具有故障自诊断、量程自调整、测量误差进一步自校正和环境自适应等功能；高级智能传感器除了具有中级智能传感器功能外，还具有传感器阵列信息融合功能，并结合神经网络技术、人工智能技术、模糊控制理论和预测控制理论等，使它具有人类的识别、记忆、学习、思维和判断、决策等功能。

本教材是为了配套“智能传感器技术”课程实验而编写的，考虑到课程内容的连贯性，本教材分为三个部分，第一部分为“基础传感器技术实验”，第二部分为“基于Cortex-M4的微处理器实验”，第三部分为“智能传感器技术实验”。本教材除了可以作为“智能传感器技术”课程的实验教材外，还可以作为“传感器与检测技术”课程和“Cortex-M4微处理器原理及应用”课程的实验教材。

本书第一部分由祝学云、范文编写，第二部分由刘莹、祝学云编写，第三部分由毛志成、祝学云编写，并由祝学云负责统稿。在本书编写过程中，参考、引用了许多专家、学者的著作，并得到了多位老师和学生的支持，在此一并表示感谢！

由于作者水平有限，书中不免有错误和不足之处，敬请读者批评指正。

作者

2023年12月

目　录

第一部分　基础传感器技术实验

第二部分　基于 Cortex-M4 的微处理器实验

第三部分　智能传感器技术实验

第一部分

基础传感器技术实验

第一章

电阻式传感器实验

实验一　金属箔式应变片直流电桥性能实验

一、实验目的

了解电阻应变效应,掌握电阻应变式传感器基本原理与应用,掌握电阻应变式传感器电桥工作的原理、性能与测量电路的设计。

利用金属箔式应变片弹性梁传感器测量重力与输出电压的关系,比较单臂电桥、半桥与全桥的不同性能和特点。

二、基本原理

电阻应变式传感器是将电阻应变片粘贴在弹性元件上,利用电阻应变效应将工程结构件的形变转换为电阻变化的传感器。

此类传感器是通过一定的机械装置将被测量转换成弹性元件的形变,然后将弹性元件的形变转换成电阻应变片的电阻变化,再通过测量(转换)电路将电阻的变化转换成电压或电流的变化信号输出。

电阻应变式传感器主要由电阻应变片、弹性元件和测量(转换)电路组成。

1. 电阻应变效应

电阻应变效应是指具有规则外形的导体或半导体,在外力作用下产生应变,其电阻值产生相应改变的物理现象。

下面以圆柱形导体或半导体材料为例进行分析。

设圆柱体长为 L、半径为 r、横截面积为 S、材料电阻率为 ρ,根据电阻定律得:

$$R=\rho\frac{L}{S}=\rho\frac{L}{\pi\cdot r^2}\tag{1-1}$$

当圆柱体因某种原因产生应变时,设其长度 L、横截面积 S 和电阻率 ρ 的变化分别为 $\mathrm{d}L$、$\mathrm{d}S$ 和 $\mathrm{d}\rho$,相应的电阻变化为 $\mathrm{d}R$。对式(1-1)全微分得电阻变化率为:

$$\frac{\mathrm{d}R}{R}=\frac{\mathrm{d}L}{L}-2\frac{\mathrm{d}r}{r}+\frac{\mathrm{d}\rho}{\rho}\tag{1-2}$$

其中，$\frac{dL}{L}$ 为轴向应变量，用 ε_L 表示；$\frac{dr}{r}$ 为径向应变量，用 ε_r 表示，则：

$$\frac{dR}{R}=\varepsilon_L-2\varepsilon_r+\frac{d\rho}{\rho} \tag{1-3}$$

材料的泊松比(径向收缩与轴向伸长之间的比例关系)用 μ 表示：

$$\mu=-\frac{\varepsilon_r}{\varepsilon_L} \tag{1-4}$$

$$\varepsilon_r=-\mu\varepsilon_L \tag{1-5}$$

负号表示两者的变化方向相反。将式(1-5)代入式(1-3)得：

$$\frac{dR}{R}=(1+2\mu)\varepsilon_L+\frac{d\rho}{\rho} \tag{1-6}$$

式(1-6)表明电阻应变效应取决于几何应变效应和压阻效应(电阻率变化)。

2. 应变灵敏度

应变灵敏度是指导体或半导体在单位应变作用下所产生的电阻相对变化量。

(1) 金属导体的应变灵敏度

对于金属导体而言，电阻应变效应受几何应变效应的影响较大，受压阻效应的影响较小(可以忽略不计)。因此，式(1-6)可简化为：

$$\frac{dR}{R}\approx(1+2\mu)\varepsilon_L=k\varepsilon_L \tag{1-7}$$

式中，k 为金属导体的应变灵敏度：

$$k=1+2\mu \tag{1-8}$$

金属导体的电阻应变效应主要取决于其几何应变效应。

金属导体在受到应变作用时将产生电阻变化，其电阻变化量与轴向应变成正比，与径向应变成反比。

大多数金属导体的泊松比为 0.3～0.5，所以大多数金属导体的电阻应变灵敏度 k 为 1.6～2.0。

(2) 半导体的应变灵敏度

半导体材料受力变形时，会暂时改变晶体结构的对称性，因而改变了半导体的导电机理，使得它的电阻率发生变化，其压阻效应远远大于金属导体。

对于半导体而言，电阻应变效应受压阻效应的影响较大，受几何应变效应的影响较小(可以忽略不计)。因此，式(1-6)可简化为：

$$\frac{dR}{R}\approx\frac{d\rho}{\rho} \tag{1-9}$$

半导体材料的电阻应变效应主要取决于其压阻效应。

不同材质的半导体材料在相同受力条件下产生的压阻效应可能不同，电阻变化有可能是正的（使电阻增大），也可能是负的（使电阻减小）。也就是说，同样是拉伸或压缩形变，不同材质的半导体可能得到完全相反的电阻变化效果。

半导体材料的电阻应变灵敏度较大，一般在 100～200 之间。

3. 电阻应变片的结构和应用

电阻应变片主要由基座、敏感栅和覆盖层组成。根据制作方法的不同，可以分为丝式、箔式和薄膜式应变片，且应变片普遍采用金属电阻制成。

半导体电阻应变片的应变效应比金属电阻应变片显著得多。采用半导体电阻应变片的传感器多用于微弱信号测量，但由于其温漂过大，稳定性和线性度不好，并且容易损坏，因此其应用受到一定的影响。随着技术的发展，半导体电阻应变片的缺点正在被逐渐克服，其应用也越来越广泛。

工程应用方面，电阻应变片可用于能转换成弹性元件形变的各种非电量检测，如力、压力、应变、力矩、重量、位移、速度、加速度和温度等。

4. 弹性元件

常用的弹性元件的形式有梁式、柱式、环式和轮辐式等。

5. 测量(转换)电路

为了将电阻应变式传感器的电阻变化转换成电压或电流变化信号，在应用中一般采用惠斯通电桥与信号调理、放大电路作为测量（转换）电路。

电桥分为单臂电桥、半桥和全桥；根据激励电源的不同，又分为直流电桥和交流电桥。

6. 金属箔式应变传感器实验原理

(1) 单臂电桥性能实验原理图见图 1-1。

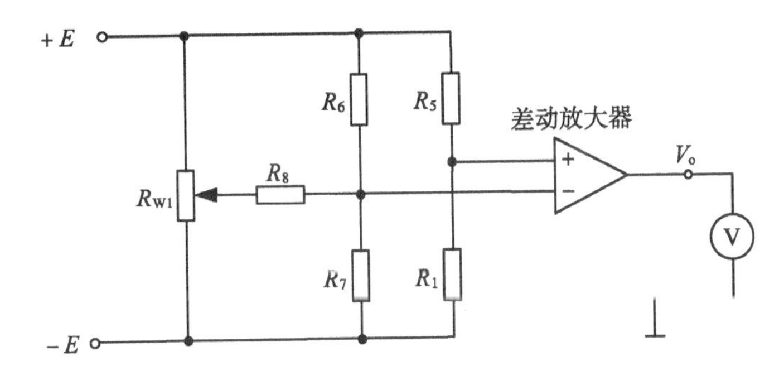

图 1-1　单臂电桥性能实验原理图

图中，R_1 为金属箔式应变片，$\pm E$ 为电桥激励电源，R_{W1} 为电桥平衡电位器。

电桥输出电压：

$$U \approx \frac{1}{4} \cdot \frac{\Delta R_1}{R_1} \cdot U_E = \frac{1}{4} k \varepsilon_L U_E \tag{1-10}$$

式中，ε_L 为轴向应变量，k 为金属导体应变灵敏度，U_E 为电桥激励电源电压：$U_E = E - (-E) = 2E$。

(2) 半桥性能实验原理图见图 1-2。

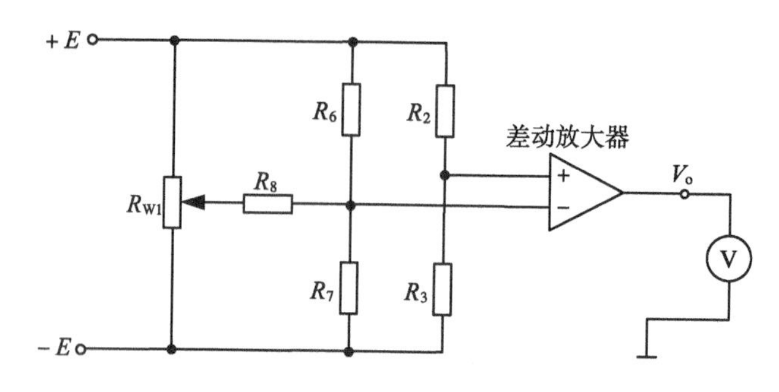

图 1-2　半桥性能实验原理图

图中，R_2、R_3 为金属箔式应变片。

将两只特性相同而应变相反的应变片接入电桥作为邻边，组成半桥电路(差动电桥)，电桥的输出灵敏度得到提高，非线性得到改善。

电桥输出电压：

$$U=\frac{1}{2}k\varepsilon_L U_E \tag{1-11}$$

(3) 全桥性能实验原理图见图 1-3。

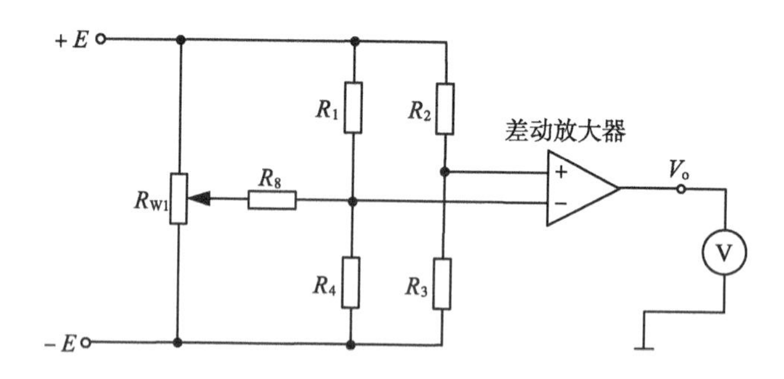

图 1-3　全桥性能实验原理图

图中，R_1、R_2、R_3、R_4 为金属箔式应变片。

4 只应变片特性相同，电桥对边两应变片应变相同(电桥邻边两应变片应变相反)，因此全桥电路的输出灵敏度比半桥电路又提高了一倍，非线性误差和温度误差均得到改善。

电桥输出电压：

$$U=k\varepsilon_L U_E \tag{1-12}$$

三、实验器材

主机箱(±15 V 直流稳压电源、±2 V～±10 V 步进可调直流电源、电压表)、应变传感器、应变传感器实验模板、托盘、砝码和导线等。

应变式传感器安装示意图见图 1-4，4 只金属箔式应变片已粘贴在弹性梁上，构成应变式传感器(类似电子秤传感器结构)。弹性梁上方粘贴的是应变片 R_1、R_3，下方粘贴的是应

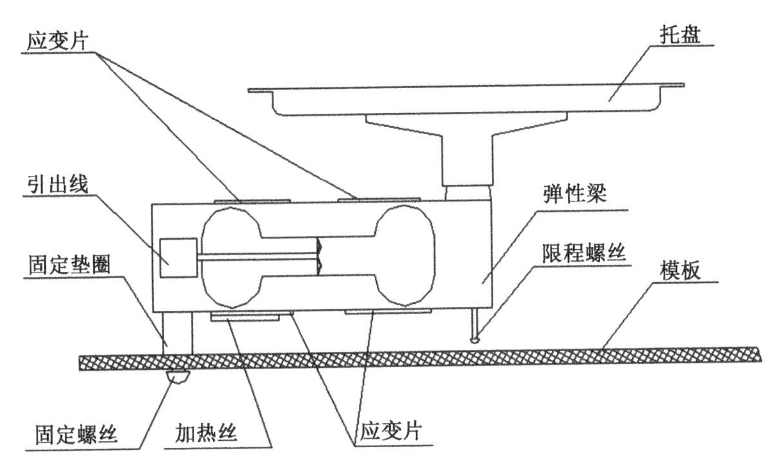

图 1-4　应变式传感器安装示意图

变片 R_2、R_4。

传感器托盘支点受压时，R_1、R_3 阻值增加(拉伸)，R_2、R_4 阻值减小(压缩)。常态时应变片阻值为 350 Ω。

四、单臂电桥性能实验

1. 安装、接线

将托盘安装到应变传感器的托盘支点上，根据图 1-5 安装、接线。

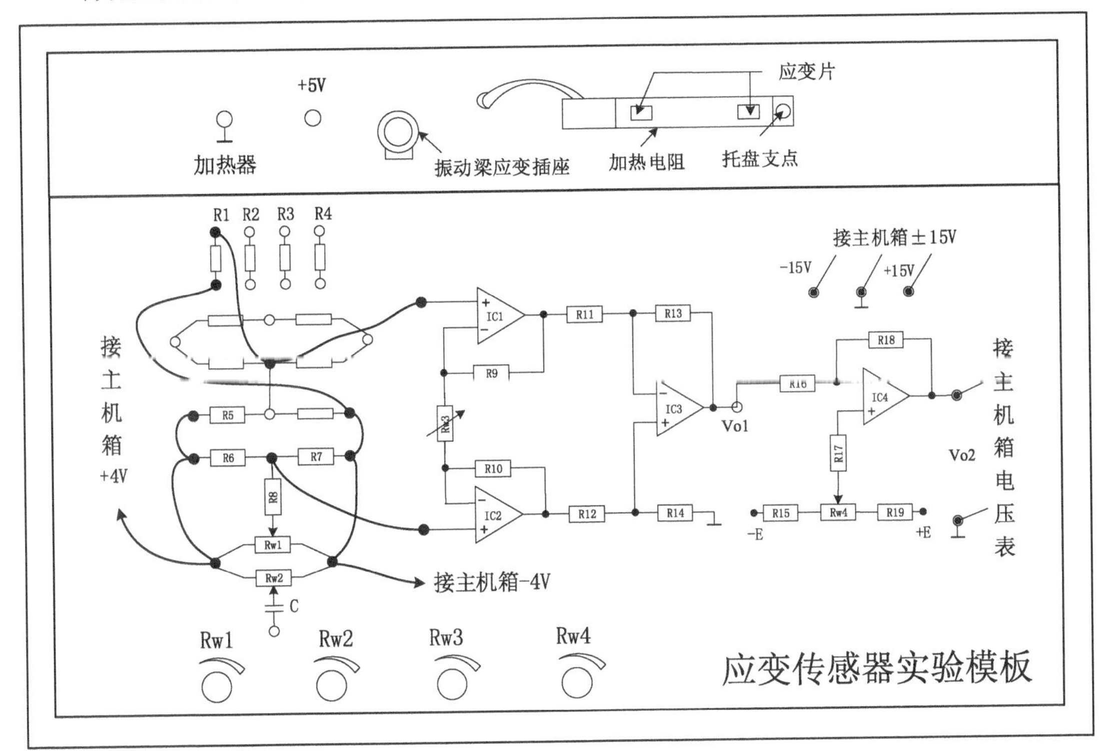

图 1-5　单臂电桥应变传感器性能实验安装、接线示意图

实验模板内部接线时已经将弹性梁上的 4 个应变片分别连接到 R_1、R_2、R_3、R_4 插孔，R_5、R_6、R_7 是实验模板上的 350 Ω 固定电阻(可以与应变片组成电桥)。另外，实验模板上没有文字标记的 5 个电阻是空的，是为方便实验者组成电桥而设的。

将±2 V～±10 V 步进可调直流电源调节到±4 V 挡。

实验电路使用了主机箱的±4 V、±15 V 电源及电压表，接线时要将这些电源的地端和电压表的负端(地端)连接在一起(共地)。

±15 V 电源为运算放大器工作电源，±4 V 电源为电桥激励电源。

2. 放大器调增益及调零

将实验模板上差动放大器的两个输入端口(运放 IC_1、IC_2 的+端)引线暂时脱开，再用导线将两个输入端口短接(即放大器输入电压 $V_i=0$)。

调节差动放大器增益电位器 R_{W3}，大约调到中间位置(先逆时针旋到底，再顺时针旋 2 圈)。

检查接线无误后，合上主机箱电源开关。

将主机箱电压表的量程开关切换到 2 V 挡，调节差动放大器的调零(电平移动)电位器 R_{W4}，使电压表显示为零。

再将主机箱电压表量程开关切换到 200 mV 挡，调节电位器 R_{W4}，使电压表显示为零。

3. 电桥调零

拆去差动放大器输入端口的短接线，将暂时脱开的引线复原。

使应变传感器托盘上的负载为零，调节实验模板上的电桥平衡电位器 R_{W1}，使电压表显示为零(根据输出电压的大小，可依次选择电压表 2 V 挡、200 mV 挡调零)。

4. 实验测量

在应变传感器的托盘上放置一只砝码(20 g)，读取电压表数值。

如果需要改变输出电压的极性(电压表数值的正、负号)，可以将差动放大器的两输入端口(运放 IC_1、IC_2 的+端)引线对调，或者将电桥的激励电源引线对调。

在实验测量中，要根据输出电压的大小，选择合适的电压表量程(200 mV 挡或 2 V 挡)。

从 20 g 砝码开始，依次增加砝码，读取相应的电压表数值，直到 200 g 砝码加完。

实验数据按照表 1-1 的格式记录。

如果要对实验结果进行数据处理、分析，一般需要 5～10 组数据，即需要按照上面的步骤重复测量 5～10 次。根据测量记录的多组数据，采用求平均值或其他数字滤波的方法，计算出实验结果的有效值。

表 1-1 实验数据表

质量/g										
电压/mV										

5. 实验数据处理

根据实验结果，画出实验曲线，并拟合直线，然后计算系统灵敏度 S 和非线性误差 δ。

$$S=\frac{\Delta U}{\Delta W} \tag{1-13}$$

式中，ΔU 为输出电压变化量，ΔW 为砝码质量变化量。

$$\delta = \frac{\Delta m}{y_{FS}} \times 100\% \tag{1-14}$$

式中，Δm 为输出值与拟合直线的最大偏差，y_{FS} 为满量程输出(满量程为 200 g)。

实验完毕，关闭电源。

6. 思考题

(1) 将应变片 R_1 换成 R_2(R_1、R_2 应变相反)，重复以上实验(在前面的实验中，已经完成放大器调增益及调零，故不再调节放大器增益及零位)，比较实验结果及系统灵敏度 S、非线性误差 δ。

(2) 单臂电桥工作时，作为桥臂电阻的应变片应选用(　　)。

① 正应变片(拉伸)

② 负应变片(压缩)

③ 正、负应变片均可以

五、半桥性能实验

1. 安装、接线

将托盘安装到应变传感器的托盘支点上，根据图 1-6 安装、接线。

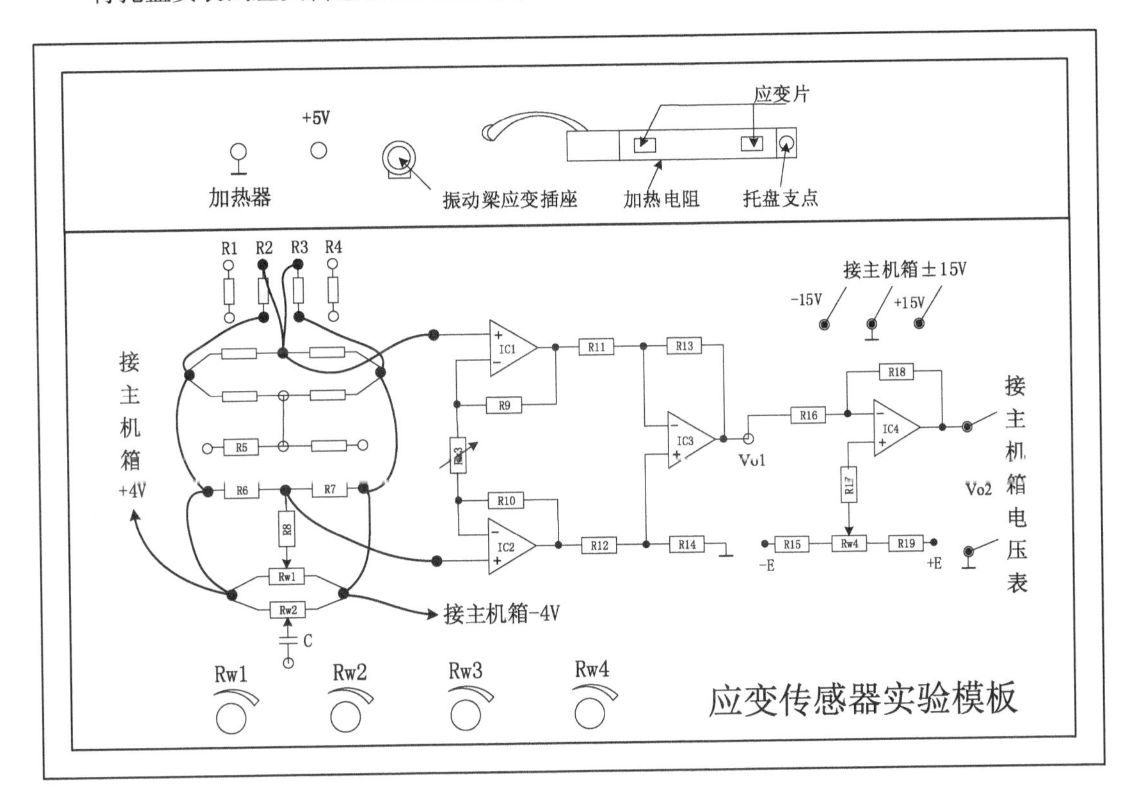

图 1-6　半桥应变传感器性能实验安装、接线示意图

将±2 V～±10 V 步进可调直流电源调节到±4 V 挡。

实验电路使用了主机箱的±4 V、±15 V 电源及电压表，接线时要将这些电源的地端和电压表的负端（地端）连接在一起（共地）。

2. 放大器调增益及调零

检查接线无误后，合上主机箱电源开关。

在做“单臂电桥性能实验”时，差动放大器调增益及调零已完成。

为了比较半桥与单臂电桥的性能，不要再改变放大器的增益，即不需要再调节放大器的增益电位器 R_{W3}；同时也不需要再进行放大器调零，即不需要再调节放大器的调零（电平移动）电位器 R_{W4}。

如果之前没有完成“单臂电桥性能实验”的内容，请参考“单臂电桥性能实验”调节放大器增益及调零。

3. 电桥调零

使应变传感器的托盘负载为零，调节实验模板上的电桥平衡电位器 R_{W1}，使电压表显示为零（根据输出电压的大小，可依次选择电压表 2 V 挡、200 mV 挡调零）。

4. 实验测量

在应变传感器的托盘上放置一只砝码（20 g），读取电压表数值。

在实验测量中，要根据输出电压的大小，选择合适的电压表量程（200 mV 挡或 2 V 挡）。

从 20 g 砝码开始，依次增加砝码，读取相应的电压表数值，直到 200 g 砝码加完。

实验数据按照表 1-2 的格式记录。

表 1-2　实验数据表

质量/g										
电压/mV										

5. 实验数据处理

根据实验结果，画出实验曲线，并拟合直线，然后计算系统灵敏度 S 和非线性误差 δ。

实验完毕，关闭电源。

6. 思考题

（1）将应变相同的两只应变片接入电桥，组成半桥电路，重复以上实验（在前面的实验中，放大器调增益及调零已完成，不再调节放大器增益及零位），比较实验结果及系统灵敏度 S、非线性误差 δ。

（2）半桥测量时，如果使用应变相同的电阻应变片，接入电桥时应放在（　　）。

① 对边

② 邻边

（3）差动电桥测量时存在非线性误差，是因为（　　）。

① 电桥测量原理上存在非线性

② 应变片应变效应存在非线性

③ 调零值不是真正为零

六、全桥性能实验

1. 安装、接线

将托盘安装到应变传感器的托盘支点上，根据图 1-7 安装、接线。将±2 V～±10 V 步进可调直流电源调节到±4 V 挡。

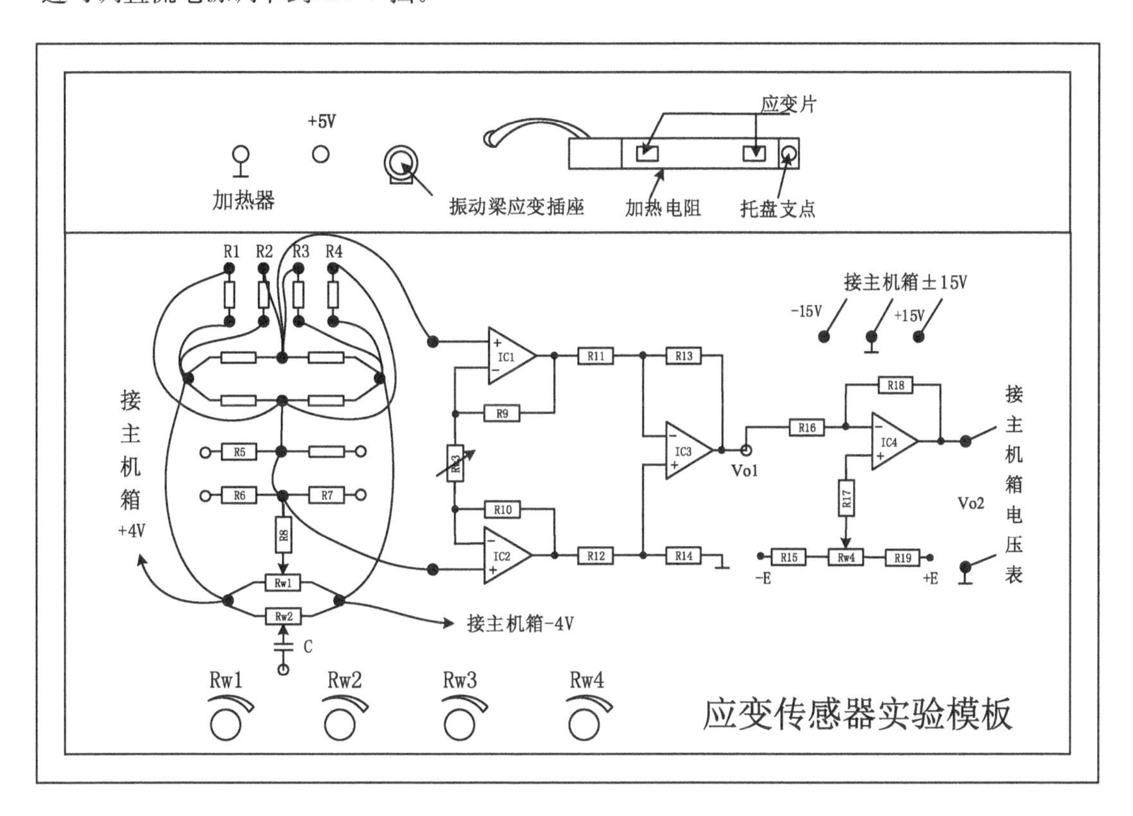

图 1-7　全桥应变传感器性能实验安装、接线示意图

实验电路使用了主机箱的±4 V、±15 V 电源及电压表，接线时要将这些电源的地端和电压表的负端（地端）连接在一起（共地）。

2. 放大器调增益及调零

检查接线无误后，合上主机箱电源开关。

在做“单臂电桥性能实验”时，已经完成了差动放大器增益调节及调零。

为了比较全桥、半桥与单臂电桥的性能，不要再改变放大器的增益，即不需要再调节放大器的增益电位器 R_{W3}；同时也不需要再进行放大器调零，即不需要再调节放大器的调零（电平移动）电位器 R_{W4}。

如果没有完成“单臂电桥性能实验”的内容，请参考“单臂电桥性能实验”进行放大器增益调节及调零。

3. 电桥调零

使应变传感器的托盘上负载为零，调节实验模板上的电桥平衡电位器 R_{W1}，使电压表显示为零（根据输出电压的大小，可依次选择电压表 20 V 挡、2 V 挡、200 mV 挡调零）。

4. 实验测量

在应变传感器的托盘上放置一只砝码(20 g),读取电压表数值。

在实验测量中,根据输出电压大小,选择合适的电压表量程(200 mV、2 V 或 20 V 挡)。

从 20 g 砝码开始,依次增加砝码,读取相应的电压表数值,直到 200 g 砝码加完。

实验数据按照表 1-3 的格式记录。

表 1-3 实验数据表

质量/g										
电压/mV										

5. 实验数据处理

根据实验结果,画出实验曲线,并拟合直线,然后计算系统灵敏度 S 和非线性误差 δ。

实验完毕,关闭电源。

6. 思考题

(1) 完成金属箔式应变片的温度影响实验。

① 按照全桥性能实验步骤,将 200 g 砝码放在砝码盘上,读取输出电压 V_{o2};

② 将主机箱中+5 V 直流稳压电源(正、负端),对应接在实验模板应变片加热器上(正、负端),数分钟后待电压表显示基本稳定后,读取数值 V_{o2t};

③ $(V_{o2t}-V_{o2})$ 即为温度变化对输出的影响。

因温度变化产生的相对误差:

$$\delta_t=\frac{V_{o2t}-V_{o2}}{V_{o2}}\times 100\% \tag{1-15}$$

④ 为消除金属箔式应变片受温度的影响,主要可采取哪些方法?

(2) 全桥测量时,应变相反的电阻应变片在电桥中为(　　)。

① 对边

② 邻边

实验二　交流应变全桥振动测量实验

一、实验目的

了解交流应变电桥的基本原理和应用，掌握交流应变电桥振动测量的原理与方法。

二、基本原理

图 1-8 是交流应变电桥振动测量实验原理图（动态应变仪原理图）。当振动源上的振动台受到 $F(t)$ 作用而振动时，粘贴在振动梁上的应变片产生应变信号 $\frac{dR}{R}$，应变信号 $\frac{dR}{R}$ 加载到由交流电桥激励信号提供的载波信号 $y(t)$ 上，经交流电桥调制成调幅波，再经差动放大器放大为 $U_1(t)$，$U_1(t)$ 经相敏检波器检波解调为 $U_2(t)$，$U_2(t)$ 经低通滤波器滤除载波成分后，输出应变片能够检测到的振动信号 $U_3(t)$（调幅波的包络线），$U_3(t)$ 可用示波器测量。

图 1-8 中，交流电桥就是一个调制电路，r、W_1、W_2、C 是交流电桥的平衡调节网络，移相器为相敏检波器提供同步检波的参考电压。

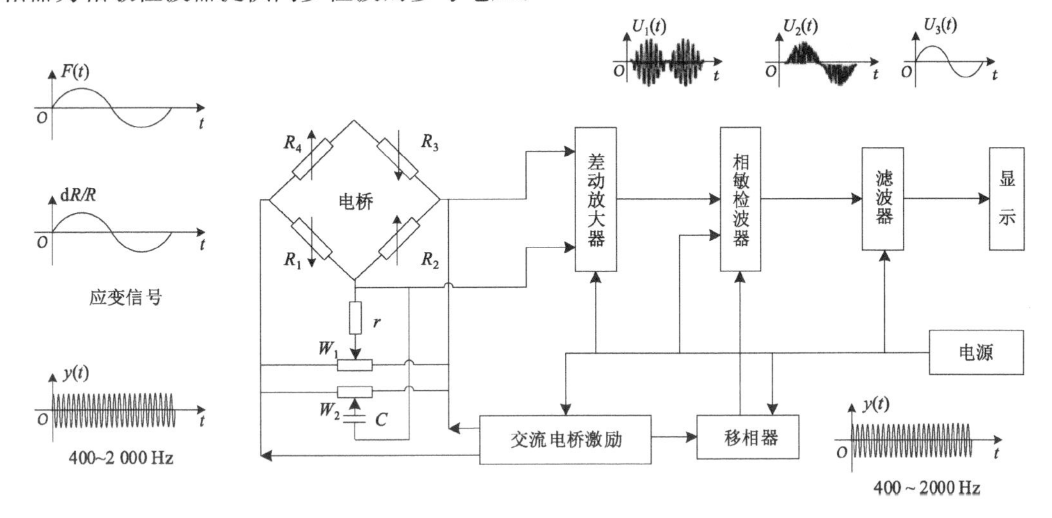

图 1-8　交流应变电桥振动测量实验原理图

1. 移相器工作原理

图 1-9 为移相器电路原理图与实验模板面板图。

图中，IC_{4-1}、R_{4-1}、R_{4-2}、R_{4-3}、C_{4-1} 构成一阶移相器（超前），在 $R_{4-1}=R_{4-2}$ 的条件下，其幅频特性和相频特性分别为：

$$K_{F1}(j\omega)=\frac{V_1}{V_i}=\frac{1-j\omega R_{4-3}C_{4-1}}{1+j\omega R_{4-3}C_{4-1}} \tag{1-16}$$

$$K_{F1}(\omega)=1 \tag{1-17}$$

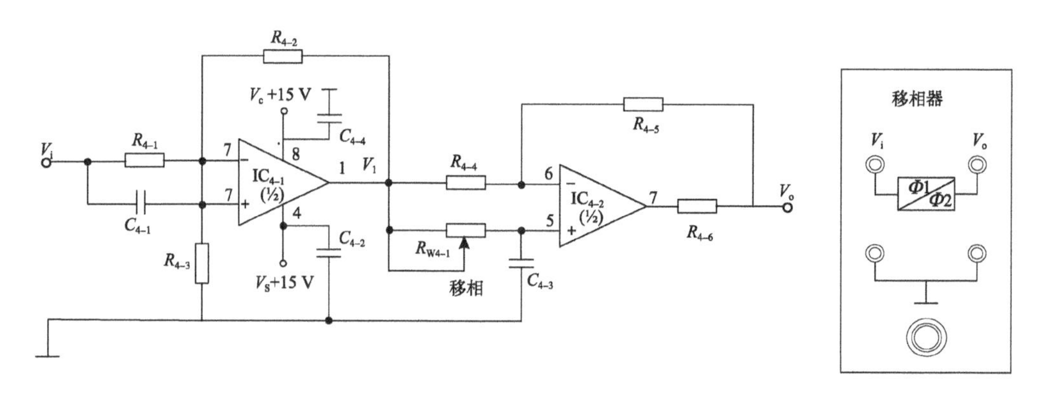

图 1-9　移相器原理图与实验模板面板图

$$\Phi_{F1}(\omega)=\arctan\frac{-2\omega R_{4-3}C_{4-1}}{1-(\omega R_{4-3}C_{4-1})^2} \tag{1-18}$$

式中，$\omega=2\pi f$，f 为输入信号频率。

同理，IC_{4-2}、R_{4-4}、R_{4-5}、R_{W4-1}、C_{4-3} 构成另一个一阶移相器(滞后)，在 $R_{4-4}=R_{4-5}$ 条件下，其幅频特性和相频特性分别为：

$$K_{F2}(j\omega)=\frac{V_o}{V_1}=-\frac{1-j\omega R_{W4-1}C_{4-3}}{1+j\omega R_{W4-1}C_{4-3}} \tag{1-19}$$

$$K_{F2}(\omega)=1 \tag{1-20}$$

$$\Phi_{F2}(\omega)=\arctan\frac{-2\omega R_{W4-1}C_{4-3}}{1-(\omega R_{W4-1}C_{4-3})^2} \tag{1-21}$$

由此可见，根据幅频特性公式，移相前后的信号幅值相等；根据相频特性公式，相移角度的大小与信号频率 f 及电路中阻容元件的大小有关。

图 1-9 所示二阶移相器的移相角为：

$$\begin{aligned}\Phi_F(\omega)&=\Phi_{F1}(\omega)-\Phi_{F2}(\omega)\\&=\arctan\frac{-2\omega R_{4-3}C_{4-1}}{1-(\omega R_{4-3}C_{4-1})^2}-\arctan\frac{-2\omega R_{W4-1}C_{4-3}}{1-(\omega R_{W4-1}C_{4-3})^2}\end{aligned} \tag{1-22}$$

当移相电位器 $R_{W4-1}=0$ 时，$\Phi_{F2}=0$，则二阶移相器的初始移相角：

$$\Phi_{F0}(\omega)=\Phi_{F1}(\omega)-\Phi_{F2}(\omega)=\Phi_{F1}(\omega)=\arctan\frac{-2\omega R_{4-3}C_{4-1}}{1-(\omega R_{4-3}C_{4-1})^2} \tag{1-23}$$

所以二阶移相器的移相范围为：

$$\Delta\Phi_F(\omega)=\Phi_{F1}(\omega)\sim[\Phi_{F1}(\omega)-\Phi_{F2}(\omega)] \tag{1-24}$$

设：$R_{4-3}=10\ \text{k}\Omega$，$C_{4-1}=6\,800\ \text{pF}$，$\Delta R_{W4-1}=0\sim10\ \text{k}\Omega$，$C_{4-3}=0.022\ \mu\text{F}$。如果输入信号频率 f 确定，即可计算出图 1-9 所示二阶移相器的初始移相角和移相范围。

2. 相敏检波器工作原理

图 1-10 为相敏检波器(开关式)原理图与实验模板面板图。图中，AC 端口为交流参考电

压输入端，DC 端口为直流参考电压输入端，V_i 为检波信号输入端，V_o 为检波信号输出端。

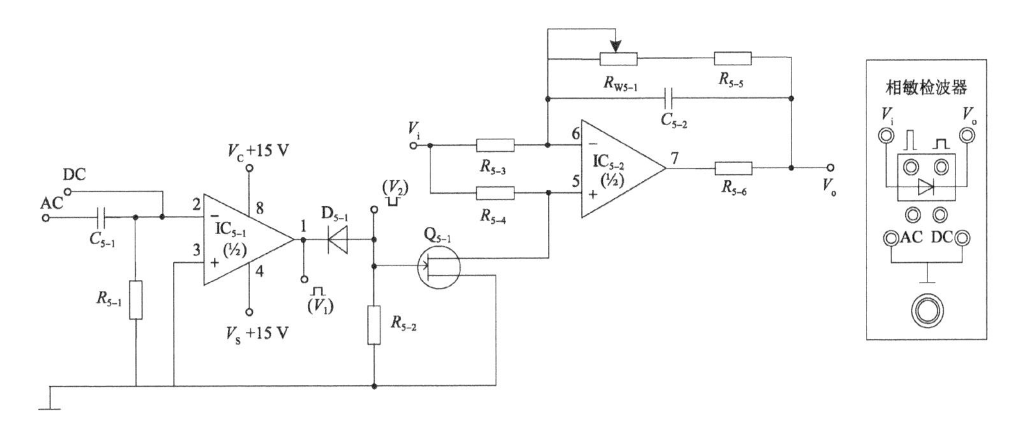

图 1-10　相敏检波器原理图与实验模板面板图

C_{5-1} 为交流耦合电容，用来隔离直流电流；IC_{5-1} 为反相过零比较器，它将交流参考电压的正弦波转换成矩形波（+14 V～−14 V 矩形波）；D_{5-1} 为二极管箝位得到合适的开关波形 $V_2 \leqslant 0$ V（0～−14 V）；Q_{5-1} 是结型场效应管，工作在开关状态；IC_{5-2} 工作在反相器、跟随器状态；R_{5-6} 为限流电阻，起保护集成电路的作用。

Q_{5-1} 是由参考电压 V_2 矩形波控制的开关电路；当 $V_2=0$ V 时，Q_{5-1} 导通，使 IC_{5-2} 同相输入端（5 脚）接地成为反相器，即 $V_o=-V_i$；当 $V_2<0$ V 时，Q_{5-1} 截止，IC_{5-2} 成为跟随器，即 $V_o=V_i$。

图 1-11 为相敏检波器的工作时序图。

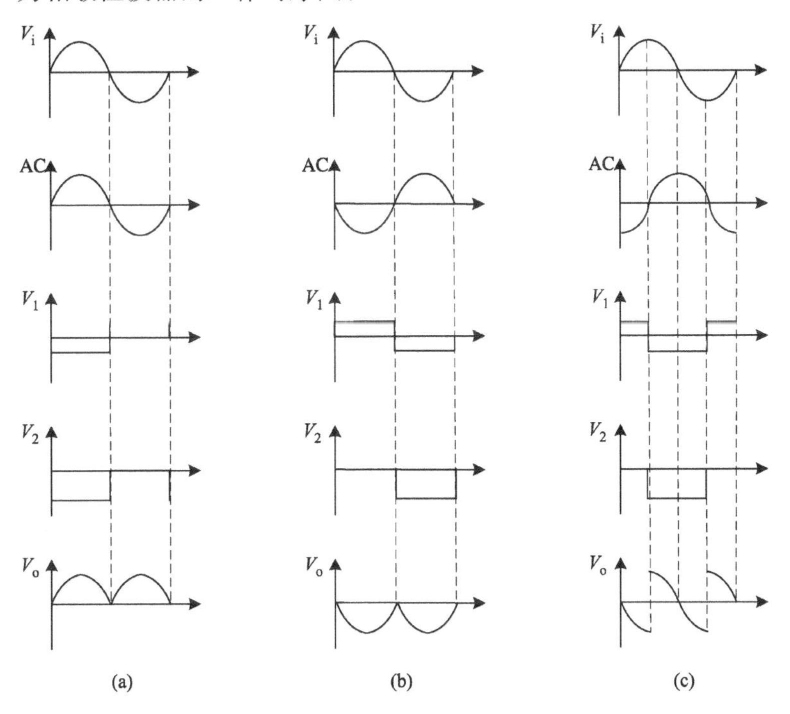

图 1-11　相敏检波器的工作时序图

相敏检波器具有鉴相特性，输出波形 V_o 的变化由检波信号 V_i 与交流参考电压波形 AC 之间的相位决定。

三、实验器材

主机箱（±15 V 直流稳压电源、±2 V～±10 V 步进可调直流电源、音频振荡器、低频振荡器、频率/转速表）、应变式传感器、应变式传感器实验模板、移相器/相敏检波器/低通滤波器模板、振动源、双踪示波器（虚拟示波器）和导线等。

四、实验步骤

1. 相敏检波器电路调试

（1）设置示波器。触发源选择内触发 CH1，水平扫描速度 TIME/DIV 在 0.1 ms～10 μs范围内选择，触发方式选择 AUTO；垂直显示方式为双踪显示 DUAL，垂直输入耦合方式选择直流耦合 DC，灵敏度 VOLTS/DIV 在 1 V～5 V 范围内选择；将光迹线居中（当 CH1、CH2 输入对地短接时）。

调节音频振荡器 L_V 输出幅度为最小（幅度旋钮逆时针转到底），将±2 V～±10 V 步进可调直流电源调节到±2 V 挡，频率/转速表选择频率挡。

根据图 1-12 接线，检查接线无误后，合上主机箱电源开关。

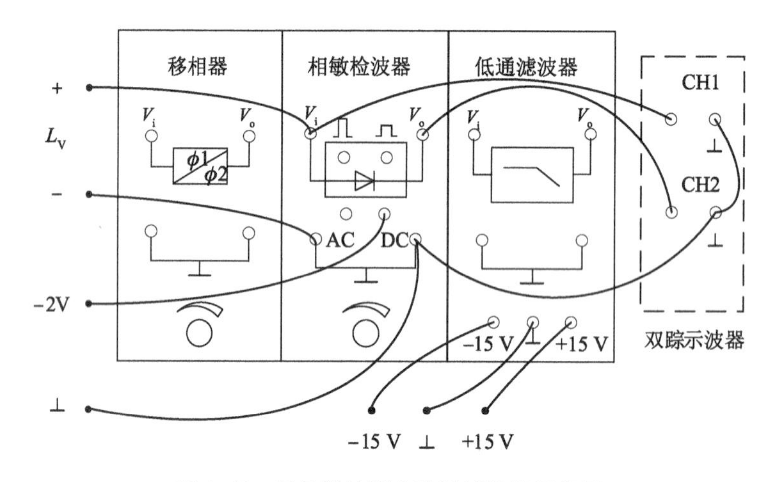

图 1-12 相敏检波器电路调试接线示意图

（2）调节音频振荡器 L_V 输出（相敏检波器的输入）频率 $f=1$ kHz（频率表测量），峰峰值 $V_{p-p}=5$ V（示波器 CH1 测量）；调节相敏检波器的电位器旋钮使示波器显示幅值相等、相位相反的两个波形（相敏检波器的输入、输出信号波形，接示波器 CH1、CH2 测量）。

相敏检波器电路调试完毕，之后不要再调节相敏检波器的电位器旋钮。

（3）电路调试完毕，关闭电源。

2. 安装、接线

根据图 1-13 安装、接线。图 1-13 中示波器先不要连接。

将主机箱上的音频振荡器、低频振荡器幅度旋钮逆时针转到底（输出最小），将实验模板上差动放大器的增益电位器 R_{W3} 调节到中间位置(先逆时针旋到底,再顺时针旋转2圈)。

将音频振荡器 L_V 的输出接入电桥,作为交流电桥的激励信号;将低频振荡器的输出接入振动源低频输入,作为振动梁的振动激励信号。

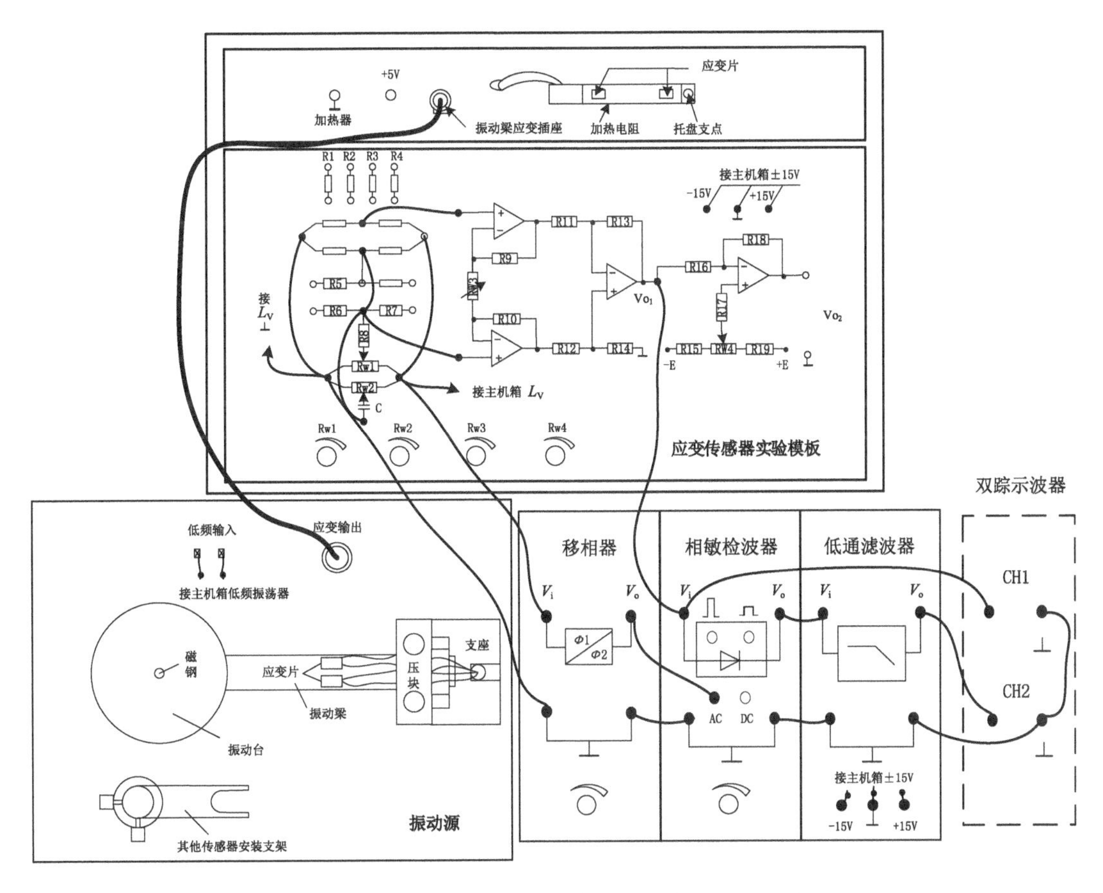

图 1-13 交流应变全桥振动测量实验安装、接线示意图

振动源的振动梁上有4片应变片,已组成全桥,内部已用4芯线引入到"应变输出"插座;用专用"应变连接线"将"应变输出"插座与应变传感器实验模板上的"振动梁应变插座"相连;"振动梁应变插座"内部已与电桥模型(无文字标示电阻符号)相连,所以将交流电桥的连接线连接至电桥模型即可。

应变传感器实验模板中的 R_8、R_{W1}、R_{W2}、C 组成交流电桥调节平衡网络(参考图1-8中的 r、W_1、W_2、C)。

实验电路使用了主机箱的±15 V电源及音频振荡器 L_V 输出,接线时要将电源的地端和 L_V 输出的负端(地端)连接在一起(共地)。

3. 电路调试

(1) 检查接线无误后,合上主机箱电源开关。用频率表、示波器测量音频振荡器 L_V 输出的频率和幅值,调节音频振荡器的频率、幅度旋钮,使 L_V 输出的频率 $f=1$ kHz、峰峰值 $V_{p-p}=10$ V。

(2) 用示波器测量相敏检波器的输出,用手按下振动梁的同时(振动梁受力变形、应变片受到应力作用),调节移相器旋钮,使相敏检波器的输出波形为一个全波整流波形。

(3) 松开振动梁,仔细调节应变传感器实验模板的交流电桥调节平衡电位器 R_{W1} 和 R_{W2}(交替调节),使相敏检波器输出波形的幅值最小,趋向于零线。

4. 设置示波器

按照图 1-13 连接示波器。触发源选择内触发 CH2,水平扫描速度 TIME/DIV 在 50 ms～20 ms 范围内选择,触发方式选择 AUTO;垂直显示方式为显示 CH2,垂直输入耦合方式选择交流耦合 AC,垂直显示灵敏度 VOLTS/DIV 在 0.2 V～50 mV 范围内选择。

5. 实验测量

将低频振荡器的输出端接频率表,调节低频振荡器的频率为 3 Hz,并调节其幅度使振动梁轻微振动(可观察到即可)。

调节低频振荡器频率,从 3 Hz 开始,直到频率为 25 Hz,每增加 2 Hz(低频振荡器输出幅值不变),用示波器测量低通滤波器的输出 V_o,读出电压峰峰值 $V_{o(p-p)}$,按照表 1-4 的格式记录数据。

在最大峰峰值 $V_{o(p-p)max}$ 左右,可以每隔 1 Hz 测量一次。

6. 实验数据处理

从实验数据得到振动梁的谐振频率为__________,画出幅频($V_{o(p-p)}$-f)特性曲线。

画出双踪示波器两通道的信号波形(放大器输出与低通滤波器输出),比较两个波形的特征。

实验完毕,关闭电源。

表 1-4 实验数据表

f/Hz										
$V_{o(p-p)}$/V										

五、思考题

(1) 分析直流电桥和交流电桥的特点。

(2) 分析移相器、相敏检波器的工作原理和作用。

实验三　半导体压阻式传感器压力测量实验

一、实验目的

了解半导体压阻式传感器的基本原理与结构，掌握扩散型压阻式传感器测量压力（气压）的原理和方法。

二、基本原理

固体材料受到作用力后，电阻率会发生变化，这种现象称为压阻效应。

半导体材料受力变形时，晶体结构的对称性会暂时改变，因而其导电机理也会发生改变，使得半导体材料的电阻率发生明显变化，此时压阻效应最为显著。利用半导体的压阻效应制成的传感器称为压阻式传感器。

半导体压阻式传感器有两种类型：一类是利用半导体材料的体电阻制作成的粘贴式半导体应变计；另一类是在半导体材料的基片上用集成电路工艺制作成的传感器，称为扩散型压阻式传感器。

扩散型压阻式传感器一般采用 N 型单晶硅作为传感器的弹性元件（基片），在弹性元件上蒸镀扩散出多个半导体电阻应变薄膜或敏感栅（扩散出 P 型或 N 型电阻条）组成电桥。在压力作用下，半导体电阻应变薄膜或敏感栅产生应变，电阻率发生很大变化，引起了电阻的变化，我们把这一变化引入测量电路，可以测得输出电压的变化，这反映了所受到的压力变化。

实验原理图见图 1-14。

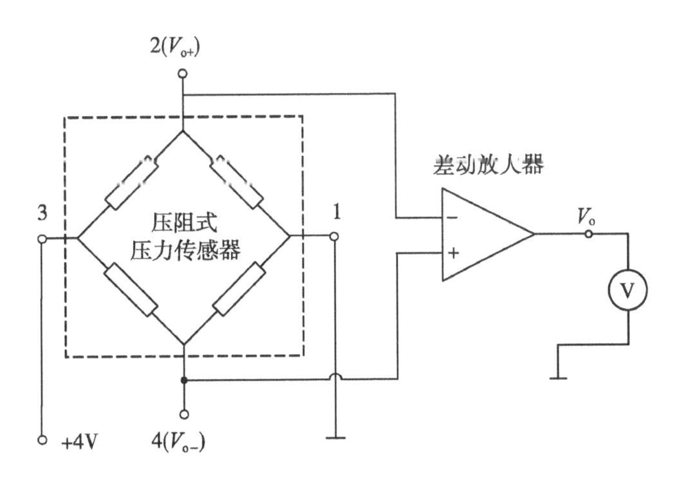

图 1-14　半导体压阻式传感器压力测量实验原理图

三、实验器材

主机箱(±15 V 直流稳压电源、±2 V～±10 V 步进可调直流电源、气源、气压表、电压表)、压阻式压力传感器、压力传感器实验模板、引压胶管和导线等。

四、实验步骤

1. 安装、接线

根据图 1-15 安装、接线。将压力传感器安装在传感器支架上,连接管路和电路(主机箱内气压泵、贮气罐、流量计、气压表已接好)。

引压胶管一端套在主机箱面板气源的快速接口上(将快速接口的紧固螺母卸下,套在引压胶管上,可以紧固连接),另一端与压力传感器相连。

将±2 V～±10 V 步进可调直流电源调节到±4 V 挡。压力传感器引线为 4 芯线,3 端接+4 V 电源,1 端接电源地;2 端输出 V_{o+},4 端输出 V_{o-}。

实验电路使用了主机箱的±15 V、+4 V 电源及电压表,接线时要将所有电源的地端和电压表的负端(地端)连接在一起(共地)。

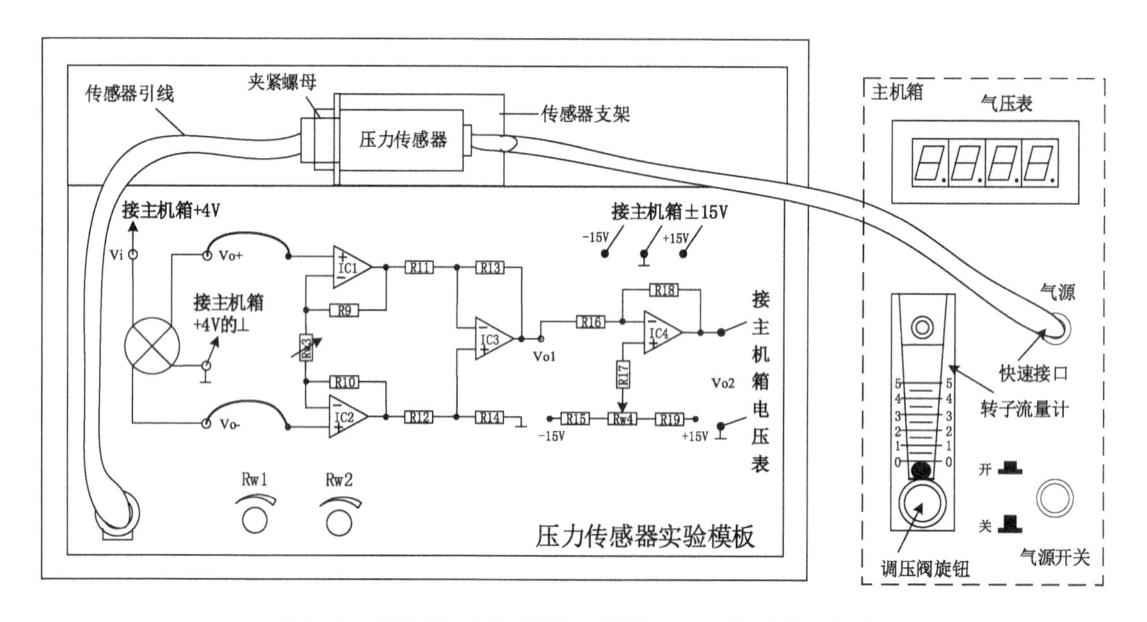

图 1-15 压阻式压力传感器气压测量实验安装、接线示意图

2. 放大器调增益、调零

检查接线无误后,合上主机箱电源开关。将放大器增益电位器 R_{W1} 旋到满度的 1/3 位置(即逆时针旋到底再顺时针旋 2 圈)。电压表分别选择量程 2 V 挡、200 mV 挡,调节放大器调零(电平移动)电位器 R_{W2},使电压表显示为零。

3. 启动气压泵

按下主机箱上的“气源开关”,启动气压泵,旋转转子流量计“调压阀旋钮”,可看到流量计中的滚珠向上浮起悬于玻璃管中,观察气压表和电压表的变化。

4. 实验测量

调节流量计“调压阀旋钮”，使气压从 2 kPa 开始变化，变化至 18 kPa(气压表显示)，每上升 1 kPa 气压读取一次电压表数值，按照表 1-5 的格式记录数据。测量时选择合适的电压表量程(200 mV 挡、2 V 挡或 20 V 挡)。

5. 实验数据处理

根据实验结果，画出实验曲线，然后计算系统灵敏度 S 和非线性误差 δ。

实验完毕，关闭电源。

表 1-5　实验数据表

P/kPa										
V/V										

五、思考题

什么是半导体材料的压阻效应？它与金属材料的电阻应变效应有什么区别？

第二章

电感式、电容式传感器实验

实验四 差动变压器传感器位移性能实验

一、实验目的

了解电感式传感器的基本原理和应用，掌握差动变压器传感器测量位移的原理、性能和方法。了解初级线圈激励信号频率对差动变压器传感器性能的影响，了解差动变压器传感器零点残余电压补偿方法。

二、基本原理

差动变压器的结构如图 2-1 所示，它由一个初级绕组 1 和两个对称的次级绕组 2、3 及一个衔铁 4 组成。差动变压器初、次级绕组间的耦合随衔铁的移动而变化，即绕组间的互感随衔铁的移动（即被测位移）而变化。

在实际应用中把两个次级绕组反向串接（同名端相接），以差动电势输出，所以这种传感器被称为差动变压器式电感传感器，简称差动变压器。

当差动变压器工作在理想情况下（忽略涡流损耗、磁滞损耗和分布电容等影响）时，它的等效电路如图 2-2 所示。

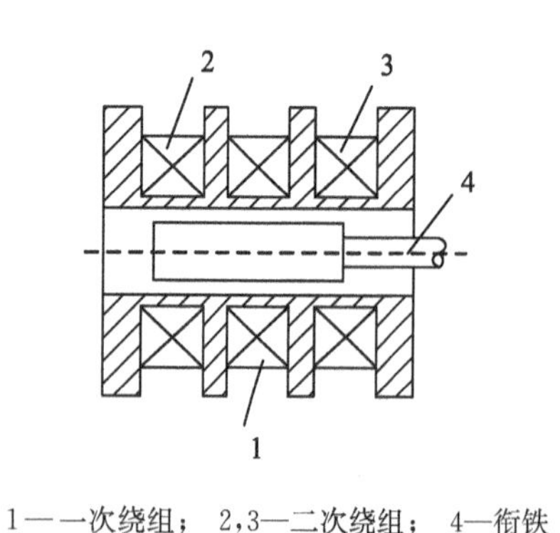

1——一次绕组； 2,3—二次绕组； 4—衔铁

图 2-1 差动变压器的结构示意图

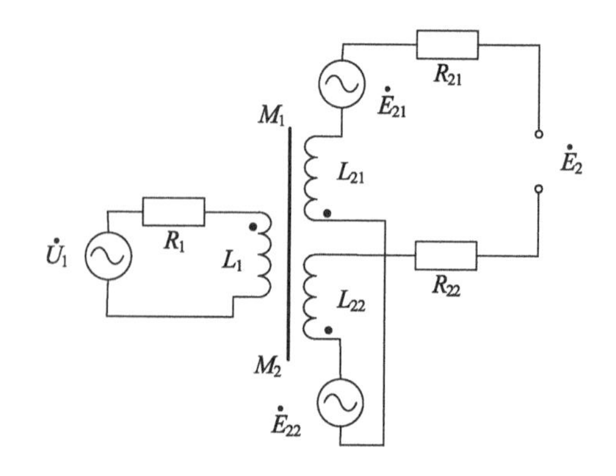

图 2-2 差动变压器的等效电路图

1. 差动变压器特性

图 2-2 中，$\dot{U}_1$ 为初级绕组激励电压，L_1、R_1 分别为初级绕组的电感和电阻，M_1、M_2 分别为初级绕组与两个次级绕组间的互感，L_{21}、L_{22} 分别为两个次级绕组的电感，R_{21}、R_{22} 分别为两个次级绕组的电阻。

当衔铁处于中间位置时，初级绕组与两个次级绕组互感相同，因而由初级绕组激励 $\dot{U}_1$ 引起的两个次级绕组感应电动势 $\dot{E}_{21}$、$\dot{E}_{22}$ 相同。由于两个次级绕组反向串接，所以差动输出电动势 $\dot{E}_2$ 为零。

当衔铁从中间位置向两边移动时，初级绕组与两个次级绕组互感大小不同，因而次级绕组感应电动势 $\dot{E}_{21}$、$\dot{E}_{22}$ 大小不同，这时差动输出电动势 $\dot{E}_2$ 不为零。

在传感器量程内，衔铁从中间位置开始移动，位移越大，差动输出电动势就越大。根据差动变压器输出的电动势大小和相位可以测量出衔铁位移(即被测位移)的大小和方向。

由图 2-2 可知，初级绕组的电流为：

$$\dot{I}_1 = \frac{\dot{U}_1}{R_1 + j\omega L_1} \tag{2-1}$$

次级绕组的感应电动势为：

$$\dot{E}_{21} = -j\omega M_1 \dot{I}_1 \tag{2-2}$$

$$\dot{E}_{22} = -j\omega M_2 \dot{I}_1 \tag{2-3}$$

由于次级绕组反向串接，所以输出总电动势为：

$$\dot{E}_2 = -j\omega (M_1 - M_2) \frac{\dot{U}_1}{R_1 + j\omega L_1} \tag{2-4}$$

其有效值为：

$$E_2 = \frac{\omega (M_1 - M_2) U_1}{\sqrt{R_1^2 + (\omega L_1)^2}} \tag{2-5}$$

U_1、ω 为激励信号的电压和频率，M_1、M_2 为初级与两个次级之间的互感系数。差动变压器的输出特性曲线如图 2-3所示，图中 $\dot{E}_{21}$、$\dot{E}_{22}$ 分别为两个次级绕组的输出感应电动势，$\dot{E}_2$ 为差动输出电动势，x 表示衔铁偏离中心位置的距离。

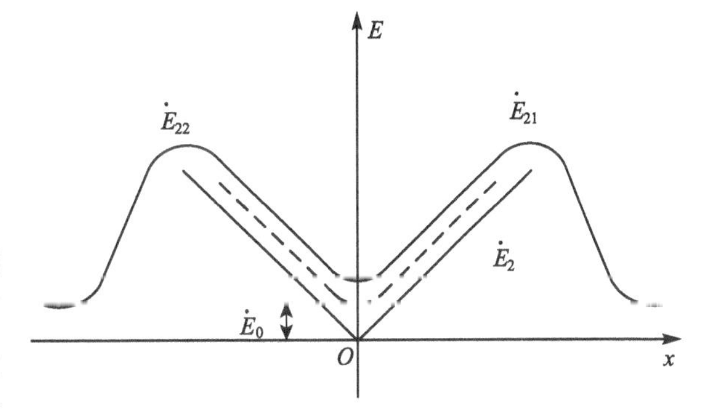

图 2-3　差动变压器输出特性曲线图

图 2-3 中，$\dot{E}_2$ 的实线部分表示理想的输出特性，而虚线部分表示实际的输出特性。

2. 激励信号频率对差动变压器性能的影响

式(2-5)为差动变压器输出电动势 $\dot{E}_2$ 的有效值关系式，由关系式可以看出，当初级线圈激励频率太低时 ($R_1 \gg \omega L_1$)，输出电动势 E_2 受频率变动影响较大，且灵敏度较低，此时：

$$E_2=\frac{\omega(M_1-M_2)U_1}{\sqrt{R_1^2+(\omega L_1)^2}}\approx\frac{\omega(M_1-M_2)U_1}{R_1}\approx\omega(M_1-M_2)I_1 \tag{2-6}$$

当初级线圈激励频率太高时（$R_1\ll\omega L_1$），输出电动势E_2与ω无关（ω过高会使线圈寄生电容增大，对性能稳定性不利），此时：

$$E_2=\frac{\omega(M_1-M_2)U_1}{\sqrt{R_1^2+(\omega L_1)^2}}\approx\frac{\omega(M_1-M_2)U_1}{\omega L_1}=\frac{(M_1-M_2)U_1}{L_1} \tag{2-7}$$

3. 差动变压器零点残余电动势

图2-3中，虚线部分为差动变压器输出电动势$\dot{E}_2$的实际输出特性，由图可知，当铁芯处于差动线圈中间位置时，其实际输出电动势并不为零，该电动势称为零点残余电动势（又称为零点残余电压），用$\dot{E}_0$表示。

存在零点残余电动势的原因：差动变压器初级线圈纵向排列不均匀；两个次级线圈等效参数不对称；铁芯B-H特性为非线性。

零点残余电动势的存在，使得传感器在零点附近不灵敏，这会给测量带来误差，此值的大小是衡量差动变压器性能好坏的重要指标。

为了减小零点残余电动势可采取以下方法：

(1) 尽可能保证传感器几何尺寸、线圈电气参数及磁路的对称性。磁性材料要经过处理，以消除内部的残余应力，使其性能均匀稳定。

(2) 选用合适的测量电路。如采用相敏整流电路，可判别衔铁移动方向、改善输出特性，减小零点残余电动势。

(3) 采用补偿电路减小零点残余电动势。

图2-4是几种典型的减小零点残余电动势的补偿电路。在差动变压器的线圈中串、并联合适的电阻、电容元件，可改善电路的性能，使零点残余电动势减小。

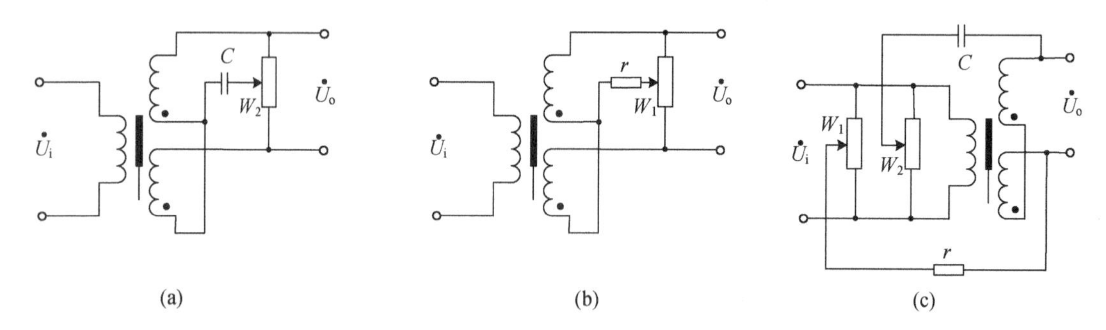

图2-4 减小零点残余电动势电路

4. 实验原理

实验原理图见图2-5。将振荡器输出作为初级线圈激励信号，衔铁的移动距离即被测位移。用示波器测量出差动变压器输出信号幅值与位移的关系。

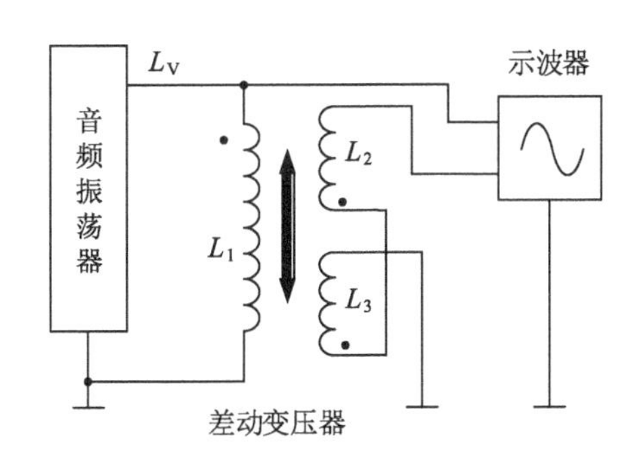

图 2-5　差动变压器传感器位移性能实验原理图

三、实验器材

主机箱(±15 V 直流稳压电源、音频振荡器、频率/转速表)、差动变压器传感器、差动变压器实验模板、测微头、测微头支架、双踪示波器(虚拟示波器)和导线等。

1. 测微头组成

测微头组成和读数示意图如图 2-6 所示。

测微头由可动部分(测杆、微分筒、微调钮)和不可动部分(安装套、轴套)组成。

安装套用于在支架上固定测微头,用手旋转微分筒或微调钮可以使测杆移动,测杆沿轴向移动,轴套和微分筒上的读数可以反映测杆的位置。

轴套上的主尺横线上下有两排刻度,上面标的数字是整毫米刻度(1 mm/格),下面标的是半毫米刻度;微分筒左端圆周表面上刻有 50 等分的刻度(0.01 mm/格)。

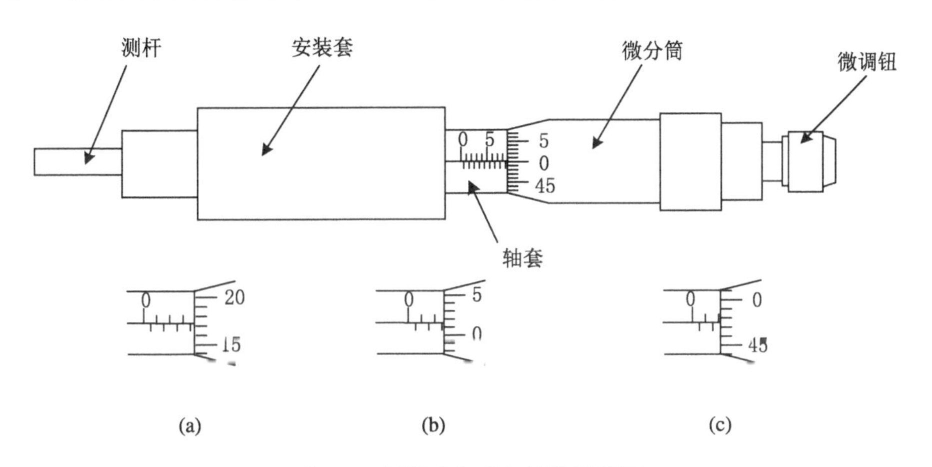

图 2-6　测微头组成与读数示意图

用手旋转微分筒或微调钮时,测杆就沿轴线方向进退;微分筒 50 等分刻度以轴套上的主尺横线为基准,每转过 1 格,测杆沿轴方向位移 0.01 mm,这也叫测微头的分度值;微分筒转动一圈,测杆沿轴方向位移 0.5 mm(0.01 mm×50=0.5 mm)。

2. 测微头读数方法

先读轴套主尺上露出的刻度数值(注意半毫米刻度);再读与轴套主尺横线对准的微分

筒上的数值,微分筒的 1/10 分度值(即 0.001 mm)需要估读。

如图 2-6(a),测微头读数为 3.673 mm(轴套 3.5 mm+微分筒 17.3×0.01 mm=3.673 mm,微分筒 17.3 中的 0.3 是估读的)。注意不是 3.173 mm(轴套已超过 3.5 mm)。

如图 2-6(b),微分筒与轴套主尺上某刻度重合时(图中微分筒与轴套 2.5 mm 刻度重合),应看微分筒的示值是否过零,图中微分筒的示值已过零(微分筒的 0 刻度在轴套主尺横线的下方),所以轴套读数为 2.5 mm,测微头读数为 2.515 mm(轴套 2.5 mm+微分筒 1.5×0.01 mm=2.515 mm,微分筒 1.5 中的 0.5 是估读的)。

如图 2-6(c),同样微分筒与轴套主尺上某刻度重合(图中微分筒与轴套 2 mm 刻度重合),但微分筒的示值未过零(微分筒的 0 刻度在轴套主尺横线的上方),则轴套不应读为 2 mm,而应读为 1.5 mm,测微头读数应为 1.976 mm(轴套 1.5 mm+微分筒 47.6×0.01 mm= 1.976 mm,微分筒读数 47.6 中的 0.6 是估读的)。

3. 测微头使用

测微头在实验中是用来产生位移并指示位移量的工具。测杆的顶端与被测体连接,当转动测微头的微分筒时,被测体就会随测杆而移动。

实验所用测微头的满刻度为 20 mm,一般在使用测微头前,首先转动微分筒到 10 mm 处(为了保留测杆向左、向右位移的余量)。

使轴套上的主尺刻度标记面向实验者,将测微头放入测微头支架中,移动测微头的安装套(测微头整体移动),使测杆与被测体连接,并使被测体处于合适位置(视具体实验而定),再拧紧测微头支架上的紧固螺钉。

四、差动变压器位移性能实验

1. 安装、接线

根据图 2-7 安装、接线。将差动变压器传感器和测微头分别安装在测微头支架上(轴套上主尺刻度标记面向实验者),测微头与变压器铁芯相连。L_1 为初级线圈,L_2、L_3 为次级线圈。

频率/转速表选择频率挡,差动变压器初级 L_1 的激励电压从音频振荡器的 L_V 端引入,L_V 信号同时接频率表以及示波器第一(A)通道。

2. 调节激励信号

检查接线无误后合上主机箱电源开关。调节音频振荡器 L_V,使其输出频率为 4~5 kHz(频率表测量),调节 L_V 输出幅度峰峰值为 2 V(用示波器第一通道测量,X 轴灵敏度为 0.2 ms/div)。

3. 确定位移零点

旋转测微头上的微分筒使其刻度(读数)大约处于中间位置(10 mm 处),松开测微头的安装紧固螺钉,左右移动整个测微头,使差动变压器的次级输出波形峰峰值(示波器第二通道测量)尽量最小(变压器铁芯大约处在中间位置)。

拧紧紧固螺钉,仔细调节测微头的微分筒,使差动变压器的次级输出波形峰峰值为最小值(此处为零点残余电压),记录测微头读数与零点残余电压,将此处定为位移零点($\Delta X=0$)。

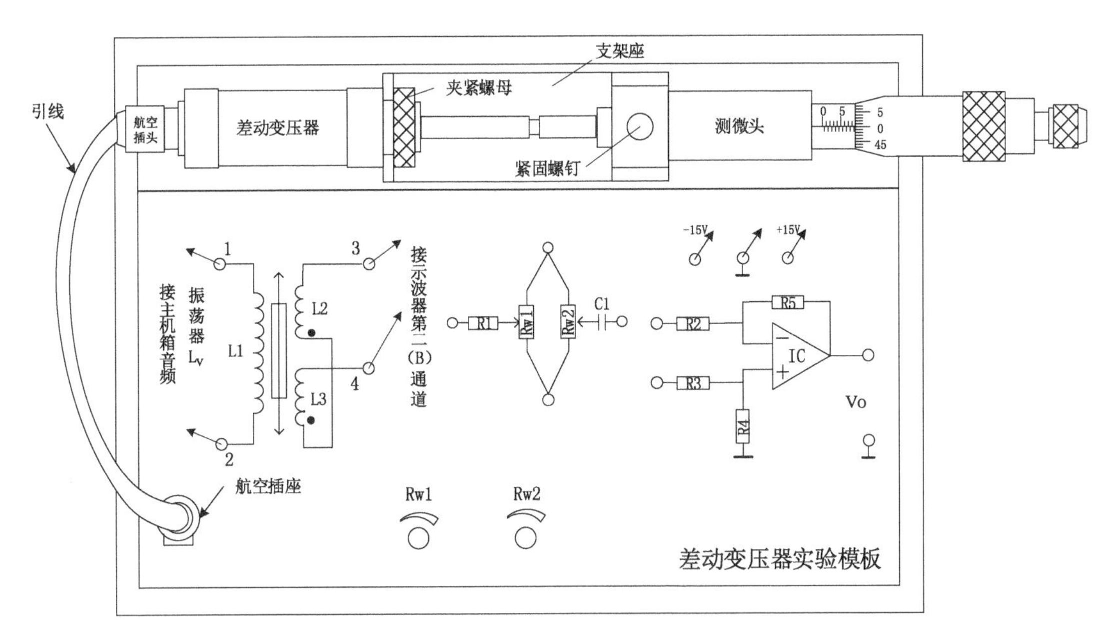

图 2-7　差动变压器传感器位移性能实验安装、接线示意图

从位移零点开始测微头可以左右移动，假设往一个方向的位移为正位移，则往另一方向为负位移。

4. 测量正位移数据

从位移零点向一个方向旋转测微头的微分筒（假设此方向为正位移方向），每隔 $\Delta X=0.2$ mm（微分筒 50 等分刻线旋转 20 格），从示波器上读出输出电压 V_{p-p} 值，共测量 26 个点（包括位移零点），按照表 2-1 格式记录数据。

5. 测量负位移数据

一个方向的数据测量结束后，再将测微头退回到输出波形 V_{p-p} 最小值处，将此处作为新的位移零点（记录测微头读数，新位移零点跟前面的位移零点不一定重合），反方向每隔 $\Delta X=0.2$ mm（此方向为负位移），从示波器上读出输出电压 V_{p-p} 值，共测量 26 个点（包括位移零点），按照表 2-1 格式记录数据。

观察输出波形的相位，可以发现，假设正位移方向的输出为正值，则负位移方向的输出为负值（两个方向输出波形的相位相反）。

位移 ΔX 的调节过程为：从 0 mm 到 +5.0 mm，然后回到 0 mm，再从 0 mm 到 −5.0 mm。

表 2-1　实验数据表

ΔX /mm										
V_{p-p} /V										

6. 机械回差、位移误差与零点残余电压

测微头向一个方向移动后再反方向移动（回调），会产生机械回程误差（机械回差）。因此从位移零点开始，确定位移方向后，测微头只能按照所定方向调节位移，中途不允许回调，否则会因为测微头存在机械回差而引起位移误差。

实验时每一点位移量都必须仔细调节，绝对不能因调节过量而回调，如调节过量则只好剔除这一点继续做下一点实验，或者重新确定位移零点从头开始做实验。

当一个方向的行程实验结束，测微头返回到输出波形峰峰值最小值处，新的位移零点跟前面的位移零点不一定重合(没有回到原来起始位置)，就是机械回差造成的。

由于本实验测量的是位移，位移取的是相对变化量 ΔX，与测微头的起始点定在什么位置没有关系，所以只要在一个方向的测量中测微头不回调，就不会产生位移误差。

实验过程中差动变压器次级输出的最小值即为差动变压器的零点残余电压。

7. 实验数据处理

根据实验结果画出实验曲线，计算出位移 ΔX 为±1 mm、±3 mm、±5 mm 时的灵敏度 S 和非线性误差 δ。

实验完毕，关闭电源。

8. 思考题

(1) 差动变压器传感器与一般电源变压器有什么异同?

(2) 为什么用直流电压激励会损坏差动变压器传感器?

(3) 差动变压器传感器为什么会产生零点残余电压? 如何减小零点残余电压?

五、激励信号频率对差动变压器性能影响实验

1. 安装、接线

接线同图 2-7。检查接线无误后，合上主机箱电源开关。

2. 调节激励信号

调节音频振荡器 L_V 频率为 1 kHz(频率表测量)，电压峰峰值为 2 V(示波器第一通道测量)。

3. 确定位移零点

参考“差动变压器位移性能实验”确定位移零点的方法，调节测微头，使差动变压器次级输出波形峰峰值为最小值(示波器第二通道测量)，记录测微头读数与零点残余电压，将此处定为位移零点。

4. 实验测量

向任一方向调节位移量 ΔX 为 2.50 mm(微分筒旋转 5 圈)，然后改变激励电压信号(音频振荡器 L_V)的频率。

频率从 1 kHz 开始增加，直到 9 kHz，每增加 1 kHz(激励电压峰峰值保持 2 V 不变)，按照表 2-2 的格式，记录一次差动变压器传感器输出电压 V_{p-p} 值。

表 2-2 实验数据表

f /kHz	1	2	3	4	5	6	7	8	9
V_{p-p} /V									

5. 实验数据处理

根据实验结果，画出幅频 ($V_{p-p}-f$) 特性曲线。

实验完毕，关闭电源。

6. 思考题

分析幅频 ($V_{p-p}-f$) 特性曲线。

六、差动变压器零点残余电压补偿实验

1. 安装、接线

按照图 2-8 安装、接线。实验模板中的 R_1、C_1、R_{W1}、R_{W2} 组成电桥调平衡网络，与差动放大器(IC)组成补偿电路。

2. 调节激励信号

用频率表和示波器测量并调节 L_V 频率为 4～5 kHz、电压峰峰值为 2 V。

3. 确定位移零点

参考“差动变压器位移性能实验”确定位移零点的方法，调整测微头，使放大器输出电压峰峰值 $V_{o(p-p)}$ 最小(示波器测量)。再交替调整 R_{W1}、R_{W2}，使电压峰峰值 $V_{o(p-p)}$ 降至更小。

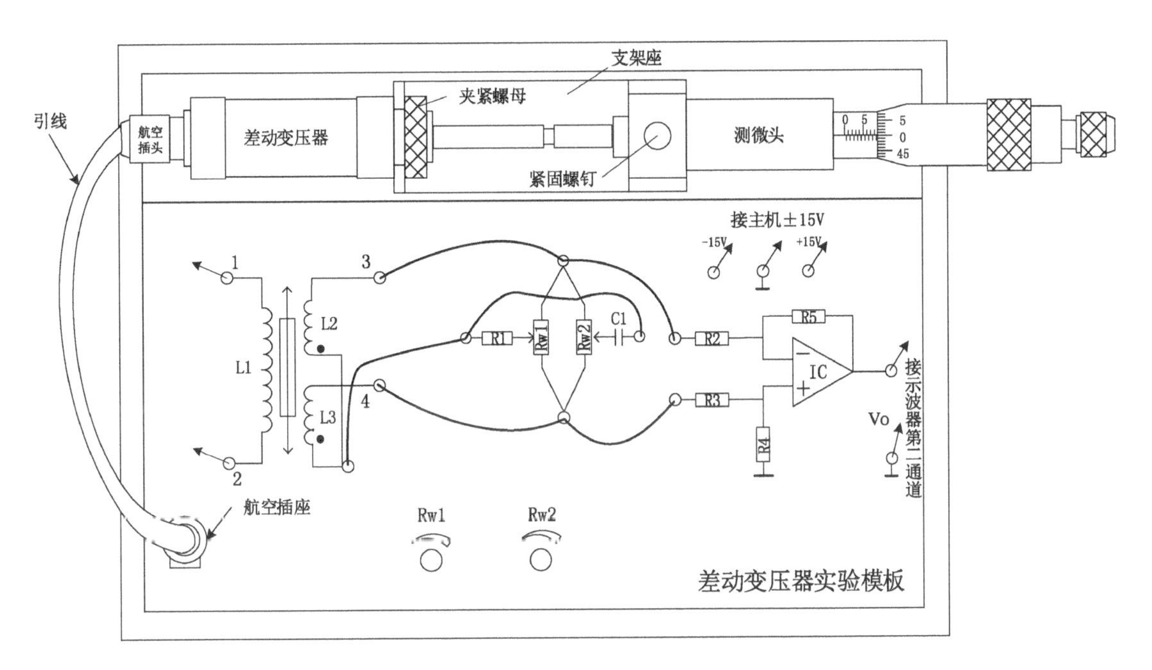

图 2-8　零点残余电压补偿实验安装、接线示意图

4. 实验测量

将示波器第二通道的灵敏度调高，观察 V_o 的波形，将其与激励电压信号相比较，并与补偿前零点残余电压信号(差动变压器次级线圈 3、4 端口输出)相比较。

记录输出电压峰峰值 $V_{o(p-p)}$。这里测量的 $V_{o(p-p)}$ 是经放大器放大后的电压，所以经过补偿后的零点残余电压为：

$$V_{p-p}=\frac{V_{o(p-p)}}{K} \tag{2-8}$$

K 是差动放大器的放大倍数，实验电路中 K 的值约为 7。

实验完毕，关闭电源。

5. 思考题

（1）零点残余电压的波形是什么样的？

（2）画出并分析实验所用的零点残余电压补偿电路。

实验五　电涡流传感器位移性能实验

一、实验目的

了解电涡流传感器的工作原理和应用，掌握利用电涡流传感器测量位移的方法。了解被测体不同材料、不同形状和尺寸对电涡流传感器性能的影响。

二、基本原理

有交变电流通过的线圈会产生交变磁场，当金属体处在交变磁场中时，根据电磁感应原理，金属体内会产生电流，该电流在金属体内自行闭合，并呈旋涡状，故称为涡流。这种现象称为涡流效应。

涡流的大小与金属导体的电阻率、磁导率、形状、大小以及线圈激磁电流频率、线圈与金属体表面的距离等参数有关。

涡流的产生必然要消耗一部分磁场能量，从而改变激磁线圈阻抗，电涡流传感器就是基于这种涡流效应制成的。涡流传感器工作在非接触状态（线圈与金属体表面不接触），当除线圈与金属体表面的距离以外的所有参数都一定时，可以进行位移测量。

1. 电涡流传感器等效电路

如图 2-9 所示。根据电磁感应原理，当传感器线圈（一个扁平线圈）通以交变电流 $\dot{I}_1$ 时（频率较高，一般为 1～2 MHz），线圈周围空间会产生交变磁场 H_1，当线圈平面靠近某一导体面时，由于线圈磁通链穿过导体，使导体的表面层感应出旋涡状自行闭合的电流 $\dot{I}_2$，而 $\dot{I}_2$ 所形成的交变磁场 H_2 的磁通链又穿过传感器线圈，这样传感器线圈与涡流“线圈”形成了有一定耦合的互感，从而导致传感器线圈的阻抗 Z 发生变化。

我们可以把被测导体上形成的涡流等效成一个短路环，这样就可得到如图 2-10 所示的等效电路。

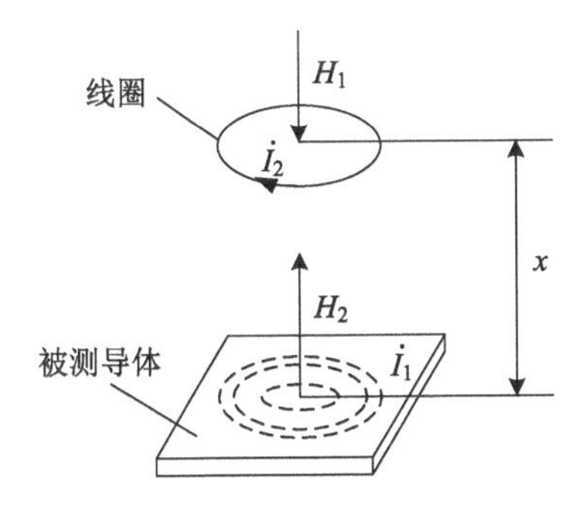

图 2-9　电涡流传感器原理图

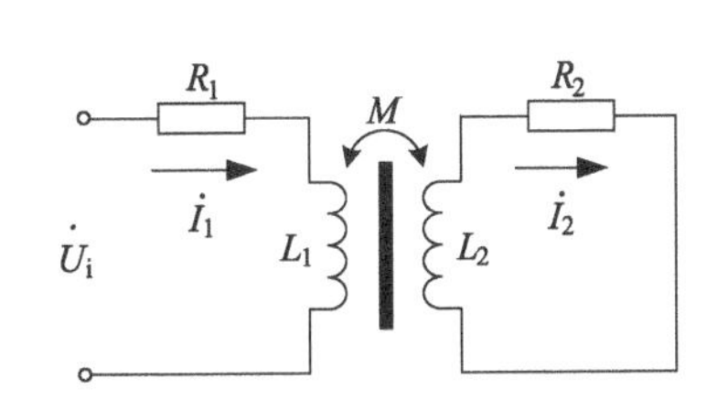

图 2-10　电涡流传感器等效电路图

图中 R_1、L_1 为传感器线圈的等效电阻和电感。导体短路环可以认为是一匝短路线圈，其等效电阻为R_2、电感为L_2。线圈与导体间存在一个互感M，它随线圈与导体间距离的减小而增大。

根据等效电路的电压、电流方程组分析可以得出结论：传感器线圈阻抗 Z、电感 L 和品质因数 Q 的变化与导体的电导率、磁导率、几何形状以及线圈的几何参数、激励电流频率、线圈到被测导体间的距离有关。

如果控制上述参数，使其中只有一个参数会发生改变，而其余参数不变，则阻抗就与这个变化参数成单值函数关系。当电涡流线圈、金属涡流片以及激励源确定后，保持环境温度不变的情况下，阻抗只与距离 X 有关。

2. 电涡流变换器

利用传感器调理电路(称为前置器，也称为电涡流变换器)将线圈的变化转化成电压或电流的变化输出。输出信号的大小受控于传感器探头到被测体表面之间的距离，电涡流传感器就是根据这一原理对金属物体的位移等参数进行测量的。

本实验的电涡流变换器测量电路为变频调幅式测量电路，电路原理图如图 2-11 所示。

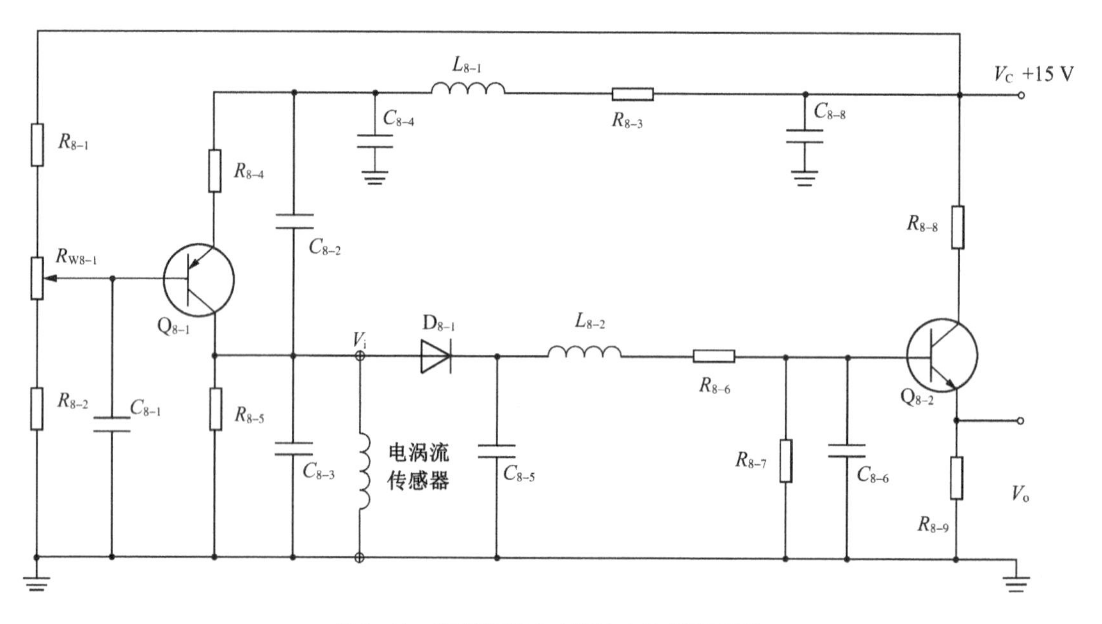

图 2-11　变频调幅式电涡流变换器原理图

电路组成：

① Q_{8-1}、C_{8-1}、C_{8-2}、C_{8-3} 组成电容三点式振荡器，产生频率为 1 MHz 左右的正弦载波信号。电涡流传感器接在振荡回路中，传感器线圈是振荡回路中的一个电感元件。振荡器的作用是将位移变化(传感器与被测体之间的距离)引起的振荡回路的 Q 值变化转换成高频载波信号的幅值变化。

② D_{8-1}、L_{8-2}、C_{8-5}、C_{8-6} 组成 π 形滤波检波器。检波器的作用是将高频调幅信号中传感器检测到的低频信号拾取出来。

③ Q_{8-2} 组成射极跟随器。射极跟随器的作用是使输入、输出阻抗匹配以获得尽可能大的不失真输出信号。

电涡流传感器与被测导体之间没有直接的机械接触，该传感器既可以测量静态位移，又可以测量振动相对位移（振动频率范围一般为 0～10 Hz）。

当没有被测导体时，振荡器回路谐振频率 f_0，传感器端部线圈 Q_0 为定值且值最大，对应的检波输出电压 V_o 最大；当被测导体靠近传感器线圈时，线圈 Q 值发生变化，振荡器的谐振频率发生变化，谐振曲线变得平坦，检波输出的幅值 V_o 变小。V_o 的变化反映了位移的变化。

3. 实验原理

实验原理图见图 2-12。

电涡流效应与金属导体本身的电阻率、磁导率及形状大小有关，因此不同的材质就会对应不同的性能。在实际应用中，由于被测体的形状、大小不同会导致被测体上电涡流效应的不充分，会减弱甚至不产生电涡流效应，进而影响电涡流传感器的静态特性。所以在实际测量中，必须针对具体的被测体进行静态特性标定。

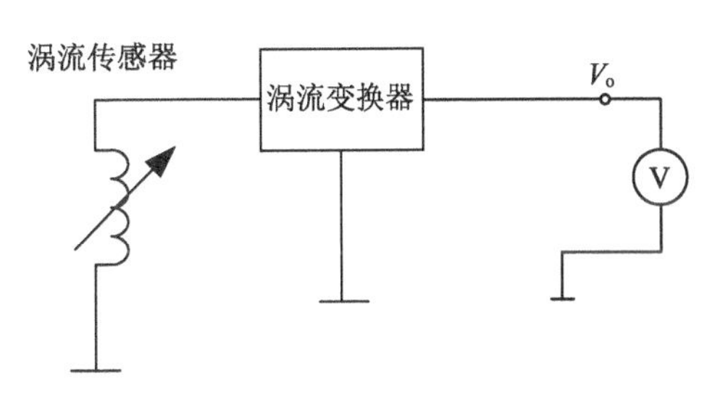

图 2-12　电涡流传感器位移性能实验原理图

电涡流传感器在位移、转速、厚度和振动测量等方面得到广泛应用。

三、实验器材

主机箱（+15 V 直流稳压电源、电压表）、电涡流传感器、电涡流传感器实验模板、测微头、测微头支架、3 个不同材质的圆片被测体（铁、铜和铝）、两个不同形状铝材质的被测体（被测体面积不同）和导线等。

四、电涡流传感器位移性能实验

1. 安装、接线

根据图 2-13 安装、接线。传感器线圈是一个平绕线圈。

旋转测微头使其刻度（读数）大约处于 5 mm 处，将铁圆片被测体固定在测微头测杆顶端，整体移动测微头使被测体与传感器端部接触（调整测微头刻度初始位置时，既要保证测微头向后调节位移时有足够空间，又要保证能拧紧测微头的紧固螺钉），拧紧紧固螺钉。

2. 实验测量

检查接线无误后开启主机箱电源开关，从 $\Delta X = 0$ mm 开始，记下测微头和电压表读数，然后每隔 $\Delta X = 0.2$ mm（微分筒 50 等分刻线旋转 20 格）读一次电压表读数（起始位置附近电压输出变化比较缓慢），直到被测体离传感器较远时电压输出几乎不变为止。

测量中，根据输出电压的大小，选择合适的电压表量程（200 mV 挡、2 V 挡或 20 V 挡）。

按照表 2-3 的格式记录数据。

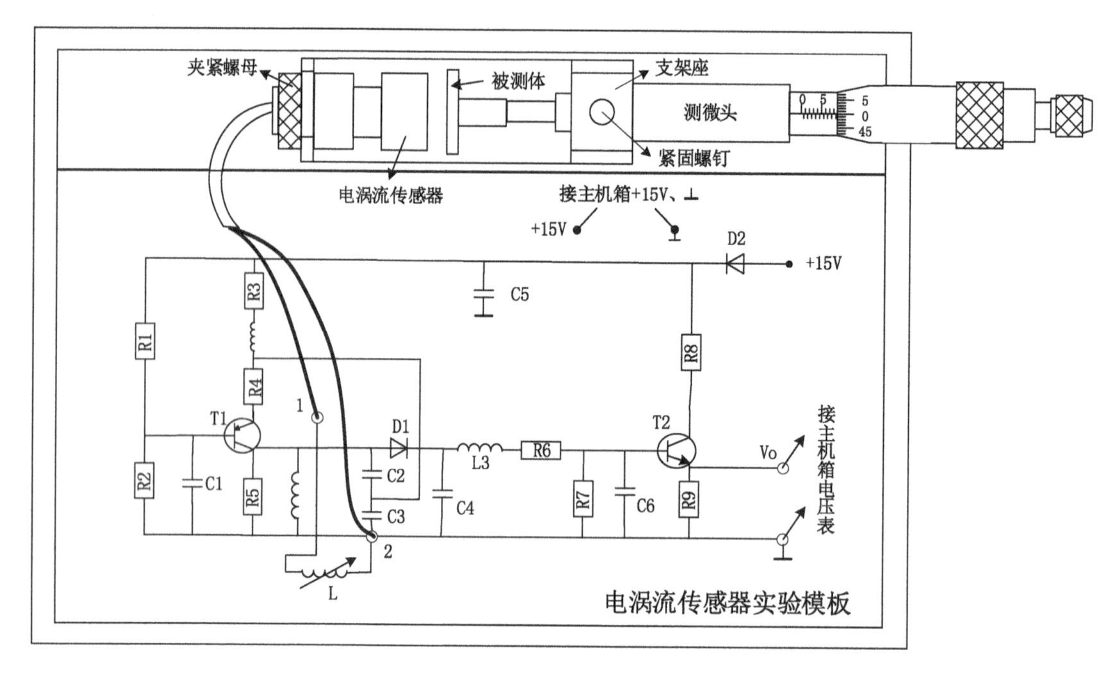

图 2-13　电涡流传感器位移性能实验安装、接线示意图

表 2-3　实验数据表(被测体为铁圆片)

ΔX /mm										
V /V										

3. 实验数据处理

根据实验结果，画出实验曲线，计算 ΔX 为 1 mm 与 3 mm 时的系统灵敏度 S 和非线性误差 δ。

确定输出信号的线性区域以及进行正、负位移测量时的零点位置(即线性区域的中点)。

实验完毕，关闭电源。

4. 思考题

(1) 如果需要测量±5 mm 的位移，对电涡流传感器的性能指标有什么要求?

(2) 如果用电涡流传感器测量金属板材的厚度，如何设计测量方案?

五、被测体材质对电涡流传感器性能影响实验

1. 安装、接线

安装、接线与调节方法同“电涡流传感器位移性能实验”。

2. 实验测量

将“电涡流传感器位移性能实验”中的被测体铁圆片分别换成同尺寸的铝圆片和铜圆片，重复“电涡流传感器位移性能实验”步骤，进行被测体为铝圆片和铜圆片时的位移测量。

测量时，根据输出电压的大小，选择合适的电压表量程(200 mV 挡、2 V 挡或 20 V 挡)。

将数据分别按照表 2-4、表 2-5 的格式记录。

表 2-4　实验数据(被测体为铝圆片)

ΔX /mm										
V /V										

表 2-5　实验数据(被测体为铜圆片)

ΔX /mm										
V /V										

3. 实验数据处理

根据表 2-4 和表 2-5 中测得的数据分别画出实验曲线，计算 ΔX 为 1 mm 与 3 mm 时的系统灵敏度 S 和非线性误差 δ。比较被测体分别为铁圆片、铝圆片和铜圆片时的实验结果。

六、被测体形状、尺寸对电涡流传感器性能影响实验

1. 安装、接线

安装、接线与调节方法同“电涡流传感器位移性能实验”。

2. 实验测量

分别采用两种不同面积的被测铝材进行电涡流位移特性测量，并按照表 2-6 的格式分别记录数据。其中，大号铝圆片的实验数据可以从表 2-4 中得到。

测量时，根据输出电压的大小，选择合适的电压表量程(200 mV 挡、2 V 挡或 20 V 挡)。

表 2-6　实验数据表(被测体为不同尺寸的铝圆片)

ΔX /mm										
V_1 /V										
V_2 /V										

3. 实验数据处理

根据实验结果，分别画出实验曲线，计算 ΔX 为 1 mm 与 3 mm 时的系统灵敏度 S 和非线性误差 δ。比较被测体形状、尺寸不同时的实验结果。

实验完毕，关闭电源。

4. 思考题

分析被测体材质、面积对电涡流传感器性能的影响，解释原因。

实验六　电容式传感器位移性能实验

一、实验目的

了解电容式传感器的结构及特点，掌握利用电容式传感器测量位移的方法。

二、基本原理

利用电容 $C=\varepsilon\dfrac{S}{d}$ 的关系式（ε 为两极板间介质常数，S 为两极板相对面积，d 为两极板距离），通过相应的结构和测量电路，保持 ε、S、d 三个参数中的两个参数不变，只改变其中一个参数，就可以组成测介质常数（介质性质）、测距离（或位移）和测面积（或相对位移）等参数的多种电容传感器。

1. 差动电容式位移传感器

本实验采用的传感器为圆筒式变面积差动结构的电容式位移传感器，差动传感器的灵敏度、线性范围、稳定性都优于单组（单边）传感器。

如图 2-14 所示，差动电容式位移传感器由两个圆筒和一个圆柱组成。

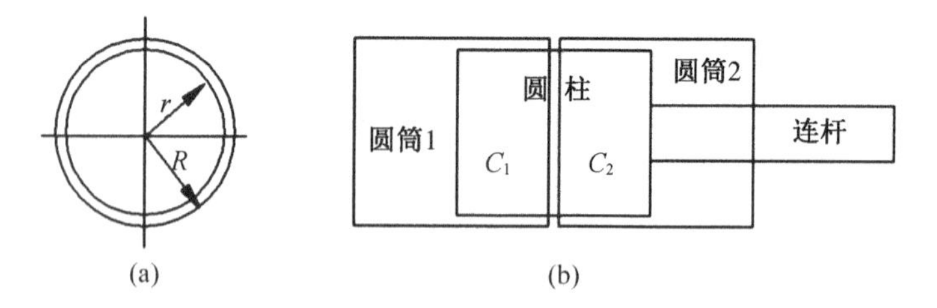

图 2-14　差动电容式位移传感器结构图

设圆筒的半径为 R，圆柱的半径为 r，圆柱的长为 x，则电容量为：

$$C=\frac{2\varepsilon\pi x}{\ln\dfrac{R}{r}} \tag{2-9}$$

图 2-14 中 C_1、C_2 是差动结构，当图中的圆柱产生的位移为 Δx 时，电容的变化量为：

$$\Delta C=C_1-C_2=\frac{2\varepsilon\pi\cdot\Delta x}{\ln\dfrac{R}{r}} \tag{2-10}$$

式中，$2\varepsilon\pi$、$\ln\dfrac{R}{r}$ 为常数，ΔC 与位移 Δx 成正比，利用配套的电路测量 ΔC，就可以得到位移 Δx。

2. 测量电路(电容变换器)

测量电路(电容变换器)的核心部分为二极管环形充放电电路,如图 2-15 所示。

在图 2-15 中,环形充放电电路由二极管 D_3、D_4、D_5、D_6,电容 C_4,电感 L_1 和差动电容传感器 C_1、C_2 组成。

当高频激励电压($f>100$ kHz)由低电平 E_1 跃变到高电平 E_2 时,电容 C_1 和 C_2 两端电压均由 E_1 充电到 E_2。充电电流一路经由 C_3、a 点、D_3、b 点,对 C_1 充电到 o 点(地);另一路经由 C_3、a 点、C_4、c 点、D_5、d 点,对 C_2 充电到 o 点(地)。此时 D_4 和 D_6 由于反向偏置而截止。

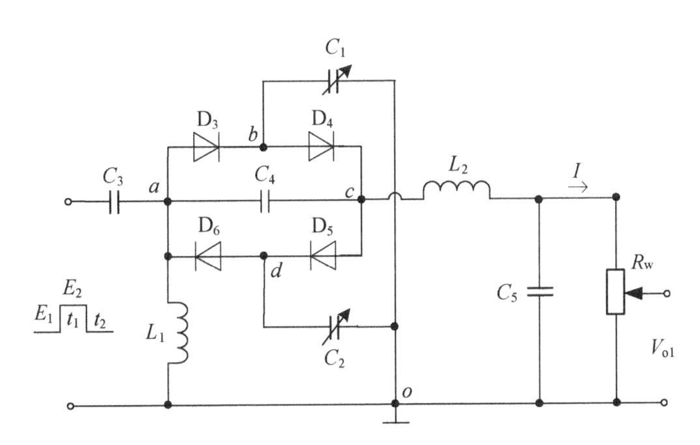

图 2-15　二极管环形充放电电路图

在 t_1 充电时间内,由 a 到 c 点的电荷量为(C_4 值远远大于 C_2 值):

$$Q_1=C_2(E_2-E_1) \tag{2-11}$$

当高频激励电压由高电平 E_2 返回到低电平 E_1 时,电容 C_1 和 C_2 均放电。C_1 经 b 点、D_4、c 点、C_4、a 点、L_1 放电到 o 点(地);C_2 经 d 点、D_6、L_1 放电到 o 点(地)。

在 t_2 放电时间内,由 c 点到 a 点的电荷量为(C_4 电容值远远大于 C_1 电容值):

$$Q_2=C_1(E_2-E_1) \tag{2-12}$$

在一个充放电周期内($T=t_1+t_2$),由 c 点到 a 点的电荷量为:

$$Q=Q_2-Q_1=(C_1-C_2)(E_2-E_1)=\Delta C\cdot\Delta E \tag{2-13}$$

式中,C_1 与 C_2 的变化趋势是相反的(差动电容传感器结构)。

设激励电压频率 $f=\dfrac{1}{T}$,则流过 a-c 支路的平均电流 i 为:

$$i=f\cdot Q=f\cdot\Delta C\cdot\Delta E \tag{2-14}$$

式中,ΔE 为激励电压;ΔC 为传感器的电容变化量。

由式(2-14)可看出:f、ΔE 一定时,流过 a-c 支路的平均电流 i 与 ΔC 成正比,此电流经电路中的电感 L_2、电容 C_5 滤波变为直流电流 I 输出,再经 R_W 转换成直流电压输出。

$$V_{o1}=I\cdot R_{W} \tag{2-15}$$

直流电压输出 V_{o1} 与 ΔC 成正比。

由式(2-10)可知 ΔC 与位移 Δx 成正比，所以测量出直流电压 V_{o1} 就可得到位移 Δx。

3. 实验原理

图 2-16 为实验原理示意图。

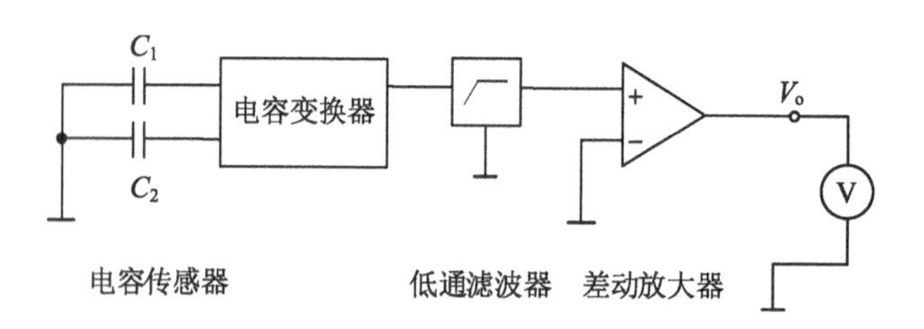

图 2-16 电容式传感器位移性能实验原理示意图

三、实验器材

主机箱(±15 V 直流稳压电源、电压表)、电容式传感器、电容式传感器实验模板、测微头、测微头支架和导线等。

四、实验步骤

1. 安装、接线

根据图 2-17 安装、接线。将 R_W 调到中间位置(逆时针转到底再顺时针转 3 圈)。

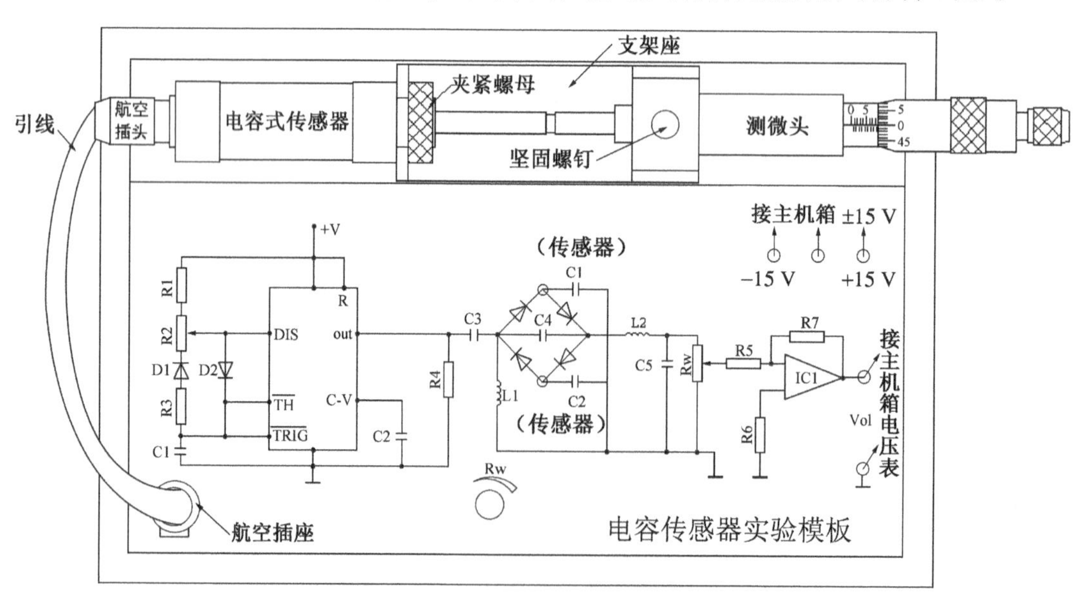

图 2-17 电容式传感器位移性能实验安装、接线示意图

2. 确定位移零点

主机箱上的电压表量程选择 2 V 挡，合上主机箱电源开关。

旋转测微头微分筒使其刻度(读数)大约处于中间位置(10 mm 处),松开测微头的安装紧固螺钉,左右移动整个测微头,使电压表读数尽量小(差动电容传感器的圆柱大约处在两个圆筒的中间位置)。

拧紧紧固螺钉,仔细调节测微头的微分筒,使电压表读数为 0(电压表量程分别选择 2 V 挡、200 mV 挡),记录测微头读数,此处为位移零点 ($\Delta X=0$)。

3. 确定测量起点

选择任意一个方向,将测微头转动 6 圈 ($\Delta X=3.0$ mm),记录此时测微头读数和电压表显示值,此处为位移实验测量起点(根据输出电压的正、负值,可以确定此处是正位移点 $\Delta X=3.0$ mm 处,或者是负位移点 $\Delta X=-3.0$ mm 处)。

4. 实验测量

从测量起点开始,反方向转动测微头,每次转动对应的位移 $\Delta X=0.2$ mm (微分筒 50 等分刻线旋转 20 格),读取电压表读数,按照表 2-7 的格式记录数据。

累计转动 6 mm,读取相应的电压表读数(按单方向位移做实验可以消除测微头的回差)。

位移 ΔX 测量顺序为:从+3.0 mm 到−3.0 mm,或者从−3.0 mm 到+3.0 mm。

在实验测量中,根据输出电压的大小,选择合适的电压表量程(200 mV 挡、2 V 挡或 20 V挡)。

表 2-7　实验数据表

ΔX /mm										
V /V										

5. 实验数据处理

根据实验结果,画出实验曲线,计算系统灵敏度 S 和非线性误差δ。

实验完毕,关闭电源。

五、思考题

试举例说明利用测量介质 ε 变化的电容式传感器可以测量哪些未知量。

第三章

磁敏式、磁电式、压电式传感器实验

实验七　霍尔式传感器位移性能实验

一、实验目的

了解直流激励、交流激励霍尔式位移传感器的基本原理与应用，掌握利用霍尔式传感器测量位移的方法。

二、基本原理

霍尔式传感器是一种基于霍尔效应的磁敏传感器。将载流体(具有载流子的半导体，流过电流 I)置于磁场中(磁感应强度为 B)，如果磁场方向和电场方向正交，则载流体在垂直于磁场和电场方向的两侧表面之间产生电势差 U_H，这种现象称为霍尔效应。具有霍尔效应的元件称为霍尔元件。

电势差 U_H 称为霍尔电压，其计算公式如下：

$$U_H = K_H \cdot I \cdot B \tag{3-1}$$

式中，K_H 为霍尔元件的灵敏度系数，与材料的物理性质和几何尺寸有关。

$$K_H = \frac{R_H}{d} \tag{3-2}$$

式中，R_H 为霍尔系数，是由半导体载流子迁移率决定的物理常数；d 为半导体厚度。

霍尔元件大多采用N型半导体材料(半导体的霍尔系数 R_H 远大于金属和绝缘体，其霍尔效应较为显著)，其厚度 d 很小(1 μm 左右)。

1. 直流激励霍尔式传感器

图3-1为霍尔式位移传感器原理图。将磁场强度相同的两块永久磁铁同极性相对放置，再将霍尔元件置于两块磁铁的中点，此处磁感应强度 $B=0$，故输出电压 $U_H=0$(位移零点，即 $\Delta X=0$)。

当霍尔元件沿 X 轴移动时，由于 $B \neq 0$，则 $U_H \neq 0$。

图3-2为直流激励霍尔式传感器位移性能实验原理图。由电源提供控制电流，R_{W1} 用于调节不等位电动势。

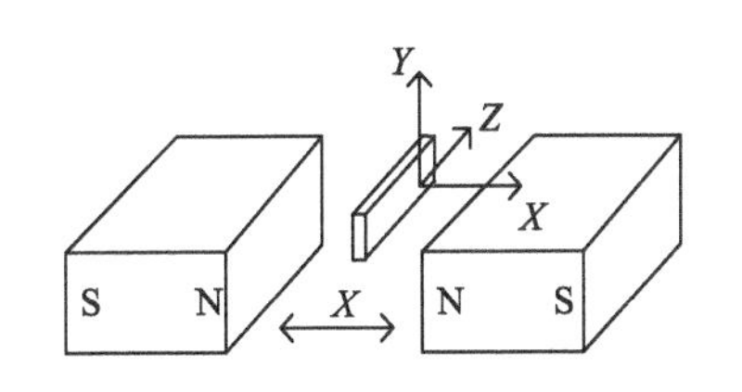

图 3-1　霍尔式位移传感器原理图

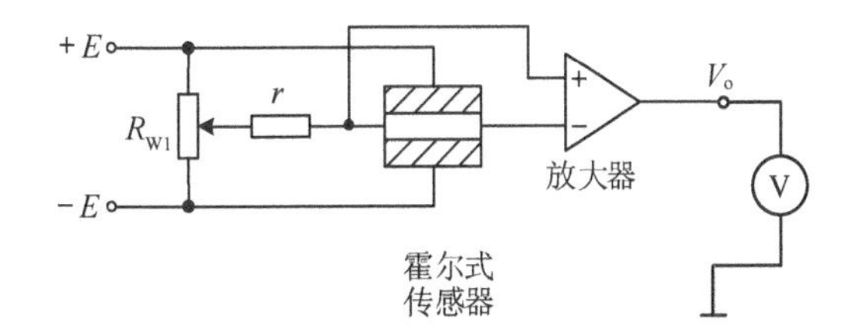

图 3-2　直流激励霍尔式传感器位移性能实验原理图

2. 交流激励霍尔式传感器

图 3-3 为交流激励霍尔式传感器位移性能实验原理图。

将霍尔式传感器置于磁场中(磁场方向和电场方向正交),由激励信号 L_V 提供的载波信号经霍尔式传感器被调制成调幅波,再经差动放大器放大,经相敏检波器检波解调,再经低通滤波器滤除载波成分后,霍尔式传感器检测到位移信号并输出。

图 3-3 中,霍尔式传感器就是一个调制电路,r、W_1、W_2、C 组成调节不等位电动势的网络,移相器为相敏检波器提供同步检波的参考电压。

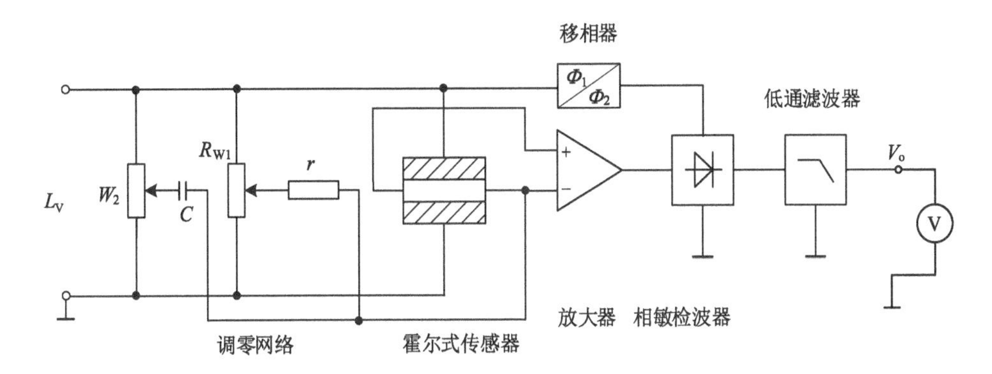

图 3-3　交流激励霍尔式传感器位移性能实验原理图

三、实验器材

主机箱(±15 V 直流稳压电源、±2 V～±10 V 步进可调直流电源、音频振动器、电压表)、霍尔式传感器、霍尔式传感器实验模板、移相器/相敏检波器/低通滤波器模板、测微头、测微头支架、双踪示波器(虚拟示波器)和导线等。

四、直流激励霍尔式传感器位移性能实验

1. 安装、接线

按图 3-4 安装、接线。将±2 V～±10 V 步进可调直流稳压电源调节到±4 V 挡,主机箱上的电压表量程选择 2 V 挡。

实验电路使用了主机箱的±4 V、±15 V 电源及电压表,接线时要将这些电源的地端和电压表的负端(地端)连接在一起(共地)。

检查接线无误后,合上主机箱电源开关。

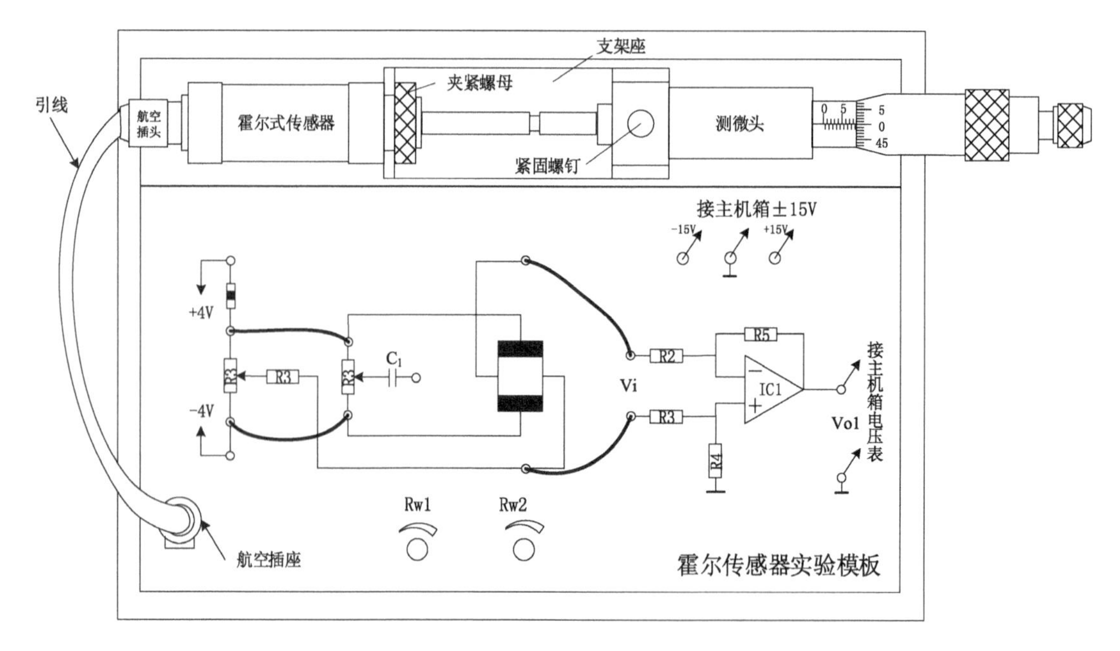

图 3-4　霍尔式传感器(直流激励)位移性能实验安装、接线示意图

2. 确定位移零点

旋转测微头使其刻度(读数)处于中间位置(10 mm 处),松开测微头的安装紧固螺钉,左右移动整个测微头,使霍尔元件大约处在两磁铁的中间位置(电压表读数尽量小)。

拧紧紧固螺钉,再调节 R_{W1} 使电压表读数为 0(电压表量程分别选择 2 V 挡、200 mV 挡),此处为位移零点($\Delta X=0$ mm)。记录测微头读数。

3. 确定测量起点

选择任意一个方向,将测微头转动 4 圈(2.0 mm),记录此时测微头读数和电压表显示值,此处为位移实验测量起点(可以根据输出电压的正、负值,确定此处是正位移点 $\Delta X=2.0$ mm或者是负位移点 $\Delta X=-2.0$ mm)。

4. 实验测量

从测量起点开始,反方向转动测微头,每次转动对应的位移 $\Delta X=0.1$ mm(微分筒 50 等分刻线旋转 10 格),读取电压表读数,按照表 3-1 的格式记录数据。

累计转动 4 mm,读取相应的电压表读数(按单方向位移做实验可以消除测微头的回差)。

位移 ΔX 测量顺序为:从+2.0 mm 到-2.0 mm,或者从-2.0 mm 到+2.0 mm。

在实验测量中,根据输出电压的大小,选择合适的电压表量程(200 mV 挡、2 V 挡或 20 V挡)。

5. 实验数据处理

根据实验结果,画出实验曲线,计算 ΔX 为±1 mm、±2 mm 时系统灵敏度 S 和非线性误差 δ。

实验完毕,关闭电源。

表 3-1 实验数据

ΔX /mm										
V /V										

6. 思考题

实验中霍尔元件位移测量的线性度受到什么量变化的影响?

五、交流激励霍尔式传感器位移性能实验

1. 相敏检波器电路调试

示波器设置:触发源选择内触发 CH1 通道、水平扫描速度 TIME/DIV 在 0.1 ms~10 μs范围内选择、触发方式选择 AUTO;垂直显示方式为双踪显示 DUAL、垂直输入耦合方式选择直流耦合 DC、灵敏度 VOLTS/DIV 在 1 V~5 V 范围内选择;将光迹线居中(当 CH1、CH2 输入对地短接时)。

将音频振荡器 L_V 的幅度调节为最小(幅度旋钮逆时针转到底),将±2 V~±10 V 步进可调直流稳压电源调节到±2 V 挡。

按图 3-5 接线,检查接线无误后合上主机箱电源开关。

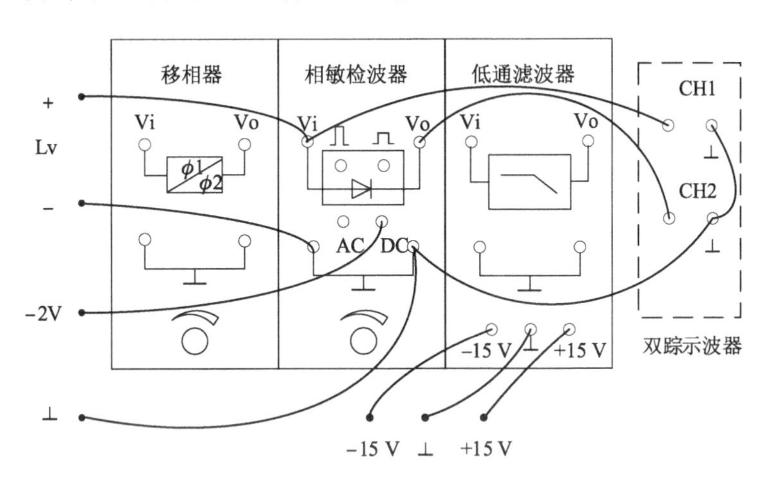

图 3-5 相敏检波器电路调试接线示意图

调节音频振荡器 L_V 的频率 f =1 kHz(频率表测量),电压峰峰值 V_{p-p} =5 V(用示波器 CH1 通道测量);调节相敏检波器的电位器旋钮使示波器显示幅值相等、相位相反的两个波形(用示波器 CH1、CH2 通道测量)。

相敏检波器电路调试完毕,之后不要再调节相敏检波器的电位器旋钮。

关闭电源。

2. 安装、接线

将音频振荡器幅度旋钮逆时针转到底(输出最小)。

按照图 3-6 安装、接线。检查接线无误后,合上主机箱总电源开关。

调节音频振荡器 L_V 的频率 f =1 kHz(频率表测量),电压峰峰值 V_{p-p} =4 V(用示波器

CH1 通道测量）。将音频振荡器 L_V 的输出信号作为霍尔传感器的交流激励信号（该霍尔传感器要求交流激励信号电压峰峰值 $V_{p-p} \leqslant 4$ V，幅值过大会烧坏传感器）。

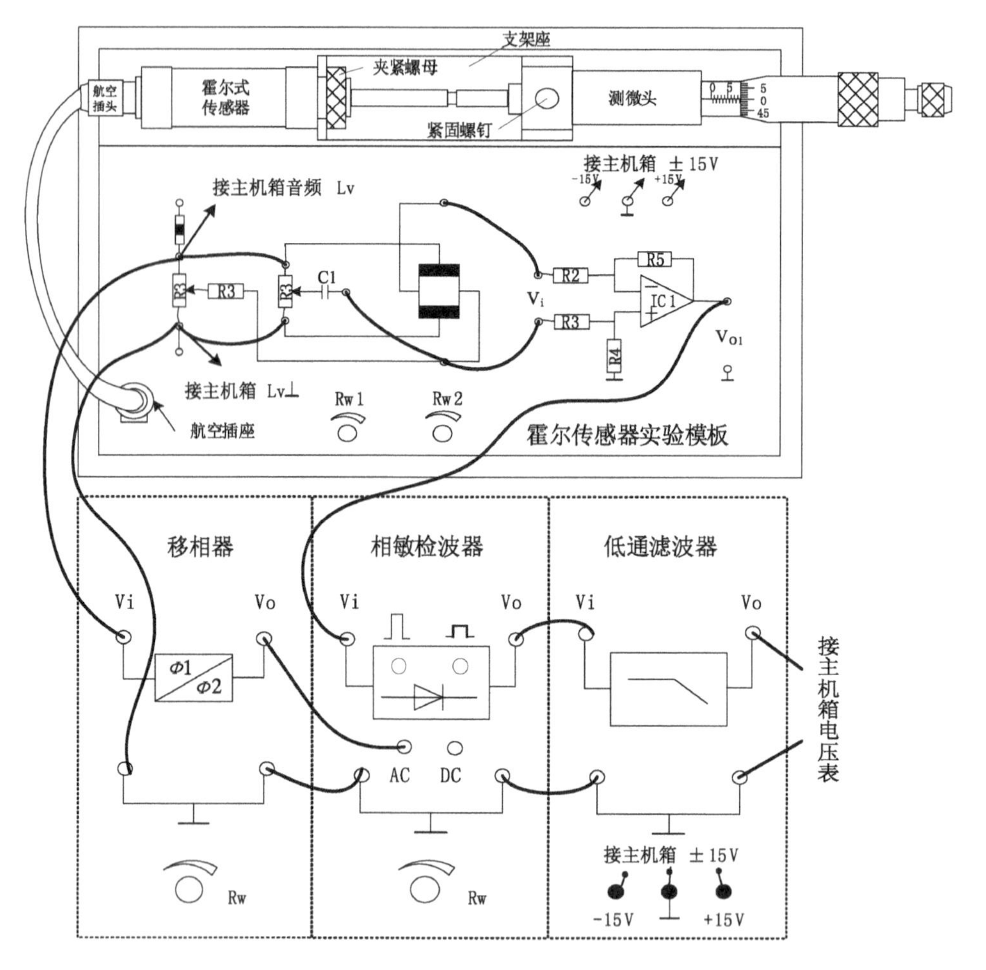

图 3-6　交流激励霍尔式传感器位移性能实验接线、示意图

3. 调节电路、确定位移零点

旋转测微头使其刻度（读数）处于中间位置（10 mm 处），松开测微头的安装紧固螺钉，左右移动整个测微头，使霍尔元件处在两磁铁中间位置（相敏检波器输出波形幅值尽量小，用示波器 CH2 通道测量）。

拧紧紧固螺钉，交替调节实验模板上的电位器 R_{W1}、R_{W2}，使相敏检波器输出波形趋于直线（用示波器 CH2 通道测量），低通滤波器输出为 0（用电压表测量，电压表量程分别选择 2 V 挡、200 mV 挡）。

向任一方向调节测微头使霍尔传感器产生一个较大的位移（如 1.0 mm～2.0 mm），观察相敏检波器的输出（用示波器 CH2 通道测量），调节移相器的电位器 R_W，使相敏检波器输出全波整流波形，且电压表显示相对应的值（电压表选择合适的量程）。

回调测微头，使电压表显示为 0（电压表量程分别选择 2 V 挡、200 mV 挡），此处为位移零点（$\Delta X = 0$ mm）。记录测微头读数。

4. 确定测量起点

选择任意一个方向，将测微头转动 4 圈（2.0 mm），记录此时测微头读数和电压表显示值，此处为位移实验测量起点值（可以根据输出电压的正、负值，确定此处是正位移点 $\Delta X = 2.0$ mm或者是负位移点 $\Delta X = -2.0$ mm）。

5. 实验测量

从测量起点开始，反方向转动测微头，每次转动对应的位移 $\Delta X = 0.1$ mm（微分筒 50 等分刻线旋转 10 格），读取电压表读数，按照表 3-2 的格式记录数据。

累计转动 4 mm，读取相应的电压表读数。

位移 ΔX 的测量顺序为：从+2.0 mm 到−2.0 mm，或者从−2.0 mm 到+2.0 mm。

在实验测量中，根据输出电压的大小，选择合适的电压表量程（200 mV 挡、2 V 挡或 20 V挡）。

表 3-2　实验数据表

ΔX /mm										
V /V										

6. 实验数据处理

根据实验结果，画出实验曲线，计算 ΔX 为±1 mm、±2 mm 时系统灵敏度 S 和非线性误差 δ。

实验完毕，关闭电源。

7. 思考题

比较直流激励霍尔式传感器和交流激励霍尔式传感器的性能。

实验八　霍尔式、磁电式转速传感器转速测量实验

一、实验目的

了解霍尔式、磁电式转速传感器的性能和应用，掌握霍尔式、磁电式转速传感器测量转速的方法。

二、基本原理

1. 霍尔式转速传感器

霍尔式转速传感器是基于霍尔效应的传感器，霍尔效应表达式：$U_H = K_H \cdot I \cdot B$，当被测圆盘上以均分角度装上 M 只磁性体时，圆盘每转动一周磁场就变化 M 次，霍尔电势就同频率相应变化 M 次，将输出电势放大、整形，利用计数器计数就可以测量被测物体的转速。

实验原理框图见图 3-7。

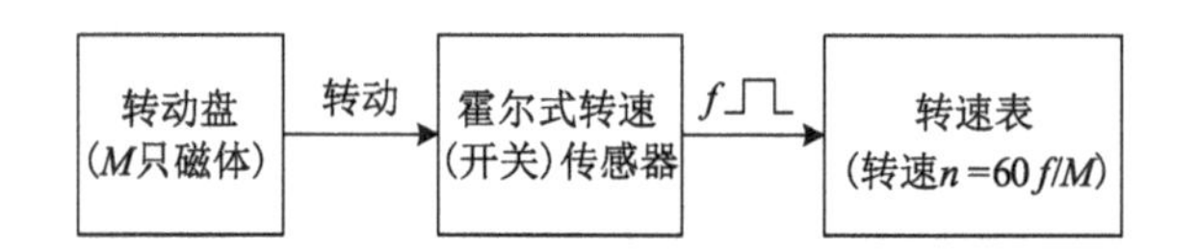

图 3-7　霍尔式转速(开关)传感器转速测量实验原理框图

2. 磁电式转速传感器

磁电式传感器是一种将被测物理量转换为感应电势的无源传感器，也称为电动式传感器或感应式传感器。

根据电磁感应定律，一个匝数为 N 的线圈在磁场中切割磁力线时，穿过线圈的磁通量发生变化，线圈两端就会产生感应电势，线圈中感应电势：

$$E = -N\frac{\mathrm{d}\Phi}{\mathrm{d}t} \tag{3-3}$$

线圈感应电势的大小在线圈匝数 N 一定的情况下，与穿过该线圈的磁通变化率 $\frac{\mathrm{d}\Phi}{\mathrm{d}t}$ 成正比。

当永久磁铁选定(即磁场强度确定)后，使穿过线圈的磁通发生变化的方法通常有两种：

一种是让线圈与磁力线作相对运动，即利用线圈切割磁力线而使线圈产生感应电势；另一种则是把线圈和磁铁固定，靠衔铁运动来改变磁路中的磁阻，从而改变通过线圈的磁通。

因此，磁电式传感器可分成两大类型：动磁式或可动衔铁式(即可变磁阻式)传感器。

本实验使用动磁式磁电传感器。实验原理框图见图 3-8。

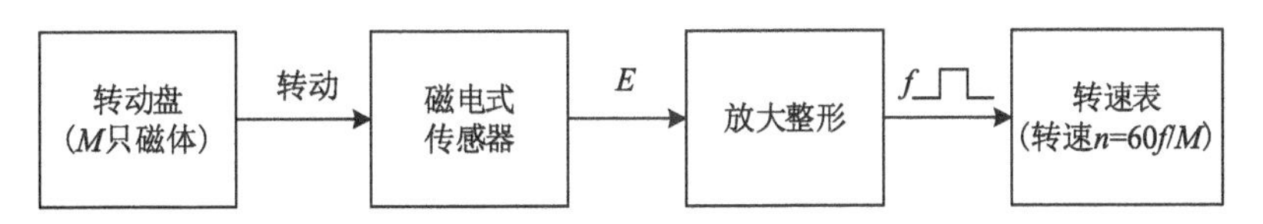

图 3-8　磁电式转速传感器转速测量实验原理框图

三、实验器材

主机箱(+5 V 直流稳压电源、0～24 V 转速调节电源、电压表、频率/转速表)、霍尔式转速(开关)传感器、磁电式转速传感器、转动源和导线等。

四、霍尔式转速(开关)传感器转速测量实验

1. 安装、接线

根据图 3-9 安装、接线。将霍尔式转速(开关)传感器安装于霍尔架上,传感器的顶端对准转盘上的磁铁,调节升降杆使传感器的顶端与磁铁之间的间隙大约为 2～3 mm。

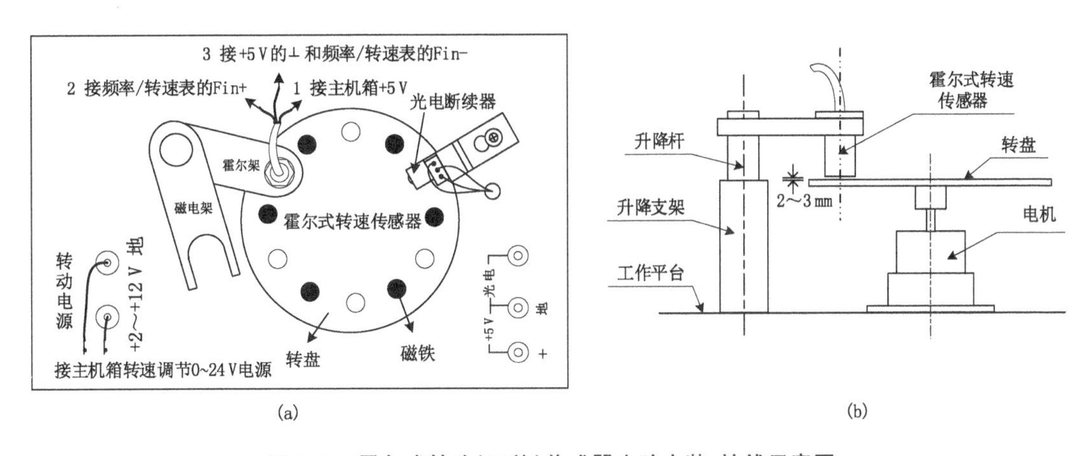

图 3-9　霍尔式转速(开关)传感器实验安装、接线示意图

将转速调节电源(0～24 V)旋钮逆时针方向转到底(输出最小),并接入电压表(量程 20 V 挡),频率/转速表选择转速挡。

2. 电路调节

检查接线无误后,合上主机箱电源开关,在 0～12 V 范围内调节转速调节电源(即调节电机电枢电压,用电压表测量电压,电压不要超过 12 V,以免烧坏直流电机),观察电机转动及转速表的显示情况。

3. 实验测量

从转速调节电源电压为 2 V 时开始测量,电压每增加 1 V 记录一次电机转速数据,直到电压为 12 V,按照表 3-3 的格式记录数据(待电机转速稳定后读取数据)。

4. 实验数据处理

根据实验结果,画出电机 $U-n$ 特性曲线(电机电枢电压与电机转速的关系)。

表 3-3 实验数据

U/V										
n										

5. 思考题

本实验安装了 6 只磁铁，能否仅安装一只磁铁？磁铁的多少对转速测量有什么影响？

五、磁电式转速传感器转速测量实验

1. 安装、接线

按照图 3-10 安装、接线。“磁电式转速传感器转速测量实验”除了传感器不用接电源外(无源传感器)，其他与“霍尔式转速(开关)传感器转速测量实验”相同，因此实验步骤参考“霍尔式转速(开关)传感器转速测量实验”。

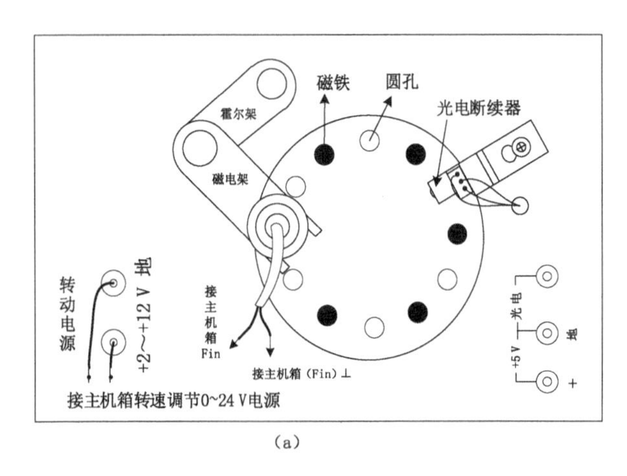

(a)

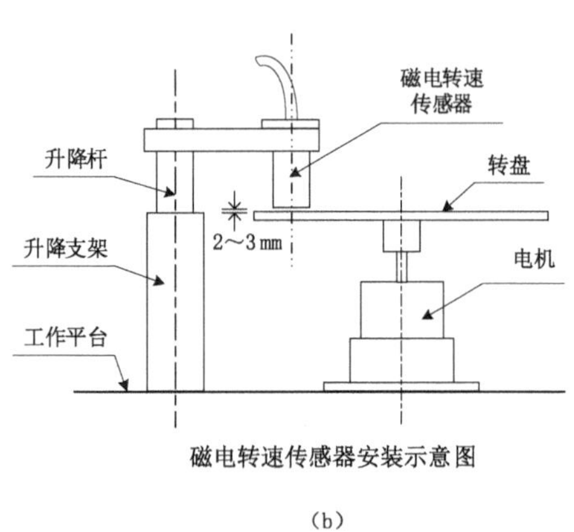

(b)

图 3-10 磁电式转速传感器实验安装、接线示意图

2. 实验测量

从转速调节电源电压为 2 V 时开始测量，电压每增加 1 V 记录一次电机转速数据，直到电压为 12 V，按照表 3-4 的格式记录(待电机转速稳定后读取数据)。

3. 实验数据处理

根据实验结果，画出电机 U-n 特性曲线(电机电枢电压与电机转速的关系)。

4. 思考题

为什么磁电式转速传感器不能测量很低的转速？

表 3-4 实验数据表

U/V										
n										

实验九　压电式传感器振动测量实验

一、实验目的

了解压电式传感器的原理与结构，掌握利用压电式传感器测量振动的方法。

二、基本原理

1. 压电效应

具有压电效应的材料称为压电材料，常见的压电材料有压电单晶体（如石英、酒石酸钾钠等）、人工多晶体压电陶瓷（如钛酸钡、锆钛酸铅）等。

压电材料受到外力作用时，在发生形变的同时内部产生极化现象，它的表面会产生正、负电荷，当作用力的方向改变后电荷的极性也随之改变。当外力去掉时，压电材料又重新恢复到不带电的状态。上述现象称为压电效应，如图 3-11 所示。

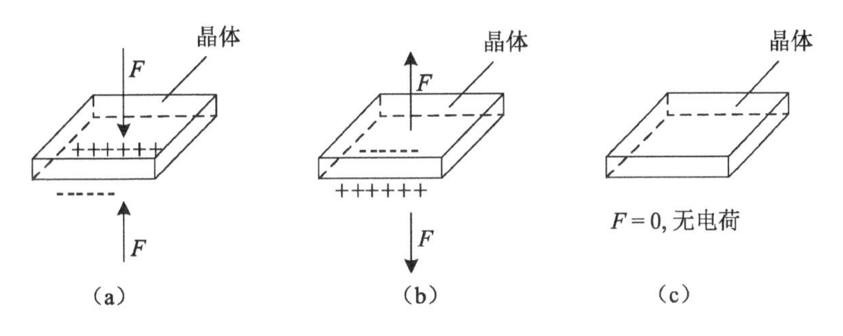

图 3-11　压电效应

在实际的压电式传感器中，往往将两片或两片以上的压电晶片串联或并联。压电式传感器有电荷和电压（晶体等效电容电压）两种输出形式。

压电式传感器可以用来测量各种动态力、机械冲击和振动。

2. 压电式加速度传感器

图 3-12 是压电式加速度传感器的结构图。图中，M 是惯性质量块，K 是压电晶片。压电式加速度传感器实质上是一个惯性力传感器。

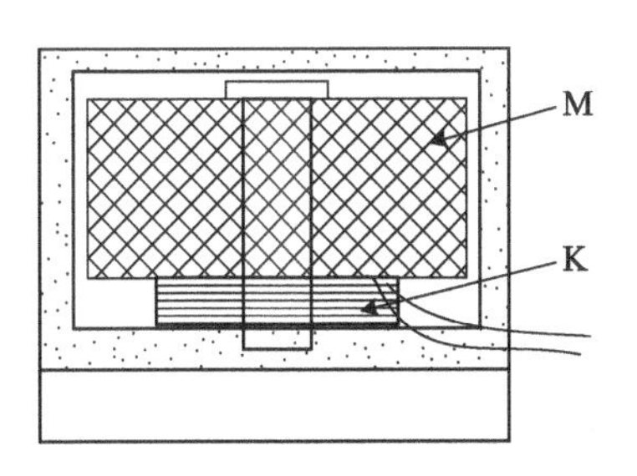

图 3-12　压电式加速度传感器

在压电晶片 K 上，放有质量块 M。当壳体随被测振动体一起振动时，作用在压电晶体上的力 $F = M \cdot a$。当质量 M 一定时，压电晶体上所受到的力与加速度 a 成正比（产生的电荷与加速度 a 成正比）。

3. 电荷放大器

压电式传感器的输出信号很弱，必须将其放大。压电式传感器所使用的放大器有两种：一种是带电阻反馈的电压放大器，其输出电压与输入电压(即传感器的输出电压)成正比；另一种是带电容反馈的电荷放大器，其输出电压与输入电荷量成正比(见图 3-13)。

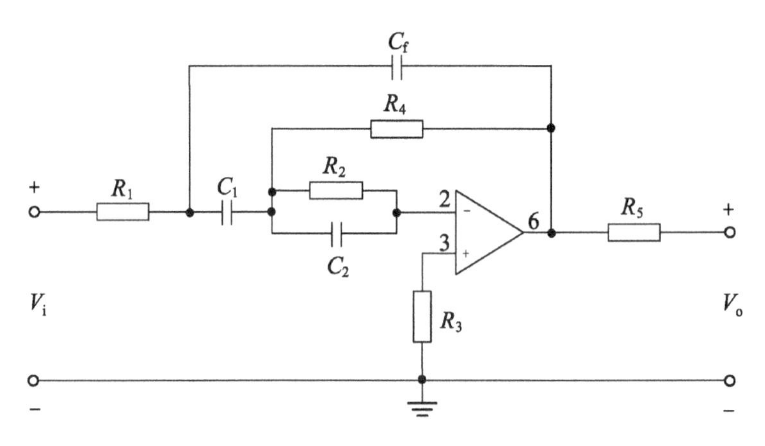

图 3-13 电荷放大器原理图

电荷放大器的灵敏度调节，都是采用切换运算放大器反馈电容 C_f 的办法。采用电荷放大器时，即使连接电缆长度达百米以上，其灵敏度也无明显变化，这是电荷放大器的主要优点。

实验原理框图见图 3-14。

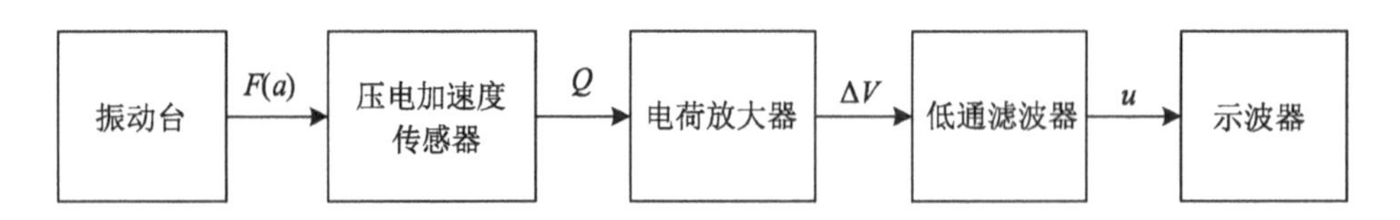

图 3-14 压电式传感器振动测量实验原理框图

三、实验器材

主机箱(±15 V 直流稳压电源、低频振荡器、频率/转速表)、压电式传感器、压电式传感器模板、移相器/相敏检波器/低通滤波器模板、振动源、双踪示波器(虚拟示波器)和导线等。

四、实验步骤

1. 安装、接线

观察实验用压电式传感器(加速度计)的结构。然后根据图 3-15 所示，将压电式传感器安装在振动台面上(与振动台面中心的磁铁吸合)，频率/转速表选择频率挡，低频振荡器输出接振动源的低频输入和频率表，其他连线按图接线。

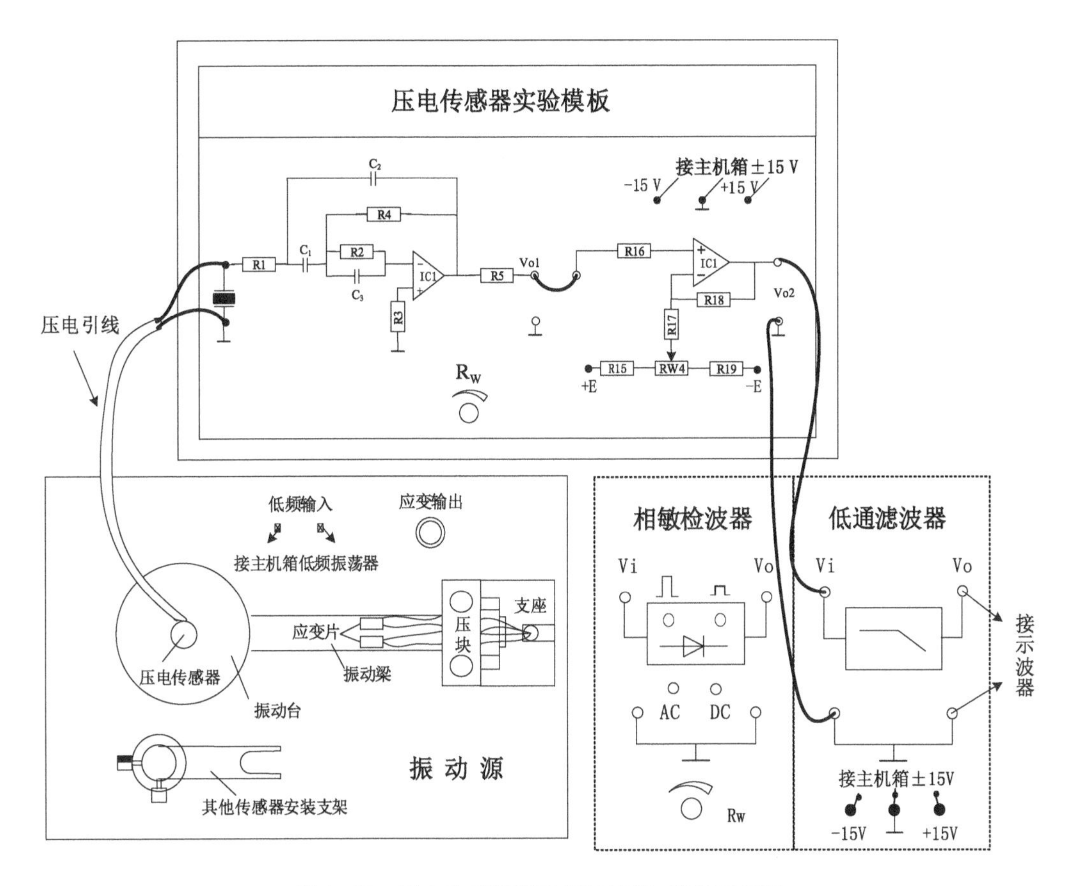

图 3-15　压电传感器振动实验安装、接线示意图

2. 调试设备

检查接线无误后，合上主机箱电源开关。调节低频振荡器的频率 $f=5$ Hz（频率表测量），调节低频振荡器的幅度，使振动台轻微振动（可观察到即可），观察低通滤波器输出的波形。

如果低通滤波器输出波形上、下不对称，调节实验模板的电平移位电位器 R_{W4}，使波形上、下对称。

用示波器的两个通道同时观察低通滤波器输入端和输出端波形，在振动台振动时用手指敲击振动台，观察两个波形的变化。

3. 实验测量

调节低频振荡器频率，从 5 Hz 开始，频率每增加 2 Hz（低频振荡器输出幅值不变）读一次低通滤波器输出波形的峰峰值 $V_{(p-p)}$（示波器测量），直到频率增加到 25 Hz，按照表 3-5 格式记录数据。

在最大电压峰峰值 $V_{(p-p)\max}$ 左右，可以每隔 1 Hz 测量一次数据。

通过示波器的两个通道同时观察低频振荡器输出端和低通滤波器输出端波形，画出波形，推算出两个波形的相位差 $\Delta\varphi$。

4. 实验数据处理

根据实验数据得到振动梁的谐振频率为＿＿＿＿＿＿，画出幅频（$V_{o(p-p)}-f$）特性曲线。实验完毕，关闭电源。

表 3-5　实验数据表

f /Hz										
$V_{(p-p)}$ /V										

五、思考题

传感器输出波形的相位差 $\Delta\varphi$ 大致为多少？

第四章

光敏式、光电式、光纤式传感器实验

实验十　发光二极管(光源)光照度标定实验

一、实验目的

测量发光二极管工作电流、工作电压与光照度的对应关系,为后面的光敏、光电传感器实验做准备。

二、基本原理

半导体发光二极管统称 LED。它是由Ⅲ A～Ⅴ A 族化合物,如 GaAs(砷化镓)、GaP(磷化镓)、GaAsP(磷砷化镓)等半导体制成的,其核心是 PN 结。因此它具有一般二极管的正向导通及反向截止、击穿特性。此外,在一定条件下,它还具有发光特性。

发光二极管的发光颜色由制作二极管的半导体化合物决定,本实验使用纯白高亮发光二极管。

实验原理框图见图 4-1。实验分别采用电流源、电压源驱动发光二极管,利用照度计测量发光二极管工作电流、工作电压与光照度的对应关系。

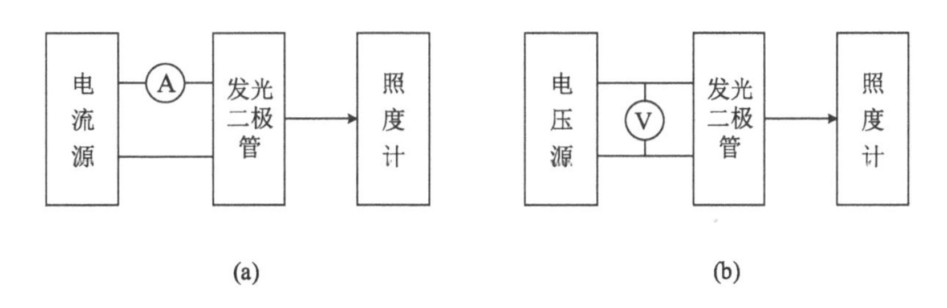

图 4-1　发光二极管(光源)光照度标定实验原理框图

三、实验器材

主机箱(0～20 mA 可调恒流源、+5 V 直流稳压电源、0～10 V 可调直流电源、电流表、电压表、照度表)、发光二极管、遮光筒、照度计探头和导线等。

四、实验步骤

(一) 工作电流与光照度对应关系实验

1. 安装、接线

按照图 4-2 安装、接线,接线时注意+、-极性。

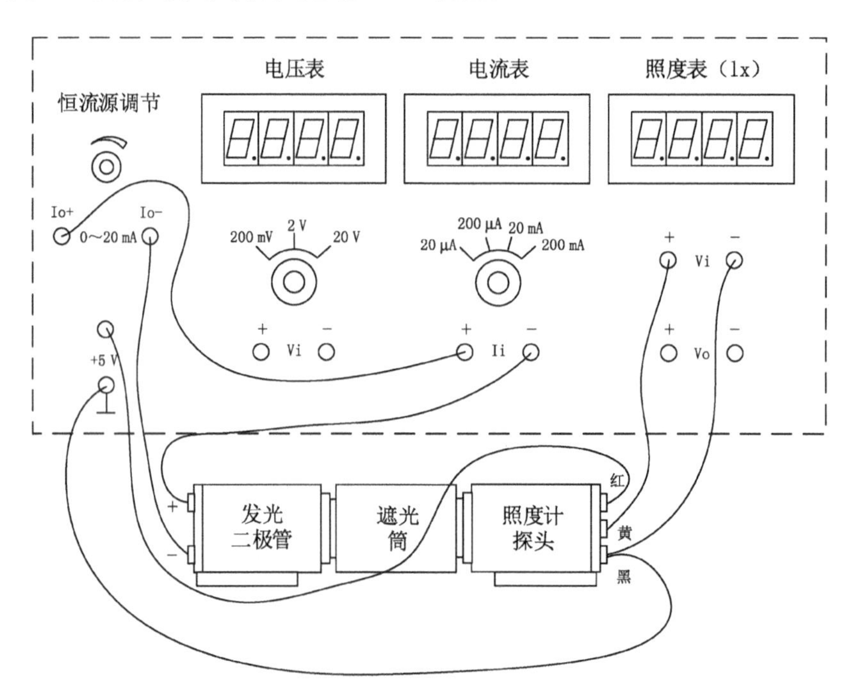

图 4-2 工作电流与光照度的对应关系实验安装、接线示意图

2. 调节 0 光照度

将恒流源旋钮逆时针旋到底(输出最小)。检查接线无误后,合上主机箱电源开关。

这时光照度应该为 0。如果光照度不为 0,拔去发光二极管的一根连线,则光照度为 0(如果恒流源的起始电流不为 0,要得到 0 照度,只有断开光源的工作电源)。

3. 实验测量

调节主机箱恒流源电流大小(电流表量程 20 mA 挡),即改变发光二极管的工作电流大小,以此改变光源的光照度值。

按照表 4-1 给出的光照度大小调节恒流源进行标定实验,记录数据,得到"光照度-工作电流"对应值。

(二) 工作电压与光照度对应关系实验

1. 安装、接线

关闭主机箱电源,按照图 4-3 安装、接线,接线时注意+、-极性。

2. 调节 0 光照度

将 0~10 V 可调电压源旋钮逆时针旋到底(输出最小)。检查接线无误后,合上主机箱电源。

这时光照度应该为 0。如果光照度不为 0，拔去发光二极管的一根连线，则光照度为 0。（如果电压源的起始电压不为 0，要得到 0 照度，只有断开光源的工作电源。）

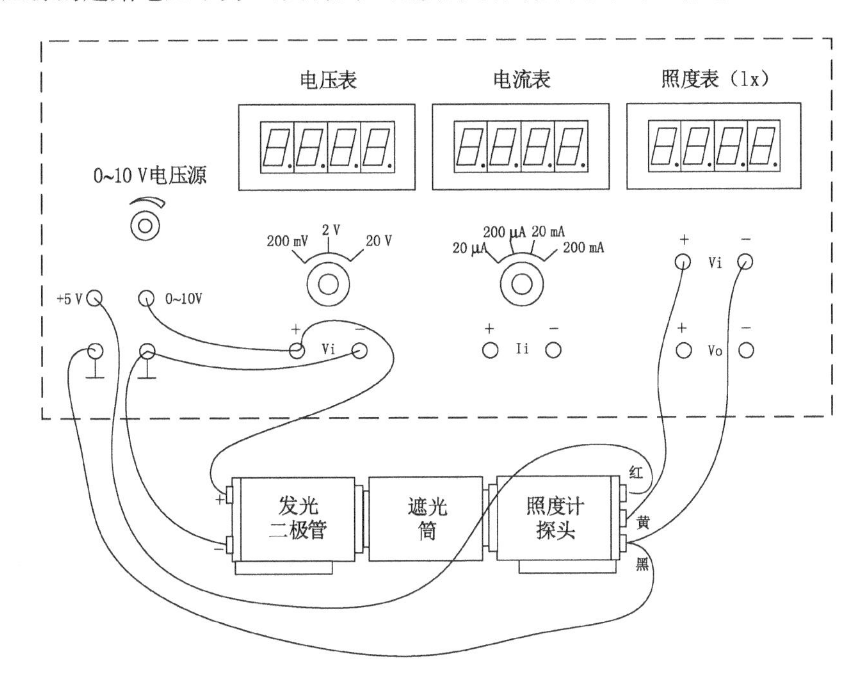

图 4-3 工作电压与光照度的对应关系实验安装、接线示意图

3. 实验测量

调节主机箱的 0～10 V 可调电压源电压大小（电压表量程选 20 V 挡），即改变发光二极管的工作电压大小，以此改变光源的光照度值。

按照表 4-1 调节电压源进行标定，记录数据，得到"光照度-工作电压"对应值。

五、实验数据处理

根据表 4-1 画出发光二极管的"工作电流-光照度"和"工作电压-光照度"特性曲线。

实验完毕，关闭电源。

表 4-1 发光二极管工作电流、工作电压与光照度的对应关系表

照度/lx	0	10	20	…	90	100	…	190	200	…	290	300
电流/mA	0			…			…			…		
电压/V	0			…			…			…		

发光二极管（光源）的离散性较大，每个发光二极管的"工作电流-光照度"关系以及"工作电压-光照度"关系都是不同的。实验者须保存表 4-1，为后面的光敏、光电传感器实验提供数据。后面的实验需要使用同样的实验台（同样的实验设备），调节光照度时，只需根据表 4-1 调节恒流源的电流值或者电压源的电压值即可。

实验十一 光敏电阻、光敏二极管特性实验

一、实验目的

了解光敏电阻、光敏二极管的光照特性和伏安特性，测量光敏电阻的亮电阻、暗电阻以及光敏电阻和光敏二极管的光照特性、伏安特性。

二、基本原理

1. 光敏电阻

在光线的作用下，半导体中的电子吸收光子的能量，从键合状态过渡到自由状态，引起电导率的变化，这种现象称为光电导效应。光电导效应是半导体材料的一种体效应。光照越强，器件自身的电阻越小；光照消失，电阻恢复原值。

基于这种效应的光电器件称为光敏电阻。光敏电阻无极性，其工作特性与入射光光强、波长和外加电压有关。

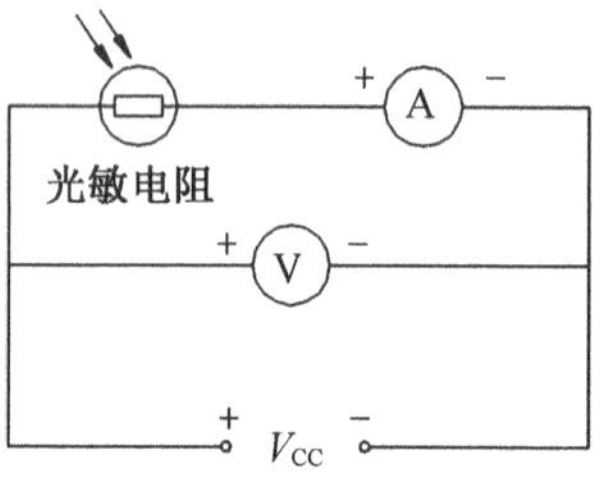

实验原理图如图 4-4 所示。

图 4-4 光敏电阻特性实验原理图

2. 光敏二极管

在光线的作用下，PN 结及其附近的电子吸收光子的能量，从键合状态过渡到自由状态，产生“电子-空穴对”，使 P 区和 N 区的载流子浓度都大大增加。

在外加反偏电压和内电场作用下，P 区载流子(电子)进入 N 区，N 区载流子(空穴)进入 P 区。从而使 PN 结的反向电流大大增加，形成光电流。反向光电流随光照强度变化而变化。

另一种工作状态是 PN 结不外加反偏电压，在光线的作用下，电子和空穴分别在 N 区和 P 区积累，PN 结两端形成电动势，这种现象称为光生伏特效应，简称光伏效应。光电池就是据此制成的。

三、实验器材

主机箱(0～10 V 可调直流电源、±2 V～±10 V 步进可调直流电源、电流表、电压表、照度表)、光电器件实验(一)模板 、光敏电阻、光敏二极管、发光二极管、遮光筒、照度计探头和导线等。

四、光敏电阻特性实验

1. 亮电阻和暗电阻测量

(1) 按图 4-5 安装、接线，接线时注意+、-极性。

打开主机箱电源，将±2 V～±10 V 步进可调直流电源设定为±10 V 挡。

缓慢调节 0～10 V 可调电源，使发光二极管两端电压为光照度为 100 lx 时的电压值(根

据实验十的标定值)。

(2) 大约 10 s 后,读取电流表的值 $I_{亮}$(亮电流,电流表选 20 mA 挡);将电压表接入光敏电阻两端,读取电压表的值 $U_{亮}$(亮电压,电压表选择合适的量程)。

(3) 将 0～10 V 可调电源的调节旋钮逆时针缓慢旋到底,大约 10 s 后,读取电流表的值 $I_{暗}$(暗电流,电流表选 20 μA 挡);读取电压表的值 $U_{暗}$(暗电压,电压表选 200 mV 挡)。

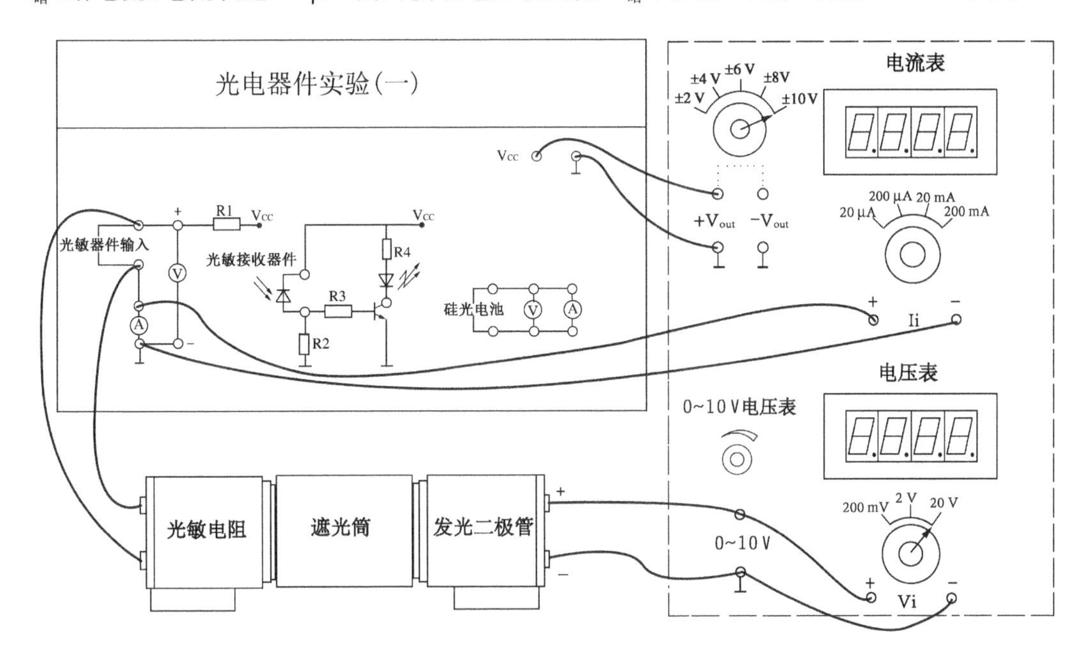

图 4-5　光敏电阻特性实验安装、接线示意图

(4) 根据式(4-1)和式(4-2),计算亮阻和暗阻:

$$R_{亮}=\frac{U_{亮}}{I_{亮}} \tag{4-1}$$

$$R_{暗}=\frac{U_{暗}}{I_{暗}} \tag{4-2}$$

2. 光照特性测量

光敏电阻的两端电压为定值时,其光电流随光照强度的变化而变化,它们之间的关系是非线性的。

将电压表接入 0～10 V 电压源输出端(即发光二极管两端),调节 0～10 V 电压源电压,得到不同的光照度(根据实验十的标定值),按照表 4-2 的格式记录光电流数据。

画出光敏电阻工作电压为 10 V 时光电流与光照度的曲线图。

表 4-2　光敏电阻光照特性实验数据表(光敏电阻工作电压为 10 V)

光照度/lx	0	10	20	30	40	50	60	70	80	90	100
光电流/mA											

3. 伏安特性测量

在一定的光照强度下，光敏电阻的光电流随工作电压(外加电压)的变化而变化。

测量时，光照强度设为定值(10 lx、50 lx、100 lx，根据实验十的标定值，调节 0～10 V 电压源电压)，光敏电阻外加电压分别为 0 V、2 V、4 V、6 V、8 V、10 V 6 挡电压(调节±2 V～±10 V步进可调直流电源电压)，按照表 4-3 的格式记录光敏电阻上的电流值(根据电流大小调整电流表挡位)。

在同一坐标图中作出不同照度(10 lx、50 lx、100 lx)下的光敏电阻伏安特性曲线簇。

实验完毕，关闭电源。

表 4-3　光敏电阻伏安特性实验数据表

照度/lx	电流/mA					
	电压 0 V	电压 2 V	电压 4 V	电压 6 V	电压 8 V	电压 10 V
10						
50						
100						

4. 思考题

为什么测量光敏电阻的亮阻和暗阻时要过 10 s 后再读数？光敏电阻的这种特性，在应用中会造成什么影响？

五、光敏二极管特性实验

1. 光照特性测量

将“光敏电阻特性实验”图 4-5 中的光敏电阻更换成光敏二极管(注意+、-极性)，按图 4-5 安装、接线。

将±2 V～±10 V 步进可调直流电源设定为±6 V 挡，合上主机箱电源开关。

暗电流测量：将 0～10 V 可调直流电源的旋钮逆时针旋到底，读取的电流表(20 μA 挡)的值即为光敏二极管的暗电流值。暗电流基本为 0 μA，一般光敏二极管暗电流小于 0.1 μA，暗电流越小越好。

亮电流测量：顺时针方向调节 0～10 V 可调稳压电源的电压(根据实验十的标定值)，按照表 4-4 格式记录数据。

根据表 4-4 中的数据，画出光敏二极管工作电压(外加反偏电压)为 6 V 时光电流与光照度的曲线。

表 4-4　光敏二极管光照特性实验数据表(光敏二极管工作电压=6 V)

光照度/lx	0	10	20	30	40	50	60	70	80	90	100
光电流/mA											

2. 伏安特性测量

在一定的光照强度下，光敏二极管的光电流随工作电压(外加反偏电压)的变化而变化。

测量时，给定光照强度（根据实验十的标定值），光敏二极管外加电压分别为 0 V、2 V、4 V、6 V、8 V、10 V 6 挡电压（调节±2 V～±10 V 步进可调直流电源电压），按照表 4-5 格式记录数据。

根据表 4-5 数据，画出照度分别为 10 lx、50 lx、100 lx 时的光敏二极管伏安特性曲线簇。

实验完毕，关闭电源。

表 4-5　光敏二极管伏安特性实验数据表

照度/lx	电流/mA					
	电压 0 V	电压 2 V	电压 4 V	电压 6 V	电压 8 V	电压 10 V
0						
10						
20						
30						
40						
50						
60						
70						
80						
90						
100						

实验十二　光敏三极管、硅光电池特性实验

一、实验目的

了解光敏三极管、光电池的工作原理及特性，测量光敏三极管、光电池的光照特性和伏安特性。

二、基本原理

1. 光敏三极管

在光敏二极管的基础上，为了获得内增益，利用晶体三极管的电流放大作用，用Ge(锗)或Si(硅)单晶体制造NPN或PNP型光敏三极管。

光敏三极管等效电路和工作原理如图4-6所示。

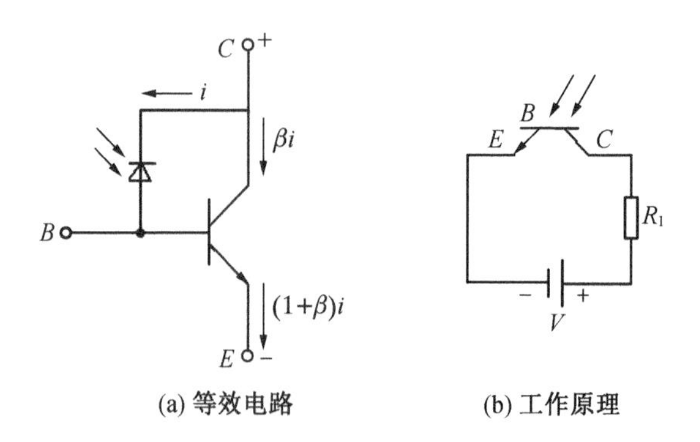

(a) 等效电路　　(b) 工作原理

图4-6　光敏三极管等效电路和工作原理图

光敏三极管可以等效为一个光敏二极管与一个三极管的集电极、基极并联，如图4-6(a)所示。集电极-基极产生的电流被输入到共发射极三极管的基极放大。

集电极起双重作用：一是将光信号变成电信号，起光电二极管的作用；二是将光电流再放大，起三极管的集电极作用。

一般光敏三极管只引出C、E两极，B极为受光面，如图4-6(b)所示。

2. 光电池

光电池是根据光伏效应制成的，是一种不需要外加偏压就能把光能转换成电能的PN结光电器件。

当光照射到光电池PN结上时，电子和空穴分别在N区和P区积累，PN结两端形成电动势。光伏效应与材料、光的强度和波长等有关。

三、实验器材

主机箱(0～20 mA可调恒流源、0～10 V可调直流稳压电源、±2 V～±10 V步进可调

直流电源、电流表、电压表、照度表）、光电器件实验（一）模板 、光敏三极管、硅光电池、发光二极管、遮光筒、照度计探头和导线等。

四、光敏三极管特性实验

1. 光照特性测量

将实验十一图 4-5 中的光敏电阻更换成光敏三极管（注意+、−极性），按图 4-5 安装、接线。

±2 V～±10 V 步进可调直流电源电压设定为±6 V 挡，合上主机箱电源开关。

暗电流测量：将 0～10 V 可调直流电源的旋钮逆时针旋到底，读取电流表（20 μA 挡）的值，该值即为光敏三极管的暗电流。

亮电流测量：顺时针方向调节 0～10 V 可调稳压电源的电压（根据实验十的标定值），按照表 4-6 格式记录数据。

根据表 4-6 数据，画出光敏三极管工作电压为 6 V 时光电流与光照度的曲线图。

表 4-6　光敏三极管光照特性实验数据表（光敏三极管工作电压=6 V）

光照度/lx	0	10	20	30	40	50	60	70	80	90	100
光电流/mA											

2. 伏安特性测量

在一定的光照强度下，光敏三极管光电流随外加电压的变化而变化。

测量时，给定光照强度（根据实验十的标定值），光敏三极管外加电压分别为 0 V、2 V、4 V、6 V、8 V、10 V 6 挡电压（调节±2 V～±10 V 步进可调直流电源电压），按照表 4-7 格式记录数据。

根据表 4-7 中记录的数据，画出照度分别为 10 lx、50 lx、100 lx 的光敏三极管伏安特性曲线簇。

实验完毕，关闭电源。

表 4-7　光敏三极管伏安特性实验数据表

照度/lx	电流/mA					
	电压 0 V	电压 2 V	电压 4 V	电压 6 V	电压 8 V	电压 10 V
0						
10						
20						
30						
40						
50						

（续表）

照度/lx	电流/mA					
	电压 0 V	电压 2 V	电压 4 V	电压 6 V	电压 8 V	电压 10 V
60						
70						
80						
90						
100						

五、光电池特性实验

光电池在不同的照度下产生不同的光电流和光生电动势，它们之间的关系就是光照特性。实验时为了得到光电池的开路电压 V_{oc} 和短路电流 I_s，不要同时（同步）接入电压表和电流表，要错时（异步）接入来测量数据。

1. 光电池开路电压（V_{oc}）的测量

按图 4-7 安装、接线（注意＋、－极性），合上主机箱电源。

发光二极管输入电流由实验十光照度标定对应的电流值确定，按照表 4-8 的格式记录数据。

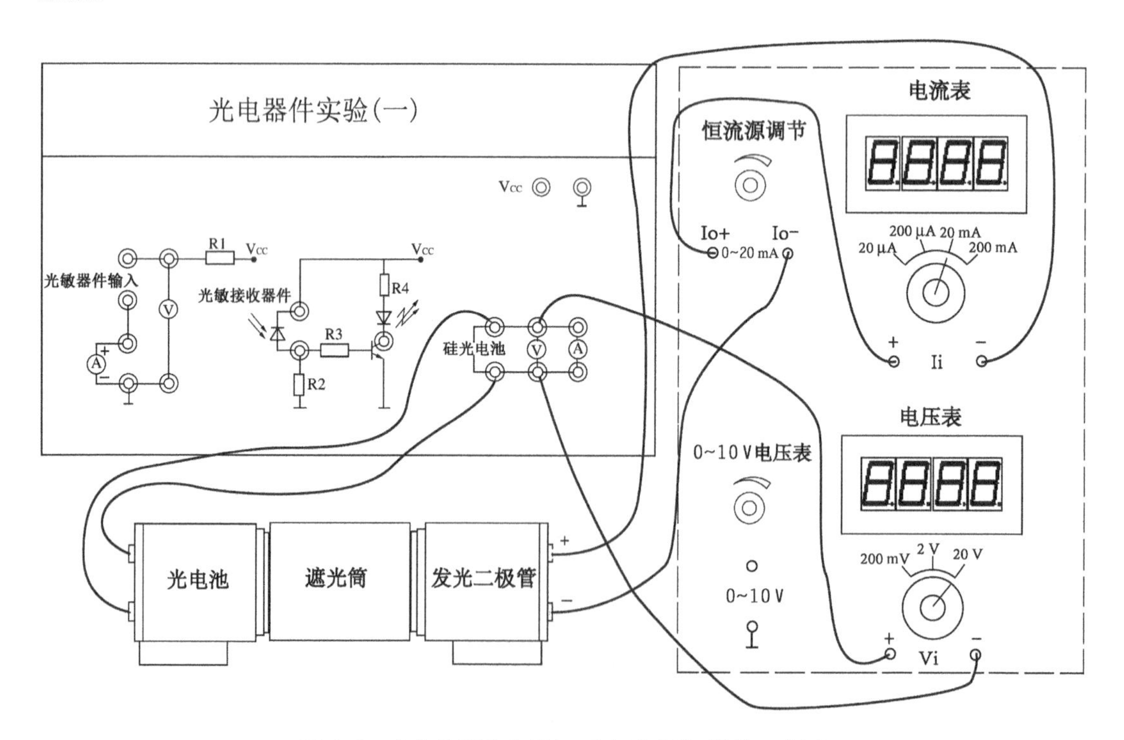

图 4-7　光电池开路电压（V_{oc}）实验安装、接线示意图

表 4-8　光电池开路电压表(V_{oc})实验数据

照度 / lx	0	10	20	……	90	100
V_{oc}/mV				……		

2. 光电池短路电流(I_s)的测量

按图 4-8 安装、接线(注意＋、－极性)，发光二极管的输入电压根据实验十光照度标定对应的电压值确定，按照表 4-9 的格式记录数据。

根据表 4-8、表 4-9 的实验数据作出光照度与电压、电流的特性曲线图。

实验完毕，关闭电源。

表 4-9　光电池短路电流(I_s)实验数据表

照度/lx	0	10	20	……	90	100
I_s/mA				……		

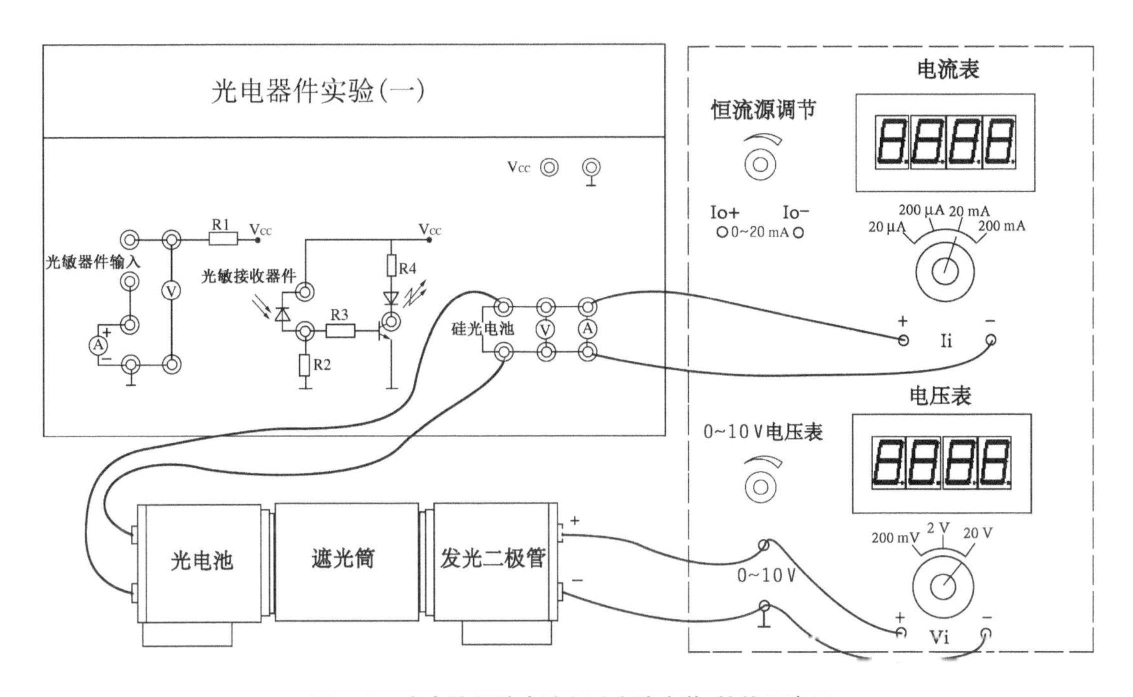

图 4-8　光电池短路电流(I_s)实验安装、接线示意图

六、思考题

比较光敏电阻、光敏二极管、光敏三极管和光电池的特性。

实验十三　光电式转速传感器转速测量实验

一、实验目的

了解光电式转速传感器工作原理，掌握利用光电式转速传感器测量转速的方法。

二、基本原理

光电式转速传感器（光耦、光电断续器）有反射型和透射型两种。

本实验使用的是透射型光电式转速传感器，传感器端部两内侧分别装有发光管和光电管。发光管发出的光透过转盘上的通孔，由光电管接收转换成电信号，转盘转动时将获得与转速有关的脉冲计数，通过处理脉冲计数即可得到相应的转速。实验原理框图见图 4-9。

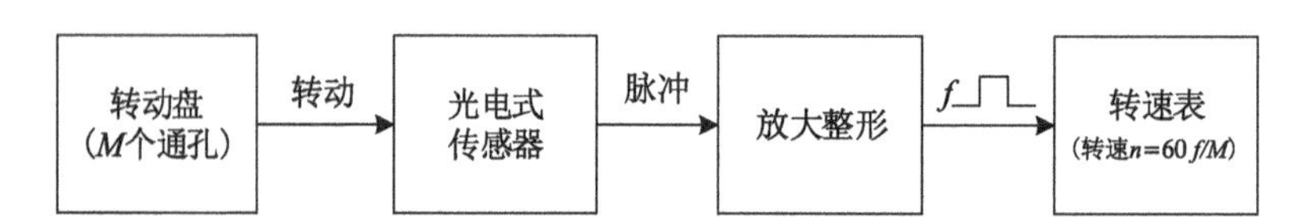

图 4-9　光电式转速传感器转速测量实验原理框图

三、实验器材

主机箱（+5 V 直流稳压电源、0～24 V 转速调节电源、频率/转速表）、光电转速传感器（光耦、光电断续器，已装在转动源上）、转动源和导线等。

四、实验步骤

1. 安装、接线

按照图 4-10 安装、接线。将主机箱中的转速调节 0～24 V 电压源旋钮逆时针旋到底（输出最小），并接上电压表。频率/转速表选择转速表。

2. 电路调节

检查接线无误后，合上主机箱电源开关。在 2 V～12 V 范围内（电压表测量），调节转速调节电源（即调节电机的电枢电压），观察电机转动及转速表的显示情况。

3. 实验测量

从电压为 2 V 开始，每增加 1 V，按照表 4-10 格式记录一次相应的电机转速数据（待转速表显示比较稳定后读取数据），直到电压为 12 V。

表 4-10　实验数据表

U /V										
n										

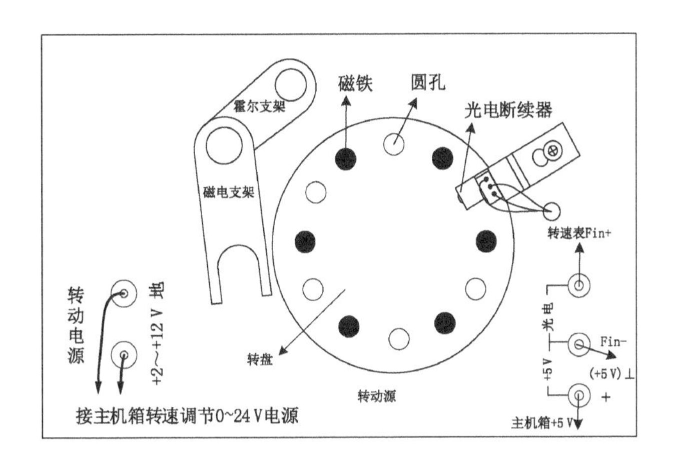

图 4-10　光电传感器转速测量实验安装、接线示意图

4. 实验数据处理

画出电机的 U-n 特性曲线图(电机电枢电压与电机转速的关系)。

实验完毕,关闭电源。

五、思考题

已完成的实验中用了多种传感器测量转速,试分析比较各种转速传感器的特点。

实验十四　光纤传感器位移性能实验

一、实验目的

了解光纤位移传感器的工作原理和性能，掌握利用光纤位移传感器测量位移的方法。

二、基本原理

光纤传感器是利用光纤的特性研制而成的传感器。光纤具有很多特殊的性能，例如：抗电磁干扰和原子辐射的电磁性能，径细、质软、重量轻的机械性能，绝缘、无感应的电气性能，耐水、耐高温、耐腐蚀的化学性能等。

1. 光纤传感器分类

光纤传感器主要分为两类：一类是功能型（物性型）光纤传感器，另一类是非功能型（结构型）光纤传感器。

功能型光纤传感器是利用对外界信息具有敏感能力和检测功能的光纤构成的“传”和“感”合为一体的传感器。这里光纤不仅能传输光信号，而且还是敏感元件。功能型光纤传感器工作时是利用被检测量去改变光束的一些基本参数，如光的强度、相位、偏振和频率等，这些参数的变化反映了被检测量的变化。应用光纤传感器的这种特性可以实现力、压力和温度等物理量的测量。

非功能型光纤传感器主要是利用光纤传输光信号，由其他敏感元件检测信息，光纤仅起信息传输作用。

2. 实验原理

如图 4-11 所示，本实验采用的是传光型光纤，将两束光纤混合，组成 Y 形光纤，一束光纤端部与光源相接发射光束，另一束光纤端部与光电转换器相接接收光束。

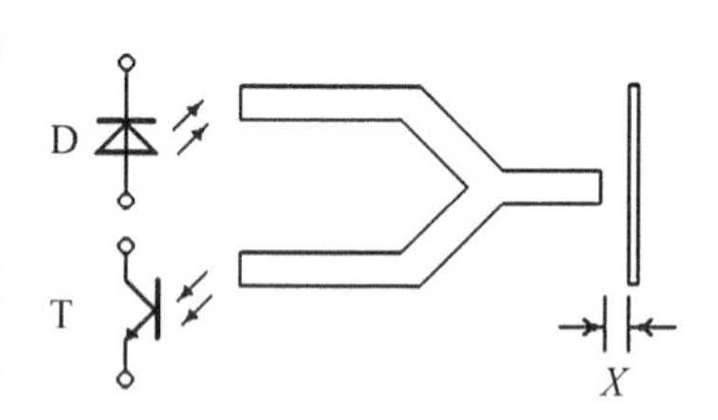

图 4-11　Y 形光纤传感器位移测量原理图

两束光纤混合后的端部是工作端亦称探头，它与被测体间的距离为 X。由光源发出的光传到端部后射向被测体，再由被测体反射回来，另一束光纤接收反射光，由光电转换器转换成电量。光电转换器转换的电量大小与间距 X 有关，因此光纤传感器可用于测量位移。

当光纤探头与被测体接触时 $(X=0)$，全部传输光直接被反射至传输光纤，接收端光纤没有接收到光，输出信号为 0。

当光纤探头与被测体的距离开始增加时，接收端光纤接收到的光量也开始增加，输出信号便增大。

当光纤探头与被测体的距离增加到一定值时，接收端光纤接收到的光量最大，称为“光峰值”。

达到光峰值之后，若光纤探头与被测体的距离继续增加，将造成反射光扩散或超过接收端接收视野，使得输出信号强度与距离成反比例关系。

如图 4-12 曲线所示，一般选用线性范围较好的前段作为测量区域。

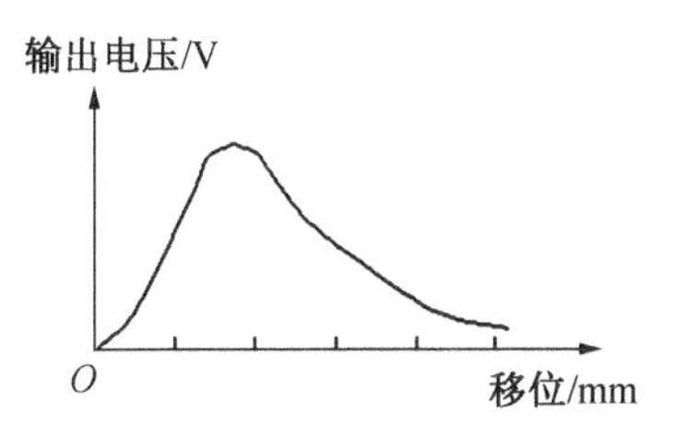

图 4-12　光纤位移特性曲线图

三、实验器材

主机箱（±15 V 直流稳压电源、电压表）、光纤传感器、光纤传感器实验模板、反射面（被测体）、测微头、测微头支架和导线等。

四、实验步骤

1. 安装、接线

根据图 4-13 安装、接线。调节测微头的微分筒到大约 5 mm 处，安装光纤位移传感器和测微头，使测微头及光反射面（被测体）与 Y 形光纤探头端部轻微接触，然后拧紧测微头紧固螺钉（测微头刻度初始位置既要保证测微头有向后调节位移的足够空间，又要保证测微头紧固螺钉能拧紧）。

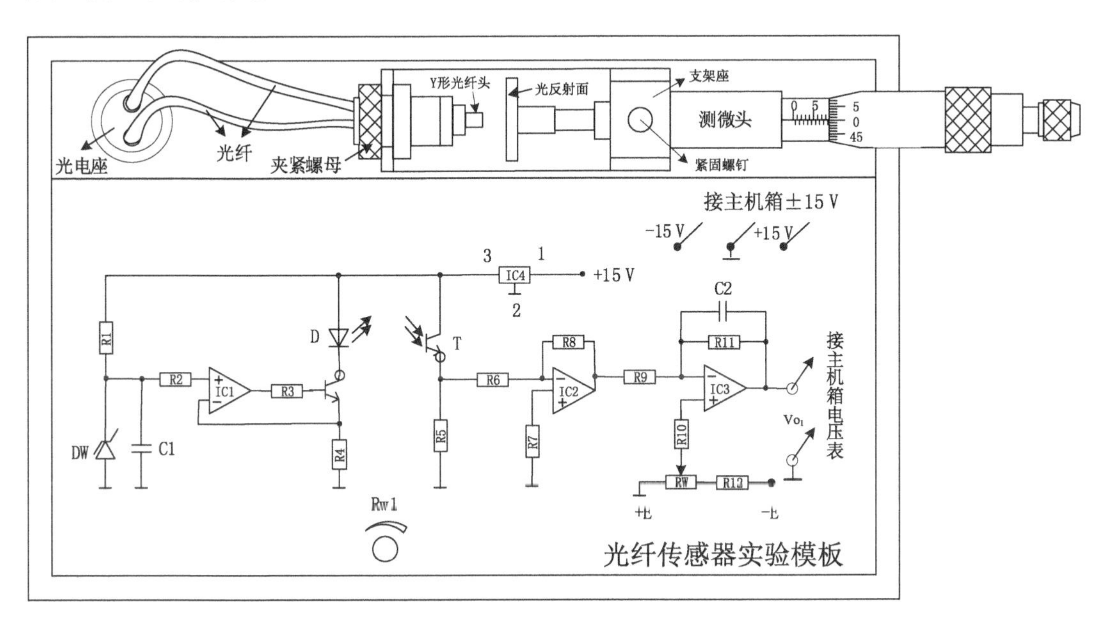

图 4-13　光纤传感器位移测量实验安装、接线示意图

两束光纤分别插入实验模板上的光电座（内部有发光二极管 D 和光敏三极管 T）中。连接好其他导线。

2. 电路调节

检查接线无误后，合上主机箱电源开关。

调节实验模板上的 R_W 电位器，使电压表显示为 0（依次将电压表量程调至 20 V 挡、

2 V 挡、200 mV 挡)。

3. 实验测量

旋转测微头,使被测体离开光纤探头,每隔 $\Delta X = 0.1$ mm(微分筒 50 等分刻线旋转 10 格),读取一次电压表数值(选择合适的量程),按照表 4-11 格式记录数据,直到电压值与距离成反比例关系(电压值减小)为止。

4. 实验数据处理

根据表 4-11 中的数据画出实验曲线,计算 ΔX 分别为 1 mm、2 mm 时的灵敏度 S 和非线性误差 δ。

表 4-11　光纤位移传感器实验数据表

ΔX /mm										
U /V										

实验完毕,关闭电源。

五、思考题

用光纤位移传感器测量位移时,对被测体的表面有什么要求?

第五章

热敏式、热电式传感器实验

实验十五　温度源温度控制实验

一、实验目的

了解温度控制的基本原理,熟悉对温度源的温度控制过程,掌握智能调节仪和温度源的使用方法,为以后的温度测量实验做好准备。

二、基本原理

温度源温度控制原理框图如图 5-1 所示。

当温度源的温度发生变化时,温度源中的 Pt100 热电阻阻值发生变化,将电阻变化量作为温度的反馈信号反馈给智能调节仪,经智能调节仪的电阻/电压模块转换后,与温度设定值进行比较,再进行数字 PID(比例-积分-微分)运算。

根据运算结果,输出可控硅触发信号(加热)或继电器触发信号(冷却),使温度源的温度趋向温度设定值。

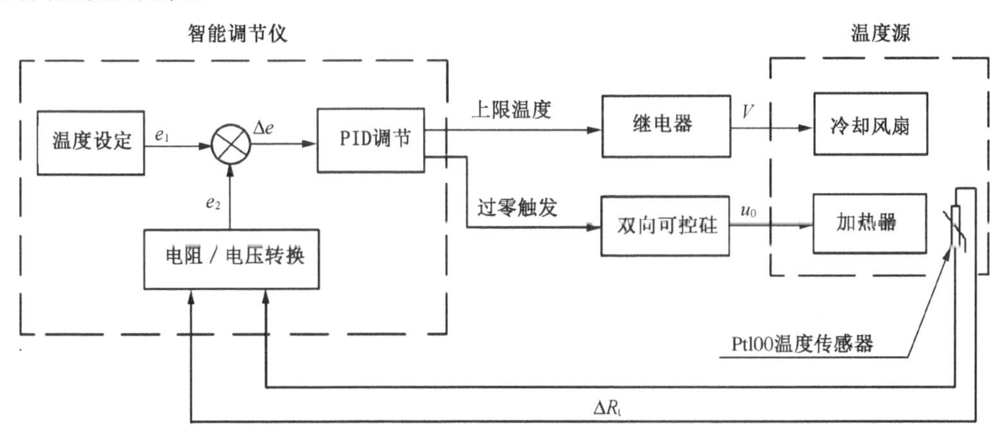

图 5-1　温度源温度控制原理框图

三、实验器材

主机箱(0～24 V 转速调节电源、智能调节仪)、Pt100 温度传感器、温度源和导线等。

四、温度源介绍

温度源顶部有两个测温孔，内部装有加热器和冷却风扇。

顶部测温孔一个是调节仪控制温度源温度的传感器(Pt100)插孔，另一个是温度测量实验所使用的温度传感器的插孔。

加热器的电源插座在温度源背面(由调节仪提供220 V AC“加热控制”电源)；冷却风扇的电源插孔在正面(由调节仪提供+24 V DC或+12 V DC“冷却风扇控制”电源)。

温度源正面装有电源开关。根据安全性、经济性要求，应设置温度源温度不大于200℃。

五、智能调节仪介绍

1. 概述

智能调节仪为工业现场常用的小型控制仪表，该仪表由单片机控制，可输入热电阻、热电偶、电压、电流、频率和TTL电平等多种信号(通过输入方式设置)，可控制温度、转速等多种对象(通过输出方式设置)，主控方式主要为PID算法控制。PID参数需由人工设定或由仪表自整定。

2. 面板

如图5-2所示，本实验所使用的智能调节仪面板上有PV测量值显示窗、SV给定值显示窗、4个指示灯窗和4个按键。

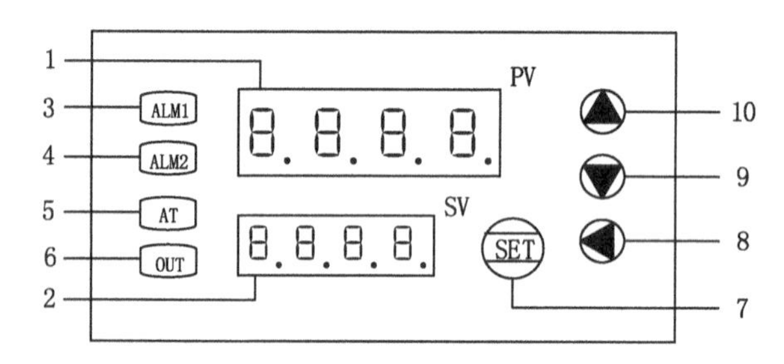

1—PV，测量值显示窗；2—SV，给定值显示窗；3—ALM1，AL-1动作指示灯；
4—ALM2，手动指示灯(兼程序运行指示灯)；5—AT，自整定灯；6—OUT，调节控制输出指示灯；
7—SET，功能键；8—◀，数据移位键(兼手动/自动切换及参数设置进入)；
9—▼，数据减少键(兼程序运行/暂停操作)；10—▲，数据增加键(兼程序复位操作)。

图5-2　智能调节仪面板图

3. 操作简介

仪表上电后，长按“SET”键约3 s，即进入参数设置状态。

在参数设置状态下每按一次“SET”键，仪表将按照参数序号1～20的顺序，依次在上显示窗(PV)显示参数符号，下显示窗(SV)显示其设定的参数值。

分别按“◀”“▼”“▲”三键可调整参数值，长按“▲”或“▼”可快速加、减，某参数值设定好后按“SET”键确认保存数据，并自动转到下一参数继续设定。

长按“SET”键将快捷保存数据并退出参数设置状态；按“SET”+“◀”键将直接保存数

据并退出；如果设置中途间隔 10 s 未操作，仪表将自动保存数据并退出。

长按"▲"键约 3 s，PV 窗显示 SP(序号 0，控制目标设定值)，按"▼""▲"键使 SV 窗显示设定值。

参数序号、符号、名称及使用说明见表 5-1。

表 5-1　智能调节仪各参数序号、符号、名称及使用说明

序号	符号	名称	说明	取值范围	出厂值
0	SP	给定值	控制参量(目标)设定值	仪表量程范围	50.0
1	AL-1	第一报警	测量值大于 AL-1 值时仪表将产生上限报警； 测量值小于 ALM1(固定 0.5)值时，仪表将解除上限报警	同上	0.0
2	Pb	传感器误差修正	当测量传感器有误差时，可以用此值修正	0～±20.0	0.0
3	P	速率参数	*P* 值类似常规 PID 调节器的比例带，但变化作用相反； *P* 值越大，比例、微分的作用正比增强； *P* 值越小，比例、微分的作用相应减弱； *P* 参数值与积分作用无关； 设置 *P*=0 时，仪表转为二位式控制	1～9 999	100
4	I	保持参数	*I* 参数值主要决定调节算法中的积分作用，与常规 PID 算法中的积分时间作用类同； *I* 值越小，系统积分作用越强； *I* 值越大，积分作用越弱； 设置 *I*=0 时，系统取消积分作用，仪表成为一个 PD 调节器	0～3 000	500
5	d	滞后时间	*d* 参数会影响控制的比例、积分、微分； *d* 减小，则比例和积分作用均正比增强； 反之，*d* 增大，则比例和积分作用均减弱，而微分作用相对增强； 此外 *d* 还影响超调抑制功能的发挥，其设置对控制效果影响很大	0～2 000 s	100 s
6	FILT	滤波系数	仪表一阶滞后滤波系数越大，抗瞬间干扰能力越强，但响应速度越滞后。对压力、流量进行控制时其值应较小，对温度、液位进行控制时其值应相对较大	0～99	20
7	dp	小数点位置	当仪表输入为电压或电流时，其显示上限、显示下限、小数点位置及单位均可由厂家或用户自行设定：当 dp=0 时，小数点在个位不显示；当 dp=1～3 时，小数点依次在十位、百位、千位。 当仪表输入为热电偶或热电阻时，如果 dp=0，小数点在个位不显示；如果 dp=1，小数点在十位	0～3	0 或 1 或按需设定

（续表）

序号	符号	名称	说明	取值范围	出厂值
8	outH	输出上限	当仪表控制为电压或电流输出（如控制阀位）时，仪表具有最小输出和最大输出限制功能	outL～200	按需设定
9	outL	输出下限	同上	0～outH	按需设定
10	AT	自整定状态	0：关闭； 1：启动	0～1	0
11	Lock	密码锁	为0时，允许修改所有参数； 为1时，只允许修改给定值(SP)； 大于1时，禁止修改所有参数	0～50	0
12	Sn	输入方式	Cu50：50.0～150.0 ℃； Pt100(Pt1)：−199.9～200.0℃； Pt100(Pt2)：−199.9～600.0℃； K：−30.0～1 300℃； E：−30.0～700.0℃； J：−30.0～900.0℃； T：−199.9～400.0℃； S：−30～1 600℃； R：−30.0～1 700.0℃； WR25：−30.0～2 300.0℃； N：−30.0～1 200.0℃；0～50 mV； 10～50 mV；0～5 V(0～10 mA)； 1～5 V(4～20 mA)；频率 f；转速 u	分度号	按需设定
13	OP-A	主控输出方式	“0”无输出；“1”继电器输出； “2”固态继电器输出； “3”过零触发；“4”移相触发； “5”0～10 mA 或 0～5 V； “6”4～20 mA 或 1～5 V； “7”阀位控制	0～7	—
14	OP-B	副控输出方式	“0”无输出； “1”RS232 或 RS485 通信信号	0～4	—
15	ALP	报警方式	“0”无报警；“1”上限报警； “2”下限报警；“3”上下限报警； “4”正偏差报警；“5”负偏差报警； “6”正负偏差报警；“7”区间外报警； “8”区间内报警；“9”上上限报警； “10”下下限报警	0～10	—
16	COOL	正反控制选择	0：反向控制，如加热； 1：正向控制，如制冷	0～1	0

（续表）

序号	符号	名称	说明	取值范围	出厂值
17	P-SH	显示上限	当仪表输入为热电偶或热电阻时，显示上限、显示下限决定了仪表的给定值、报警值的设置范围，但不影响显示范围； 当仪表输入为电压、电流时，其显示上限、显示下限决定了仪表的显示范围，其值和单位均可由厂家或用户自由决定	P-SL ～ 9 999	按需设定
18	P-SL	显示下限	同上	−1 999 ～ P−SH	按需设定
19	Addr	通信地址	仪表在集中控制系统中的编号	0～63	1
20	bAud	通信波特率	1 200；2 400；4 800；9 600	—	9 600

六、实验步骤

1. 安装、接线

关闭主机箱、智能调节器、温度源电源开关（断开），按图 5-3 安装、接线。

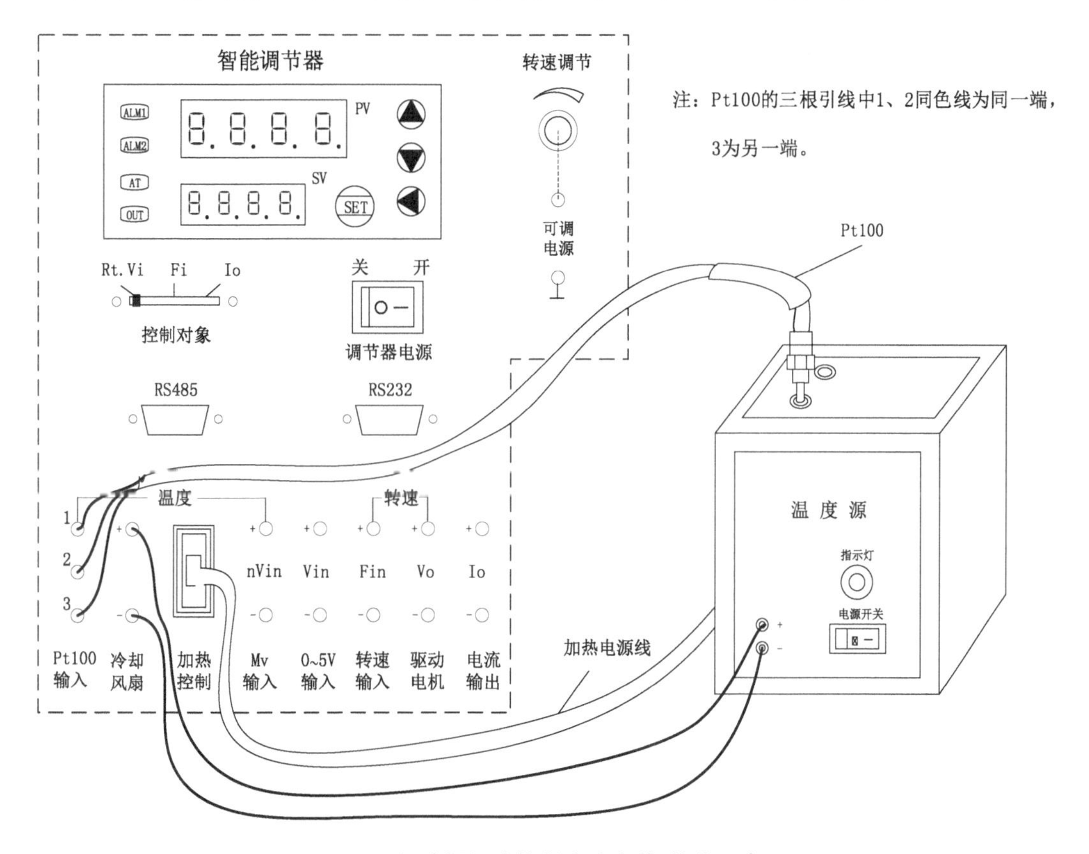

图 5-3　温度源温度控制实验安装、接线示意图

将转速调节电源(0～24 V)旋钮顺时针转到底(输出 24 V,内部已连接到调节器,作为“冷却风扇”的控制电源),将控制对象开关拨到 Rt. Vi 位置(控制温度)。

检查接线无误后,合上主机箱、智能调节器电源开关。

2. 温度控制参数设置(长按“▲”或“▼”可快速加、减)

(1) 按住“SET”键约 3 s,仪表进入参数设置状态,PV 窗显示 AL-1(序号 1,上限报警),按“▼”或“▲”键使 SV 窗显示 150(上限报警为 150 ℃)。

(2) 再按“SET”键,PV 窗显示 Pb(序号 2,传感器误差修正),按“▼”或“▲”键使 SV 窗显示 0(传感器误差修正为 0)。

(3) 再按“SET”键,PV 窗显示 P(序号 3,速率参数),按“▼”或“▲”键使 SV 窗显示 280($P=280$)。

(4) 再按“SET”键,PV 窗显示 I(序号 4,保持参数),按“▼”或“▲”键使 SV 窗显示 380($I=380$)。

(5) 再按“SET”键,PV 窗显示 d(序号 5,滞后时间),按“▼”或“▲”键使 SV 窗显示 70($d=70$)。

(6) 再按“SET”键,PV 窗显示 FILT(序号 6,滤波系数),按“▼”或“▲”键使 SV 窗显示 2(滤波系数为 2)。

(7) 再按“SET”键,PV 窗显示 dp(序号 7,小数点位置),按“▼”或“▲”键使 SV 窗显示 1(小数点在十位)。

(8) 再按“SET”键,PV 窗显示 outH(序号 8,输出上限),按“▼”或“▲”键使 SV 窗显示 200(输出上限为 200 ℃)。

(9) 再按“SET”键,PV 窗显示 outL(序号 9,输出下限),按“▼”或“▲”键使 SV 窗显示 0(输出下限为 0 ℃)。

(10) 再按“SET”键,PV 窗显示 AT(序号 10,自整定状态),按“▼”或“▲”键使 SV 窗显示 0(自整定关闭)。

(11) 再按“SET”键,PV 窗显示 Lock(序号 11,密码锁),按“▼”或“▲”键使 SV 窗显示 0(允许修改所有参数)。

(12) 再按“SET”键,PV 窗显示 Sn(序号 12,输入方式),按“▼”或“▲”键使 SV 窗显示 Pt1(输入方式为 Pt100 温度传感器)。

(13) 再按“SET”键,PV 窗显示 OP-A(序号 13,主控输出方式),按“▼”或“▲”键使 SV 窗显示 2(主控输出方式为固态继电器输出)。

(14) 再按“SET”键,PV 窗显示 OP-B (序号 14,副控输出方式),按“▼”或“▲”键使 SV 窗显示 1(副控输出方式为 RS232 或 RS485 通信信号)。

(15) 再按“SET”键,PV 窗显示 ALP(序号 15,报警方式),按“▼”或“▲”键使 SV 窗显示 1(报警方式为上限报警)。

(16) 再按“SET”键,PV 窗显示 COOL(序号 16,正反控制选择),按“▼”或“▲”键使 SV 窗显示 0(反向控制,如加热)。

(17) 再按“SET”键,PV 窗显示 P-SH(序号 17,显示上限),按“▼”或“▲”键使 SV 窗

显示200(给定值、报警值设置上限为200℃)。

(18) 再按“SET”键,PV窗显示P-SL(序号18,显示下限),按“▼”或“▲”键使SV窗显示0(给定值、报警值设置下限为0℃)。

(19) 再按“SET”键,PV窗显示Addr(序号19,通信地址),按“▼”或“▲”键使SV窗显示1(通信地址为1,即仪表在集中控制系统中的编号为1)。

(20) 再按“SET”键,PV窗显示bAud(序号20,通信波特率),按“▼”或“▲”键使SV窗显示9 600(通信波特率为9 600)。

(21) 长按“SET”键快捷退出,温度控制参数设置完毕。

3. 单独修改一个参数的方法

按住“SET”键约3 s,仪表进入参数设置状态,PV窗显示AL-1(序号1,上限报警)。再按“SET”键若干次,PV窗将按照参数序号1～20的顺序依次显示参数符号,待PV窗显示需要修改的参数符号时,按“▼”或“▲”键修改相关参数即可。修改完毕,长按“SET”键快捷退出。

4. 温度源温度控制目标值设置

按住“▲”键约3 s,PV窗显示SP(序号0,控制目标设定值),按“▼”或“▲”键使SV窗显示150(温度控制目标值为150.0℃)。

在实际应用中,通常AL-1(上限报警)>SP(设定值)。此处设置AL-1=SP,是为了观察报警功能。

修改完毕,长按“SET”键快捷退出。

5. 观察控制效果

合上温度源的电源开关,观察PV窗测量值的变化过程(最终将在SV窗设定值的附近调节波动)。

如果需要改变温度源的温度控制目标值,只要重新设置SP(设定值)和AL-1(上限报警)即可(注意不要超过已经设置的设定值、报警值的上限、下限范围)。

实验完毕,关闭电源。

七、思考题

如果大范围改变控制参数P、I、d中的一个设置值(其他参数设置值不变),观察PV窗测量值的变化过程(即控制调节效果),分析观察到的现象。

实验十六 Pt100 铂电阻温度特性实验

一、实验目的

了解铂热电阻的特性与应用，掌握利用铂热电阻测量温度的方法。

二、基本原理

热电阻是利用导体电阻随温度变化的特性制成的，要求材料的电阻温度系数大、稳定性好、电阻率高，电阻与温度之间最好有线性关系。

常用的热电阻有铂电阻(650℃以内)和铜电阻(150℃以内)。在 0～650℃以内，铂电阻的阻值 R_t 与温度 t 的关系为：

$$R_t = R_0(1 + At + Bt^2) \tag{5-1}$$

式中，R_0 是温度为 0℃时的电阻值(Pt100 的 $R_0 = 100\ \Omega$)，$A = 3.9684 \times 10^{-3}$/℃，$B = -5.847 \times 10^{-7}$/℃^{2}。

铂电阻一般是三线制，电阻的一端接一根引线，另一端接两根引线。这主要是为了在远距离测量中消除引线电阻对桥臂的影响，近距离测量可用二线制，导线电阻忽略不计。

实验原理图见图 5-4。实际测量时铂电阻阻值随温度的变化量，由电桥转换成电压变化量输出，再经放大器放大后直接用电压表测量显示。

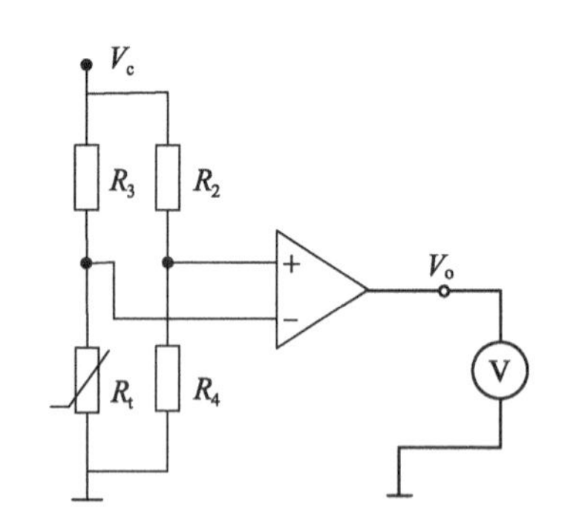

图 5-4 铂电阻温度测量实验原理图

三、实验器材

主机箱(±15 V 直流稳压电源、0～10 V 可调直流电源、0～24 V 转速调节电源、±2 V～±10 V 步进可调直流电源、智能调节器、电压表)、温度源、Pt100 热电阻两只(一只用于温度源的温度控制、另一只用于温度特性实验)、温度传感器实验模板和导线等。

温度传感器实验模板介绍：

图 5-5 中的温度传感器实验模板是由传感器接入口、电桥(传感器信号转换电路)、差动放大器以及工作电源引入口等构成的。

其中符号“<”两端为热电偶接入口,双圈符号两端为 AD590 集成温度传感器接入口,R_t 两端为热电阻接入口,R_{w1} 为放大器增益电位器,R_{w2} 为放大器电平移位(调零)电位器。

四、实验步骤

1. 安装、接线

关闭主机箱、智能调节器、温度源电源开关,根据图 5-5 安装、接线。

将控制温度源温度用的 Pt100 铂电阻接入智能调节器,再将测量温度特性用的 Pt100 铂电阻接入温度传感器实验模板中的 R_t 两端,R_t 与 R_2、R_3、R_4 组成直流单臂电桥。

±2 V～±10 V 步进可调直流电源选择±2 V 挡,转速调节电源(0～24 V)旋钮顺时针转到底(输出 24 V),控制对象开关拨到 Rt. Vi 位置(控制温度)。

实验电路使用了主机箱的+2 V、±15 V、0～10 V 可调直流电源及电压表,接线时要将这些电源的地端和电压表的负端(地端)连接在一起(共地)。

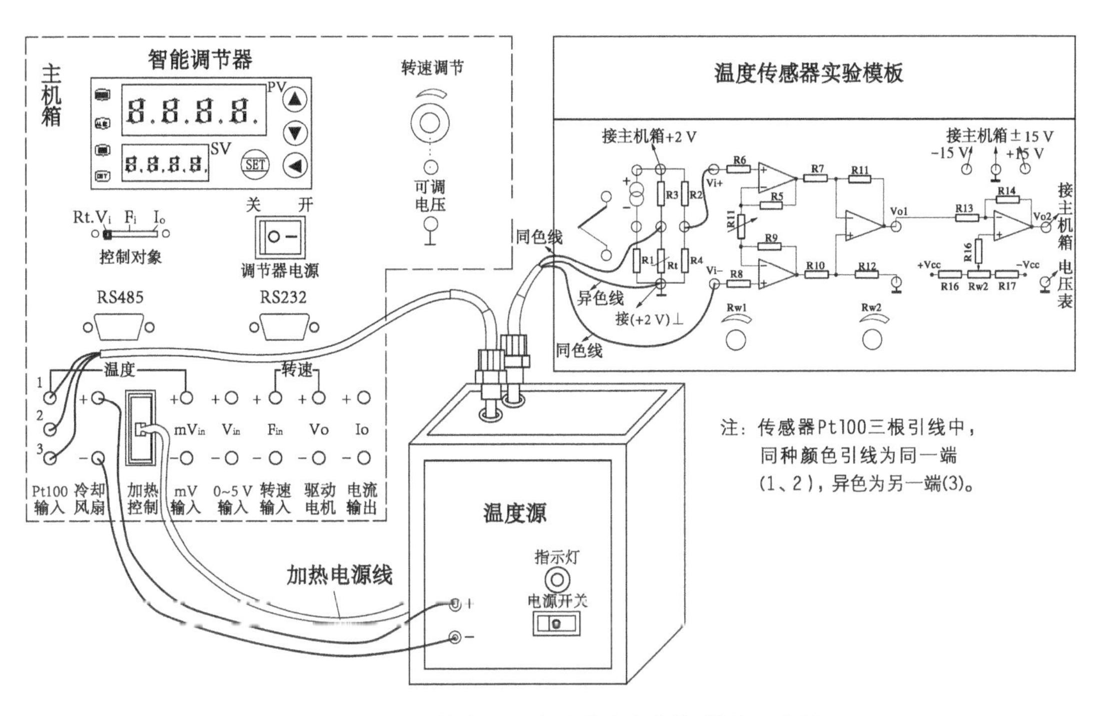

图 5-5　Pt100 铂电阻温度特性实验安装、接线示意图

2. 放大器调零

将实验模板上差动放大器的两输入端口(运放 IC_1、IC_2 的“+”端)引线暂时脱开,再用导线将两输入端口短接(即放大器输入电压 $V_i=0$)。

检查接线无误后,合上主机箱电源开关。

将实验模板中的 R_{W1} 增益电位器顺时针转到底,使放大器增益最大。

调节 R_{W2} 电平移位(调零)电位器,使放大器输出为 0(电压表量程依次切换到 2 V、200 mV挡)。

3. 放大器增益调节

将差动放大器两输入端口短接的导线去除,增益 k 调为 10 倍,调节 0~10 V 可调直流电源输出电压为 100 mV(用电压表 200 mV 挡测量),将此电压接到放大器的两输入端口,调节实验模板中的 R_{W1} 增益电位器,使放大器的输出为 1.0 V(用电压表 2 V 挡测量)。

关闭主机箱电源开关,按照图 5-5 恢复放大器的两输入端口引线。

4. 设置温度控制参数

合上主机箱、智能调节器电源开关。参考实验十五进行智能调节器温度控制参数设置,温度上限报警为 150℃,温度控制目标为 40℃,温度传感器类型为 Pt100。

5. 实验测量

合上温度源电源开关,当温度源温度稳定在 40℃时,读取电压表的显示值,按照表 5-2 格式记录数据。然后按每步 $\Delta t=10$℃ 增加温度控制目标,稳定后读取、记录数据,直到温度控制目标达到 150℃。

在实验测量中,根据输出电压的大小,选择合适的电压表量程(200 mV 挡、2 V 挡或 20 V挡)。

6. 实验数据处理

根据表 5-2 中测得的数据,画出实验曲线并计算其非线性误差 δ。

实验结束,关闭电源。

表 5-2　铂电阻温度特性实验数据表

t /℃										
V_o /V										

实验十七　集成温度传感器(AD590)温度特性实验

一、实验目的

了解常用集成温度传感器基本原理和特性，掌握利用集成温度传感器测量温度的方法。

二、基本原理

集成温度传感器将温敏晶体管与相应的辅助电路集成在同一芯片上，构成专用集成电路芯片，其输出量与温度有很好的线性关系，一般用于-50 ℃～$+120$ ℃之间的温度测量。

集成温度传感器有电压型、电流型和数字型三种，输出形式分别为电压、电流和数字量。电流输出型集成温度传感器相当于一个随温度变化的电流源，因此它具有能远距离传输信号的优点，并且不易受到接触电阻、引线电阻和电压噪声的干扰。

本实验采用的是 AD590 电流型集成温度传感器，其输出电流与绝对温度(T)成正比，灵敏度为 1 μA/K，所以只要串接一只电压取样电阻 R(如 1 kΩ)即可实现电流(1 μA)到电压(1 mV)的转换，组成最基本的绝对温度(T)测量电路(1 mV/K)。AD590 工作电源为 DC$+4$ V～$+30$ V，具有良好的互换性。

AD590 集成温度传感器温度测量原理图见图 5-6。

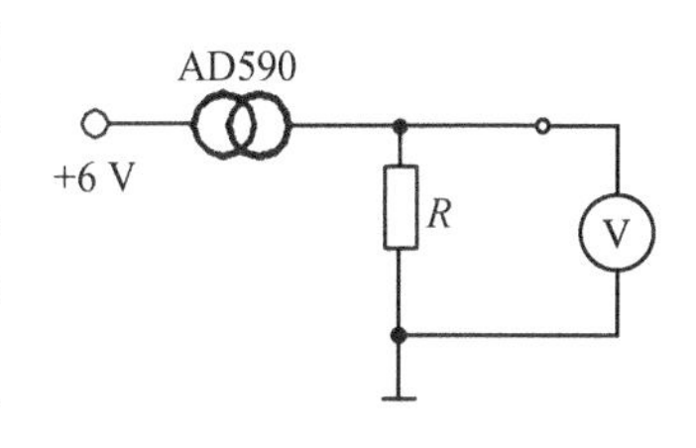

图 5-6　AD590 集成温度传感器温度测量原理图

三、实验器材

主机箱(±15 V 直流稳压电源、0～10 V 可调直流电源、0～24 V 转速调节电源、±2 V～±10 V 步进可调直流电源、智能调节器、电压表)、温度源、Pt100 热电阻(用于温度源温度控制)、集成温度传感器 AD590(用于温度特性实验)、温度传感器实验模板和导线等。

四、实验步骤

1. 安装、接线

关闭主机箱、智能调节器、温度源电源开关，根据图 5-7 安装、接线。

将控制温度源温度用的 Pt100 铂电阻接入智能调节器，再将测量温度特性用的 AD590 集成温度传感器接入温度传感器实验模板中双圈符号的两端，R_1(1 kΩ)为电压取样电阻。

±2 V～±10 V 步进可调直流电源选择±6 V 挡，转速调节电源(0～24 V)旋钮顺时针转到底(输出 24 V)，控制对象开关拨到 Rt. Vi 位置(控制温度)。

实验电路使用了主机箱的$+6$ V、±15 V、0～10 V 可调直流电源及电压表，接线时要将这些电源的地端和电压表的负端(地端)连接在一起(共地)。

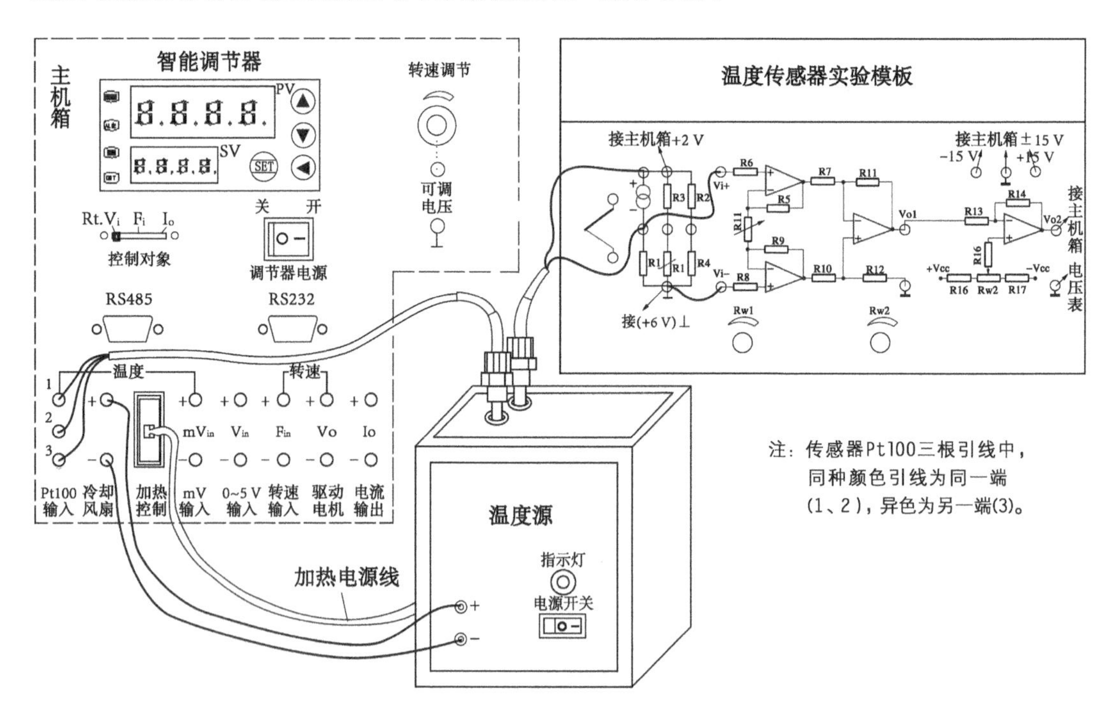

图 5-7　集成温度传感器 AD590 温度特性实验接线示意图

2. 放大器调零

在做实验十六时已完成放大器调零。如果没有完成实验十六,参考实验十六的实验步骤将放大器调零。

3. 放大器增益调节

在做实验十六时已将放大器增益调为 10 倍。如果没有完成实验十六,参考实验十六的实验步骤将放大器增益调为 10 倍。

4. 绝对温度转换

因绝对温度分度值 1 K=1℃,所以转换很方便,只要移动电平就可以实现。

合上主机箱、智能调节器电源开关。

调节 R_{W2}(放大器电平移位电位器),使放大器输出为室温(即智能调节器 PV 窗显示值)对应的电压值(如 PV 窗显示室温为 26.5℃,则放大器对应的输出为 26.5 mV×10=265 mV,用电压表测量)。

5. 设置温度控制参数

参考实验十五进行智能调节器温度控制参数设置,温度上限报警为 100℃,温度控制目标为 40℃,温度传感器类型为 AD590。

6. 实验测量

合上温度源电源开关。从 40℃开始测量,然后按每步 $\Delta t=5$℃ 增加温度,直到 100℃。每次设置参数后,待温度源温度基本稳定,读取电压表的显示值,按照表 5-3 格式记录数据。

在实验测量中，根据输出电压的大小，选择合适的电压表量程（200 mV 挡、2 V 挡或 20 V 挡）。

7. 实验数据处理

根据表 5-3 数据，画出实验曲线并计算其非线性误差 δ。

实验结束，关闭电源。

表 5-3　AD590 温度特性实验数据表

t /℃										
V_o /V										

实验十八 K型热电偶温度特性及冷端温度补偿实验

一、实验目的

了解热电偶基本原理和特性，掌握利用热电偶测量温度的方法，了解热电偶冷端温度补偿的原理与方法。

二、基本原理

热电偶测量温度的基本原理是热电效应。将A、B两种不同的导体首尾相连组成闭合回路，如果两连接点温度(T，T_0)不同，则在回路中就会产生热电动势，形成热电流，这就是热电效应。

1. 热电偶

热电偶就是将A、B两种不同金属材料的一端焊接起来而制成的，如图5-8所示。A和B称为热电极，焊接的一端是接触热场的T端，称为工作端或测量端，也称热端；未焊接的一端(接引线C)温度为T_0，称为自由端或参考端，也称冷端。

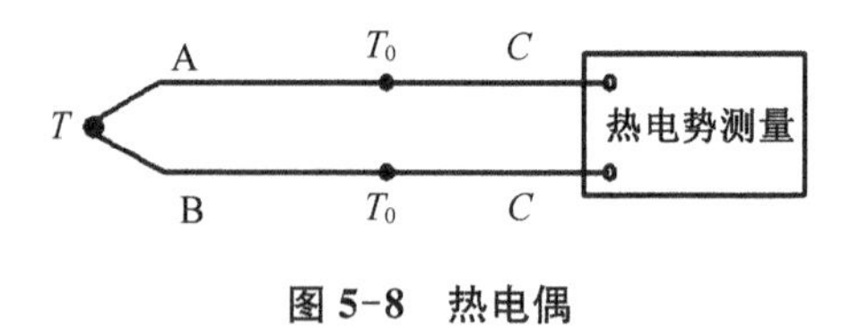

图5-8 热电偶

T与T_0的温差越大，热电偶的输出电动势越大。温差为0℃时，热电偶的输出电动势为0。因此，可以用热电动势的大小来衡量温差的大小。

国际上，根据热电偶A、B热电极的材料不同，将热电偶的类型用分度号表示。如常用的K型(镍铬-镍硅或镍铝)、E型(镍铬-康铜)、T型(铜-康铜)等，相应的分度表见附录一。

分度表为参考端(冷端)温度为0℃时测量端(热端)温度与热电动势的对应关系表，可以通过测量热电偶输出的热电动势再查分度表得到相应的温度值。

热电偶一般用于温度较高场合的温度测量和控制，如冶金、化工和炼油等行业。

2. 热电偶的使用

热电偶测温范围由A、B热电极材料及其直径(偶丝直径)决定。

如K型(镍铬-镍硅或镍铝)热电偶的偶丝直径为3.2 mm时测温范围为0～1 200℃。E型(镍铬-康铜)热电偶偶丝直径为3.2 mm时测温范围为－200～＋750℃。本实验采用的K型热电偶偶丝直径为0.5 mm，测温范围为0～800℃。

从热电偶的测温原理可知，热电偶测量的是测量端与参考端之间的温度差，必须保证参考端温度为0℃，才能正确测出测量端的温度，否则所测温度会存在因参考端所处的环境温度干扰引起的误差。

热电偶的分度表显示了热电偶的参考端为0℃时热电偶输出的热电动势与热电偶测量端温度值的对应关系。

实际应用中，用热电偶测温时要对参考端温度进行修正(补偿)，计算公式为：

$$E(t, t_0)=E(t, t'_0)+E(t'_0, t_0) \tag{5-2}$$

式中：$E(t, t_0)$——热电偶测量端温度为 t，参考端温度为 t_0($t_0=0$℃)时的热电势值；

$E(t, t'_0)$——热电偶测量端温度为 t，参考端温度为 t'_0($t'_0 \neq 0$℃)时的热电势值；

$E(t'_0, t_0)$——热电偶测量端温度为 t'_0，参考端温度为 t_0 时的热电势值。

例：用K型(镍铬-镍硅)热电偶测量温度源的温度。参考端温度(室温) $t'_0=20$℃，测得热电偶输出的热电势为32.7 mV(经过放大器放大后的信号，放大器的增益 $k=10$)。求热电偶测得的温度源温度为多少？

解：

$$E(t, t'_0)=32.7\ \text{mV}/10=3.27\ \text{mV}$$

参考端温度(室温) $t'_0=20$℃，由附录一中K型热电偶分度表查得：

$$E(t'_0, t_0)=E(20, 0)=0.798\ \text{mV}$$

故：

$$E(t, t_0)=E(t, t'_0)+E(t'_0, t_0)=3.27\ \text{mV}+0.798\ \text{mV}=4.068\ \text{mV}$$

温度源的温度可以从K型热电偶分度表中查出，与4.068 mV对应的温度是100℃。

3. 热电偶冷端补偿

利用热电偶测温时，它的冷端往往处于温度变化的环境中，而它测量的是热端与冷端之间的温度差，由此要进行冷端补偿。

热电偶冷端温度补偿常用的方法有：计算法、冰水法(0℃)、恒温槽法和电桥自动补偿法等。

电桥自动补偿法是在热电偶和放大电路之间接入一个直流电桥，该直流电桥一个桥臂是PN结二极管(或Cu电阻)，这个直流电桥被称为冷端温度补偿器，电桥在0℃时达到平衡(亦可调试在20℃时达到平衡)。

当热电偶冷端温度升高时(>0℃)热电偶回路电势 U_{ab} 下降，而由于补偿器中的PN结温度系数为负值，其正向压降随温度升高而下降，促使 U_{ab} 上升，其值正好补偿热电偶因冷端温度升高而降低的电势，达到了补偿目的。

三、实验器材

主机箱(±15 V直流稳压电源、0～10 V可调直流电源、0～24 V转速调节电源、智能调节器、电压表)、温度源、Pt100热电阻(用于控制温度源温度)、K型热电偶(用于温度特性实验)、温度传感器实验模板、冷端补偿器和导线等。

四、K 型热电偶温度特性实验

1. 安装、接线

关闭主机箱、智能调节器、温度源电源，根据图 5-9 安装、接线。

将控制温度源温度用的 Pt100 铂电阻接入智能调节器，再将测量温度特性用的 K 型热电偶接入温度传感器实验模板中符号“<”两端。

将转速调节电源(0～24 V)旋钮顺时针转到底(输出 24 V)，控制对象开关拨到 Rt. Vi 位置(控制温度)。

实验电路使用了主机箱的±15 V、0～10 V 可调直流电源及电压表，接线时要将这些电源的地端和电压表的负端(地端)连接在一起(共地)。

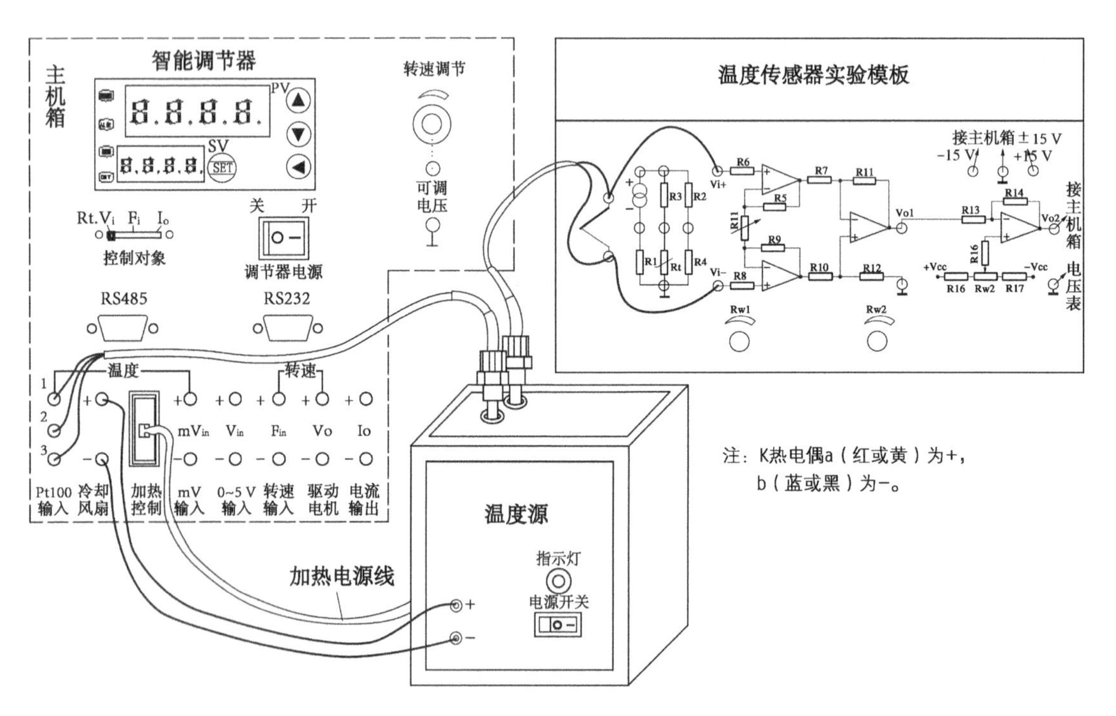

图 5-9　K 型热电偶温度特性实验安装、接线示意图

2. 放大器调零

将实验模板上差动放大器的两输入端口(运放 IC_1、IC_2 的“+”端)引线暂时脱开，再用导线将两输入端口短接(即放大器输入电压 $V_i=0$)。

检查接线无误后，合上主机箱电源开关。

将实验模板中的 R_{W1} 增益电位器顺时针转到底，使放大器增益最大。

再调节 R_{W2} 电平移位(调零)电位器使放大器输出为 0(电压表量程依次切换到 2 V、200 mV 挡)。

3. 放大器增益调节

增益调节为 50 倍：将差动放大器两输入端口短接的导线去除，调节 0～10 V 可调直流电源输出电压为 100 mV(用电压表 200 mV 挡测量)，将此电压接到放大器的两输入端口，

调节实验模板中的 R_{W1} 增益电位器，使放大器的输出为 5.0 V(用电压表 20 V 挡测量)。

关闭主机箱电源开关，按照图 5-9 恢复放大器的两输入端口引线。

4. 公式法冷端温度补偿

合上主机箱和智能调节器电源开关，智能调节仪器 PV 窗的显示值(室温)即为热电偶冷端温度 t'_0。

根据热电偶冷端温度 t'_0，查附录一中 K 型热电偶分度表得到 $E(t'_0, t_0)$，再根据 $E(t'_0, t_0)$ 进行冷端温度补偿。

调节 R_{W2}(放大器电平移位电位器)，使放大器输出为(电压表测量)：

$$V = E(t'_0, t_0) \times 50 \tag{5-3}$$

5. 设置温度控制参数

参考实验十五进行智能调节器温度控制参数设置，温度上限报警为 150℃，温度控制目标为 40℃，温度传感器类型为 K 型热电偶。

6. 实验测量

合上温度源电源开关。从 40℃开始测量，然后按每步 $\Delta t = 10$℃ 增加温度，直到 150℃。每次设置参数后，待温度源温度基本稳定，读取电压表的显示值，按照表 5-4 格式记录数据。

在实验测量中，根据输出电压的大小，选择合适的电压表量程(200 mV 挡、2 V 挡或 20 V挡)。

7. 实验数据处理

根据表 5-4 中测得的数据，画出实验曲线并计算其非线性误差 δ。

实验结束，关闭电源。

表 5-4　K 型热电偶温度特性实验数据表(公式法补偿)

t /℃										
V_0 /V										

注：$E(t, t_0) = \dfrac{V}{k}$。

五、电桥自动补偿法冷端补偿实验

热电偶冷端温度补偿器是用来自动补偿热电偶电势因冷端温度变化而产生的变化的一种装置。冷端温度补偿器实质上是一个直流信号毫伏发生器，把它串接在热电偶测量线路中，能使热电偶电势得到自动补偿(补偿冷端温度与 0℃之间的温差热电势)。

冷端补偿器的直流信号随冷端温度(室温)的变化而变化，并且要求补偿器补偿的温度在合适的范围内，直流信号和冷端温度的关系应与配用的热电偶的热电特性一致，即具有不同分度号的热电偶应配用不同的冷端补偿器。

1. 冷端补偿器

本实验采用 K 型分度热电偶，相应的冷端补偿器实验原理图见图 5-10。冷端补偿器有 4 个引线端子，“4”“3”端子接＋5 V 专用电源，“2”“1”端子输出冷端补偿的电势信号。

冷端补偿器的内部是一个不平衡电桥，通过调节 R_W 使桥路输出室温（冷端温度）时的电势，利用二极管的 PN 结特性（负温度系数）自动补偿冷端温度的变化。

2. 安装、接线

根据图 5-10 安装、接线。关闭主机箱、智能调节器、温度源电源开关，将冷端补偿器的专用电源插头插到交流 220 V 插座上。

将调节电源（0～24 V）旋钮顺时针转到底（输出 24 V），控制对象开关拨到 Rt. Vi 位置（控制温度）。

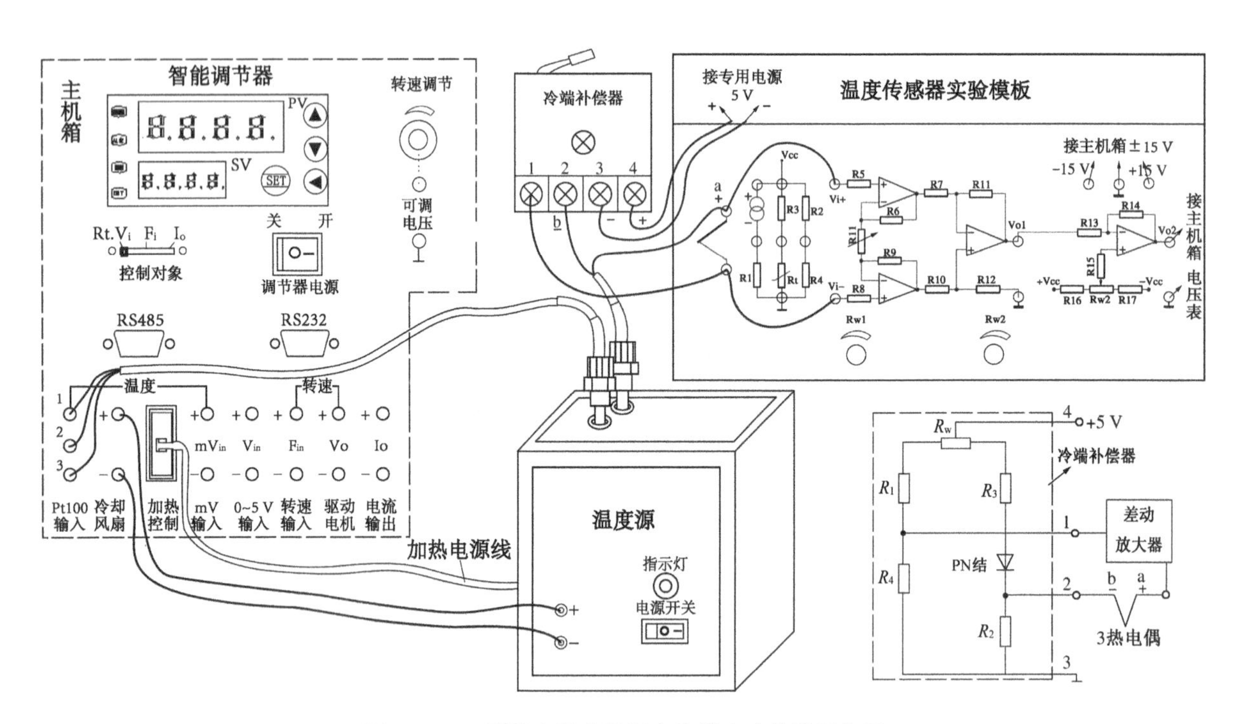

图 5-10　K 型热电偶冷端温度补偿实验接线示意图

3. 放大器调零

将实验模板上差动放大器的两输入端口（运放 IC_1、IC_2 的“＋”端）引线暂时脱开，再用导线将两输入端口短接（即放大器输入电压 $V_i=0$）。

检查接线无误后，合上主机箱电源开关。

将实验模板中的 R_{W1} 增益电位器顺时针转到底，使放大器增益最大。

再调节 R_{W2} 电平移位（调零）电位器使放大器输出为 0（电压表量程依次切换到 2 V、200 mV 挡）。

4. 放大器增益调节

将差动放大器两输入端口短接的导线去除，调节 0～10 V 可调直流电源输出电压为 100 mV（用电压表 200 mV 挡测量），将此电压接入到放大器的两输入端口，调节实验模板中的 R_{W1} 增益电位器，使放大器的输出为 5.0 V（用电压表 20 V 挡测量）。

关闭主机箱电源开关，按照图 5-10 恢复放大器的两输入端口引线。

5. 设置温度控制参数

参考实验十五进行智能调节器温度控制参数设置，温度控制范围为 0℃～150℃，起始温度控制目标为 40℃。

6. 实验测量

合上温度源电源开关。从 40℃开始增加温度源温度，按每步 $\Delta t=10$℃ 增加温度，直到 150℃，设置参数。待温度源温度基本稳定，读取电压表的显示值，按照表 5-5 格式记录数据。

在实验测量中，根据输出电压的大小，选择合适的电压表量程（200 mV 挡、2 V 挡或 20 V挡）。

7. 实验数据处理

根据表 5-5 中测得的数据，画出实验曲线并计算其非线性误差 δ。

实验结束，关闭电源。

表 5-5 K 型热电偶温度特性实验数据表(冷端温度补偿器)

t /℃										
V /V										

注：$E(t,t_0)=\dfrac{V}{k}$。

8. 思考题

(1) 比较实验中使用的公式法和采用冷端温度补偿器的两种冷端温度补偿方法的利弊。

(2) 将冷端温度补偿器接入电路前，是否要进行信号调节？如何利用实验条件进行信号调节？

第二部分

基于 Cortex-M4 的微处理器实验

第六章

基本操作与 GPIO 实验

实验十九　软硬件平台基本操作实验

一、实验目的

(1) 掌握在 Keil4 编程环境中新建工程的步骤。

(2) 掌握工程的编译及在线调试方法。

二、基本原理

实验系统由硬件和软件两部分组成，硬件部分包含计算机、Cortex-M4 实验扩展模块和配套的实验箱，软件部分使用的是 Keil4 编程软件。

在 Keil MDK 环境下使用 STM32 固件库开发应用软件，一般分 4 步：第一步，获得库文件，并进行适当的整理；第二步，建立工程，并建立条理清晰的分组(Group)；第三步，修改工程的 Option 属性；第四步，使用 J-link 仿真调试。

计算机桌面建有"Cortex-M4"文件夹，该文件夹中存放有 Keil4 编程软件和 STM32 固件库。可以从 ST 的官网下载最新版本 STM32 固件库，对下载文件要进行整理，把相关文件放在一起，并取一个标准化的名字，这些文件夹的名字一般和原始固件库文件夹的名字相同。一些常用或者必用文件的简介如下：

startup_stm32f40_41xxx.s 是 STM32 启动文件，启动文件工作内容如下：

① 初始化堆栈空间

② PC 指针 Rest_Handler

③ 初始化中断向量表

④ 系统时钟

⑤ 堆栈初始化完成之后，进入 main 函数

stm32f4xx.h/c 是一个 STM32 芯片底层的相关文件，包含了 STM32 中所有的外设寄存器地址和结构体类型定义，在使用到 STM32 标准库的地方都要包含这个头文件。

system_stm32f4xx.c 文件包含了 STM32 芯片上电后初始化系统时钟、扩展外部存储器用的函数。

main.c 是工程主函数。

stm32f4xx_it.c/h 文件是专门用来编写中断服务函数的，在我们修改前，这个文件已经定义了一些系统异常（特殊中断）接口，其他普通中断服务函数由我们自己添加。

system_stm32f4xx.c 是 stm32f4 的系统时钟配置。

STM32F4xx_StdPeriph_Driver 是意法半导体（ST）公司针对每个 STM32 外设编写的库函数文件，每个外设对应一个后缀为.c 和.h 的文件。库函数文件存放在 src 和 inc 文件夹中，src 文件夹里面放的是元件，inc 文件夹里面放的是头文件。这两个文件夹中包含了所有 STM32 的外设驱动函数。

如图 6-1，在 Cortex-M4 实验扩展模块上，LED 灯 L_1～L_8 分别连接至 STM32F407 芯片 PD 口的 PD_0～PD_7，按键 S_1～S_8 分别连接至 PD_8～PD_{15}。程序运行后，按下按键，通过程序检测 8 个按键的状态，并在 8 个 LED 上显示对应按键的状态。

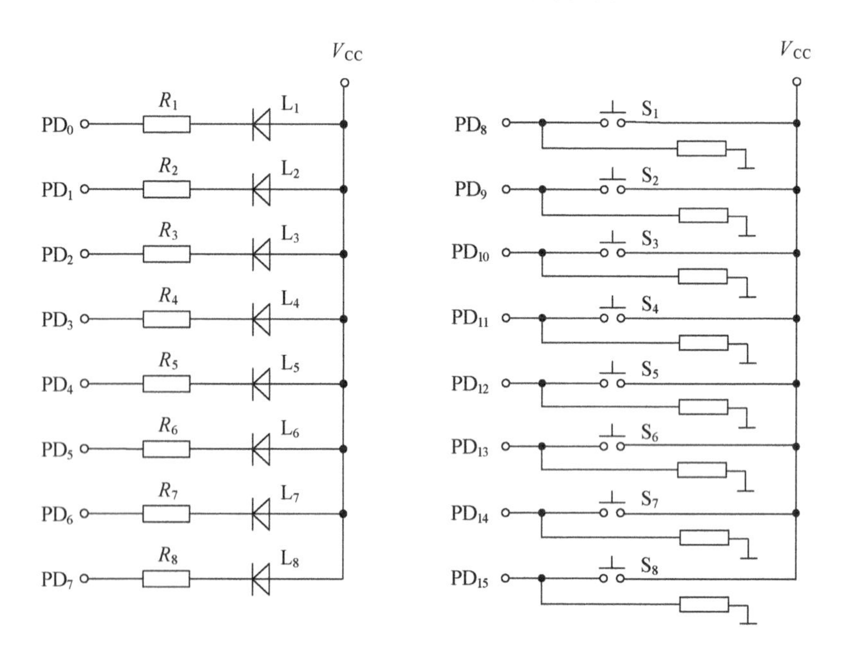

图 6-1　LED 和按键引脚图

三、实验内容

新建一个 STM32 工程。根据图 6-1 所示，利用 STM32F407 的 GPIO（通用输入/输出端口）扫描 8 个按键状态，并将按键状态显示在对应的 LED 上（键按下时灯亮），完成软件的编译和在线调试。

四、实验步骤

1. 建立工程

（1）新建一个文件夹（名称可自行设置，如 GPIO_1），用于存放工程。将桌面上“Cortex-

M4”文件夹中 Project 文件夹下的 5 个文件夹(User、CMSIS、HW_BUSEXT、HW_KIT_STM32F4 和 STM32F4xx_StdPeriph_Driver)拷入该文件夹,该文件夹下再新建文件夹 Object 和 Listing。

(2) 打开桌面“Cortex-M4”文件夹下 Keil uVision4 软件。

若有旧工程,在 Project 菜单项中点击“Close Project”,关闭旧工程。

(3) 新建工程,在 Project 菜单项中点击“New uVision Project”,然后保存工程文件,路径设定为步骤(1)新建的文件夹。

选择使用的 CPU 型号,如图 6-2 所示,本实验系统选择 STM32F407VG。

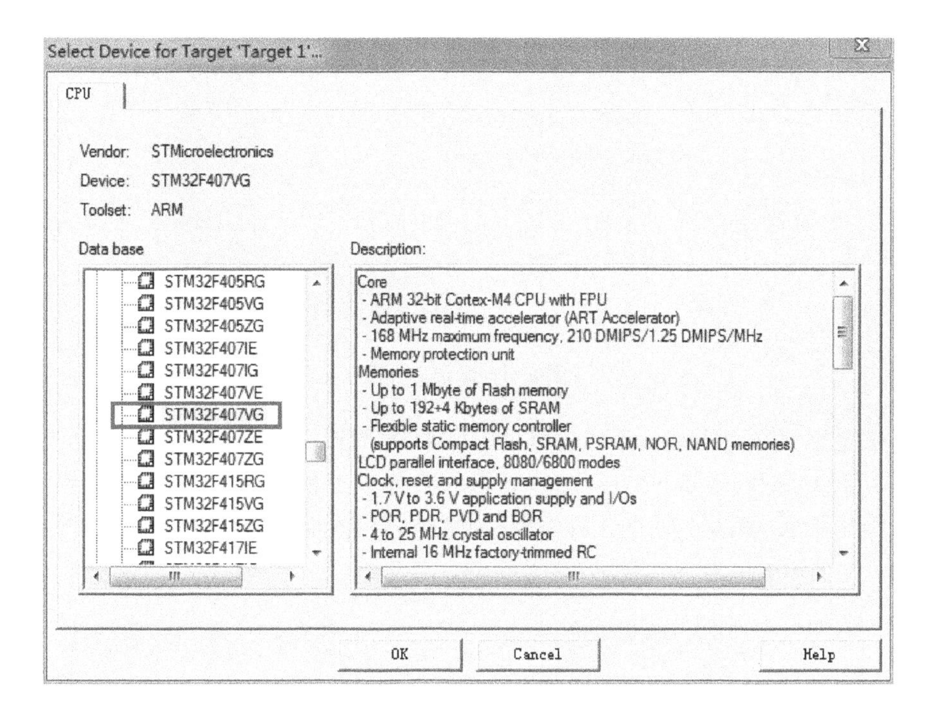

图 6-2　选择 CPU 型号图

点击“OK”,接着弹出对话框窗口,如图 6-3。在这里直接点击“否”。

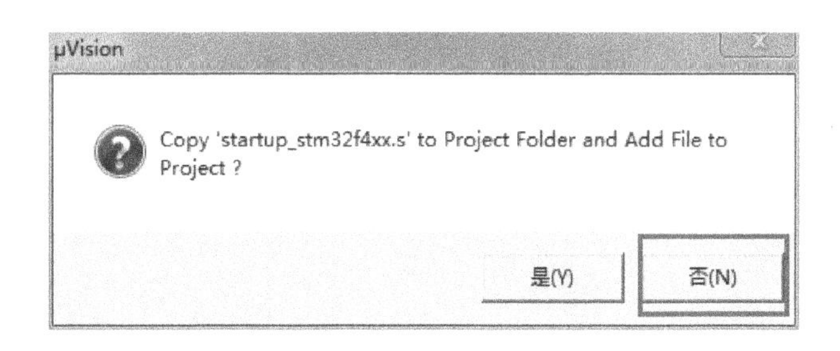

图 6-3　弹出对话框图

(4) 选择 CPU 后就需要建立一个条理清晰的分组(Group),尽量把同类文件放在一起,文件取名应和工程文件目录中名字相同,以便于管理。如图 6-4 所示,在“Target 1”选项上右击，在弹出菜单中选择“Manage Project Items”，或者直接点击工具栏上的三色图标。

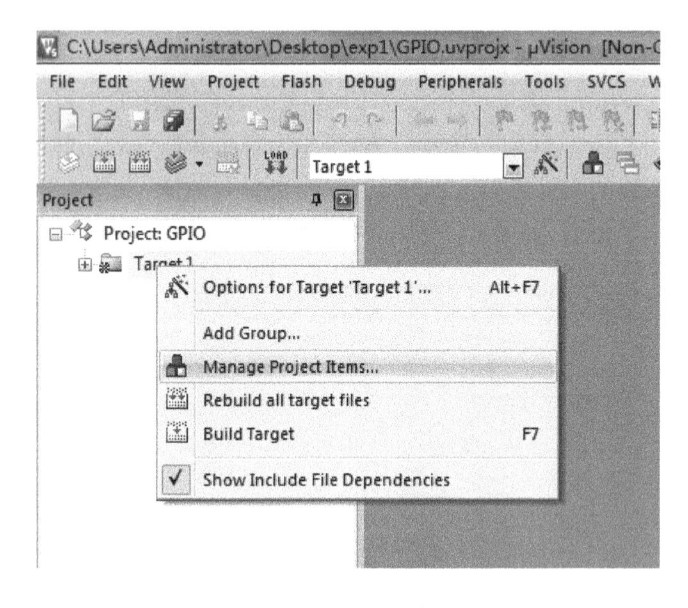

图 6-4　添加文件图

(5) 建立相应的分组(Group)。如 User、CMSIS、HW_BUSEXT、HW_KIT_STM32F4 和 STM32F4xx_StdPeriph_Driver，这些分组的名称和工程文件夹的名称保持一致，如图 6-5 至图 6-9 所示。根据自己的工程需要，为每个分组添加同名文件夹下的源文件或者头文件。

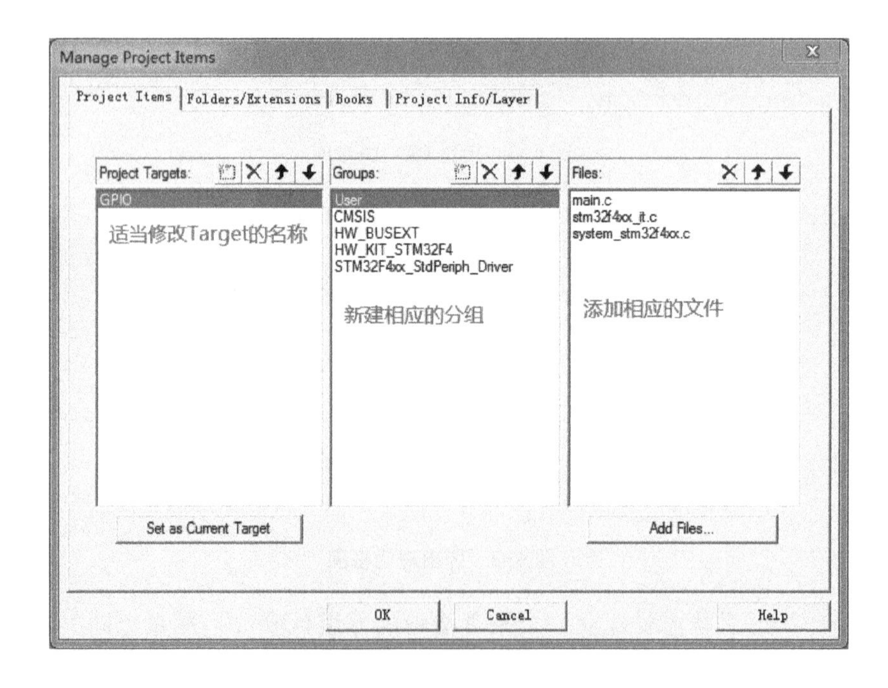

图 6-5　新建 User 分组并添加相应文件图

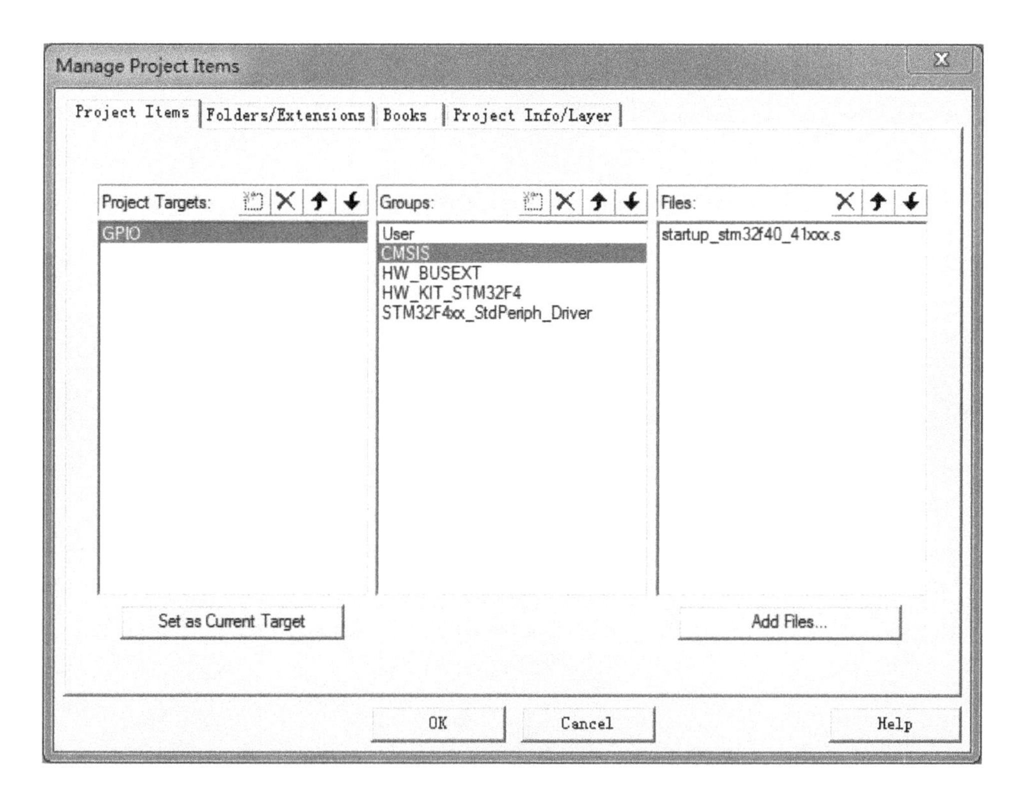

图 6-6　新建 CMSIS 分组并添加相应文件图

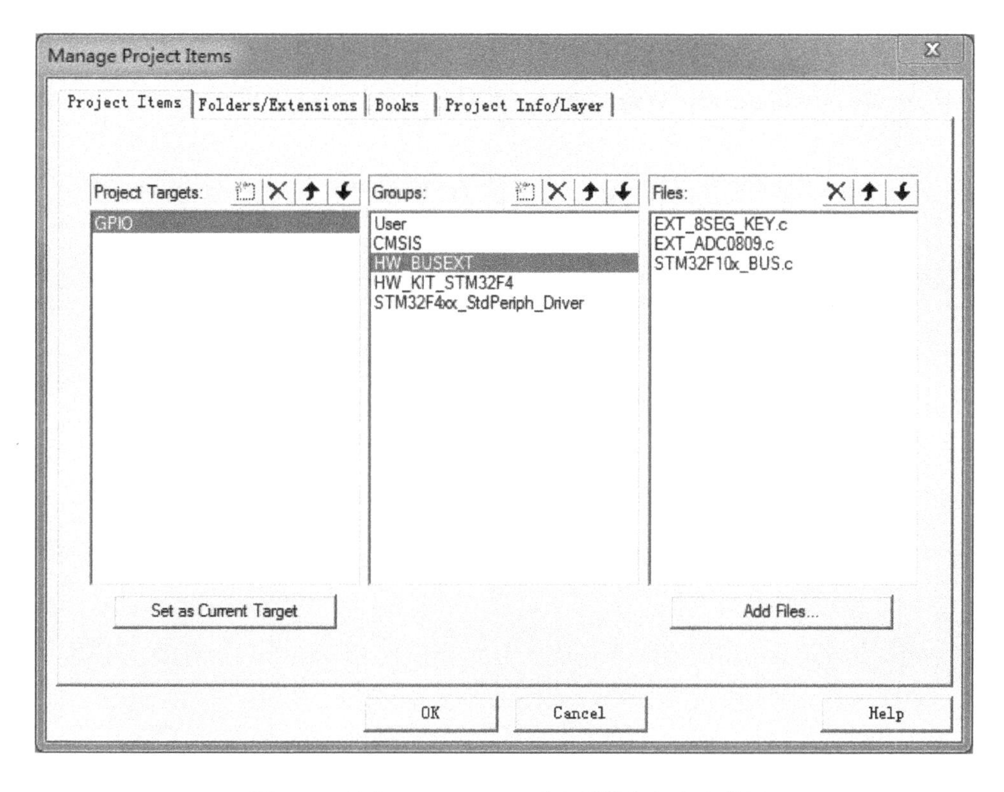

图 6-7　新建 HW_BUSEXT 分组并添加相应文件图

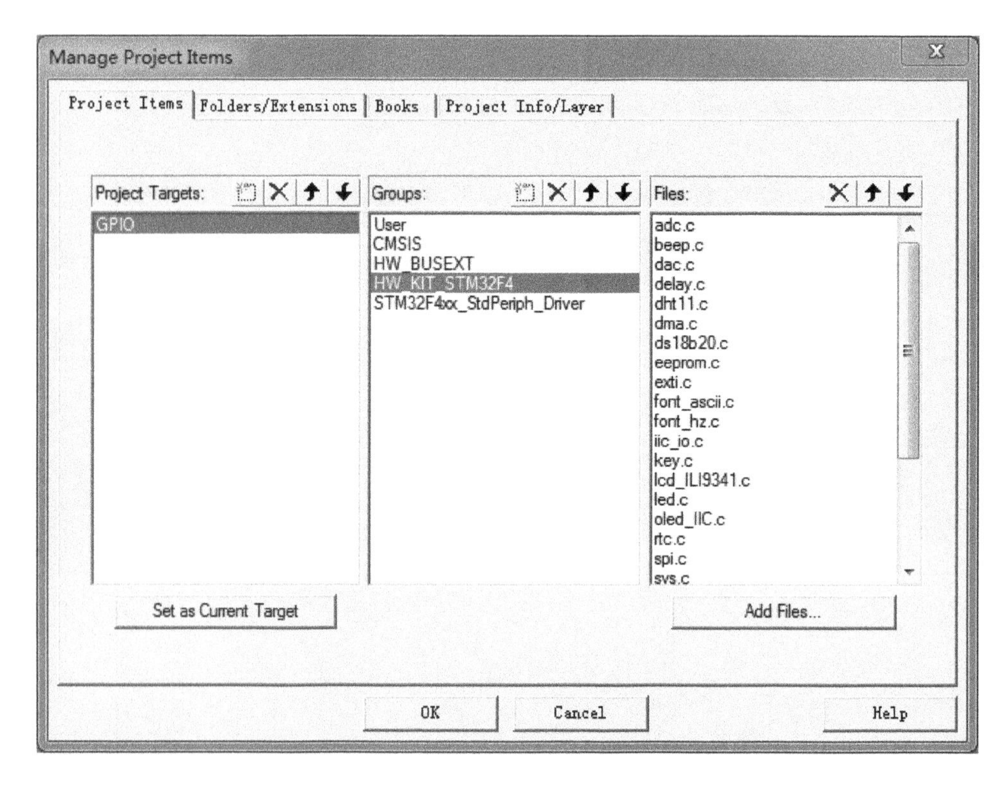

图 6-8　新建 HW_KIT_STM32F4 分组并添加相应文件图

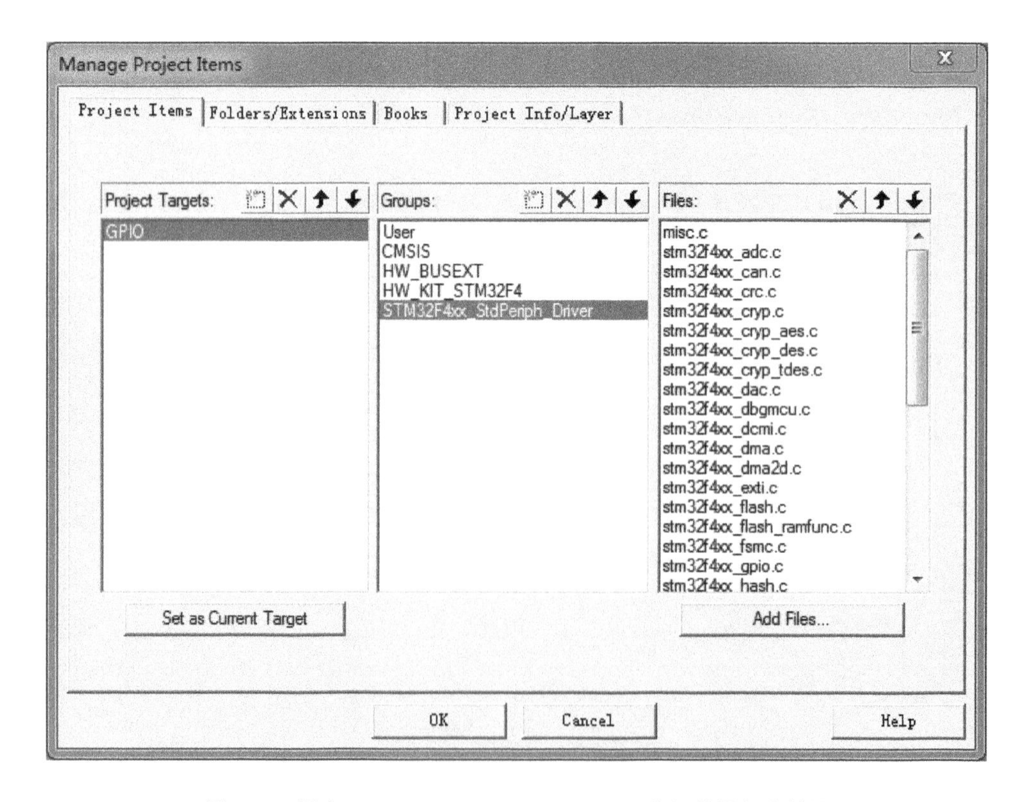

图 6-9　新建 STM32F4xx_StdPeriph_Driver 分组并添加文件图

建立相应分组时的注意事项如下：

① User、HW_BUSEXT、HW_KIT_STM32F4 分组应添加相应文件夹下所有. c 文件。

② STM32F4xx_StdPeriph_Driver 分组应添加对应文件夹下 src 中相应的模块。工程用到哪些模块就添加哪些模块，如建立一个 LED 流水灯的工程，这个工程除了要进行必要的初始化之外，还需要包含 GPIO 的操作函数，当然需要使用 GPIO 就必须要使能 GPIO 的时钟，系统时钟(RCC)和闪存(Flash)是绝对少不了的。该分组也可添加 src 中所有模块，但这会导致工程编译缓慢。

③ CMSIS 分组根据所使用的 CPU 型号添加启动文件。这里我们只需添加 startup_stm32f40_41xxx. s 文件。

添加需要的文件之后，工程目录如图 6-10 所示。

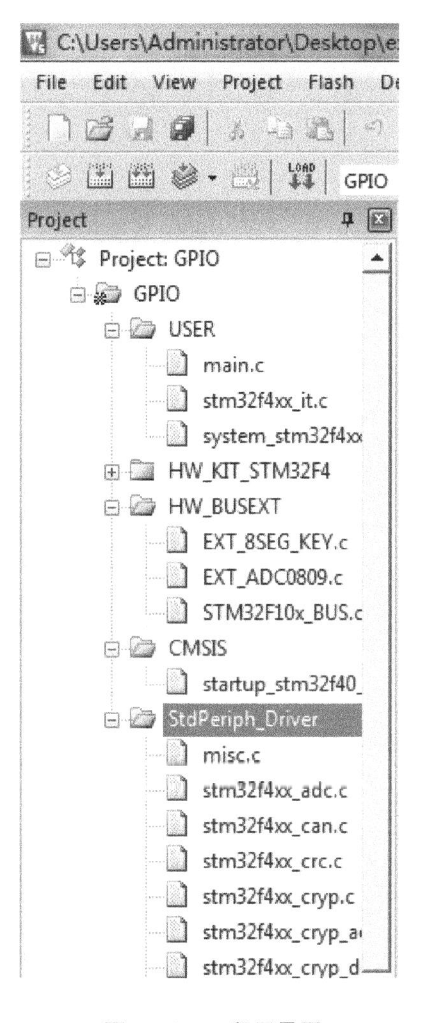

图 6-10　工程目录图

(6) 修改工程属性。修改工程属性的主要目的是指定相关头文件的路径。如图 6-11 所示，右击工程目录中的“GPIO”则会出现 Option(选择)选项卡，或者单击工具栏中类似于小魔棒的图标[如图 6-11(b)所示],打开 Option 选项卡,然后按照图 6-12 至图 6-15 所示依次对“Target”“Output”“Listing”和“C/C++”选项卡进行设置。

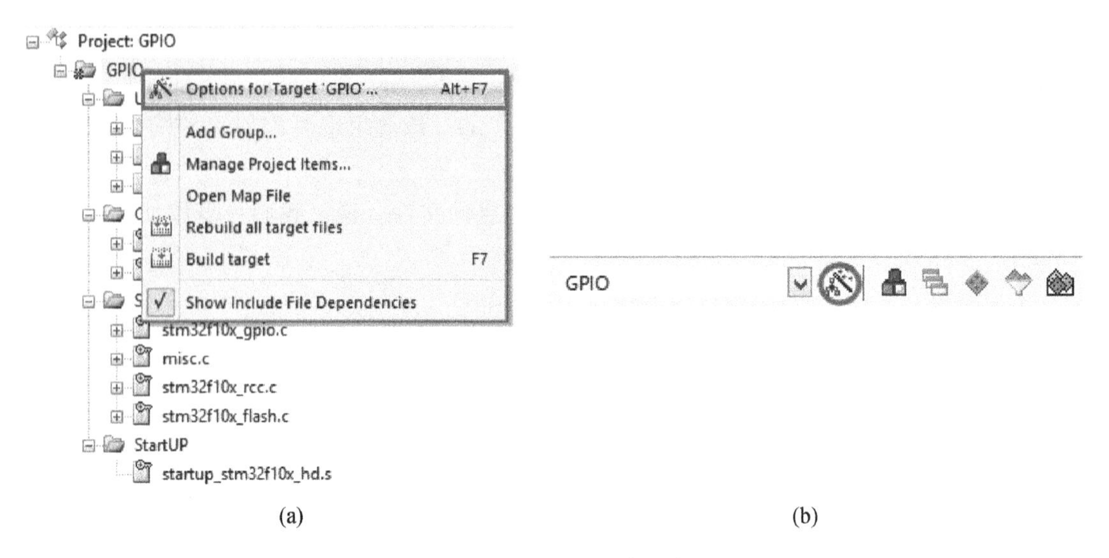

图 6-11 打开 Option 选项卡图

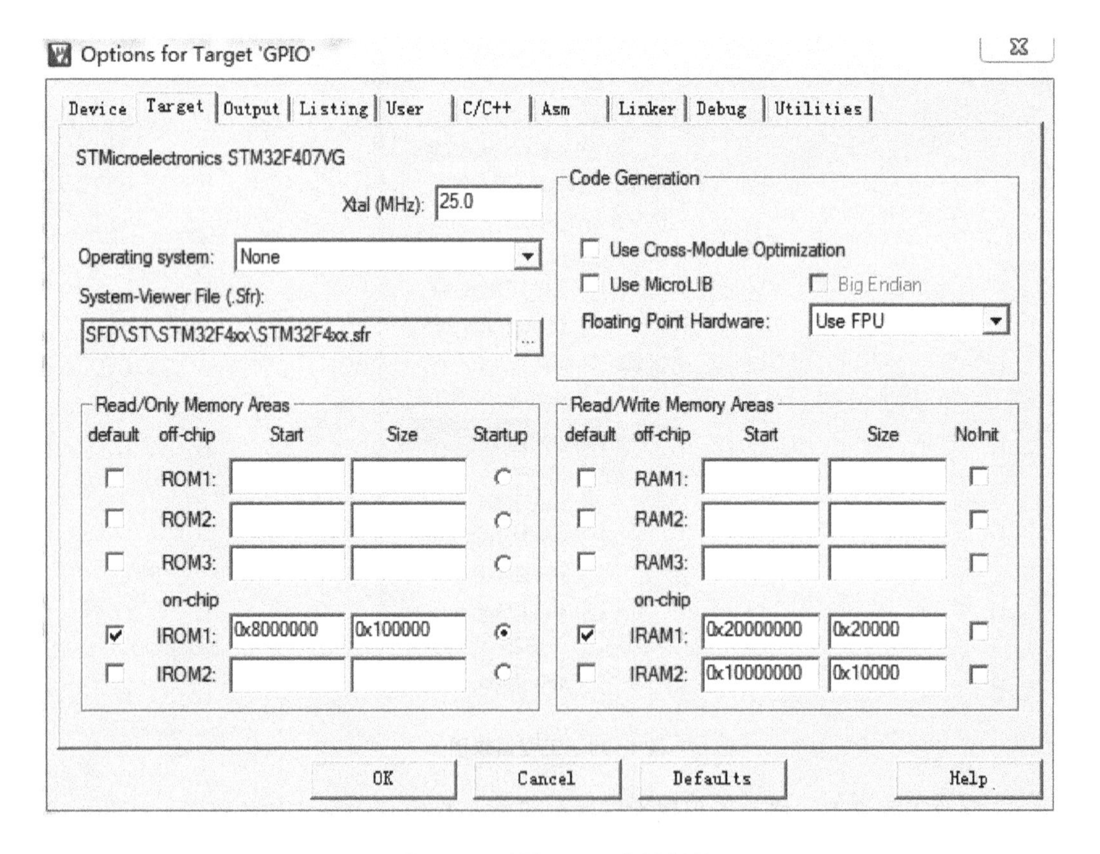

图 6-12 设置 Target 选项卡图

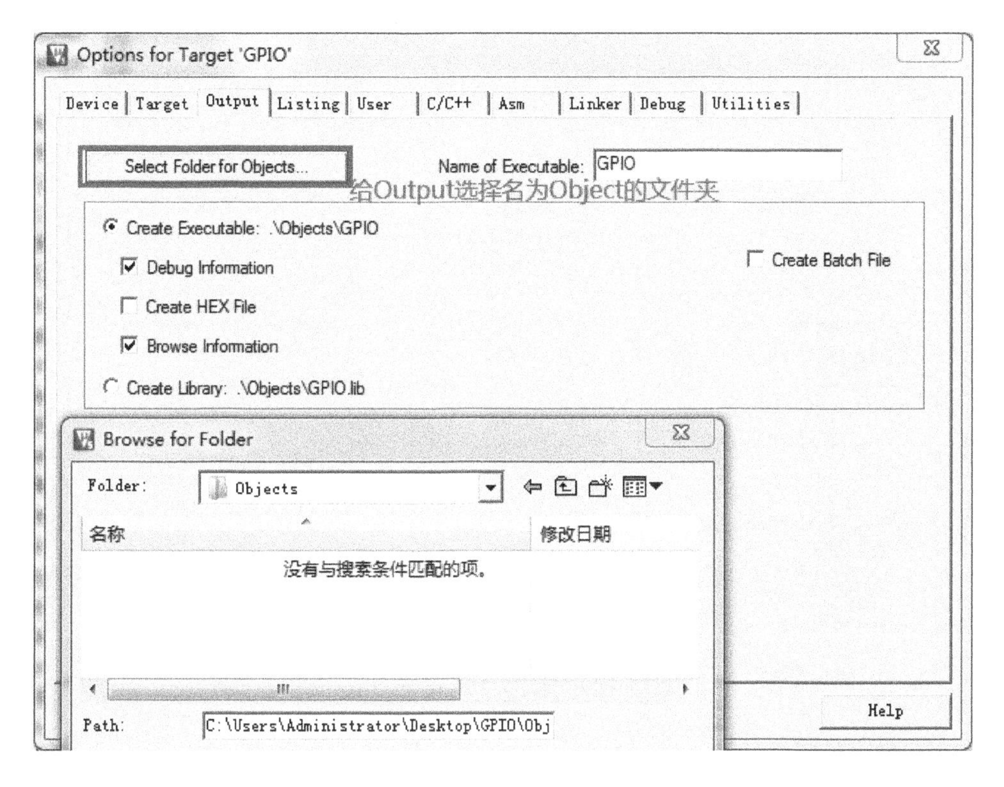

图 6-13　设置 Output 选项卡图

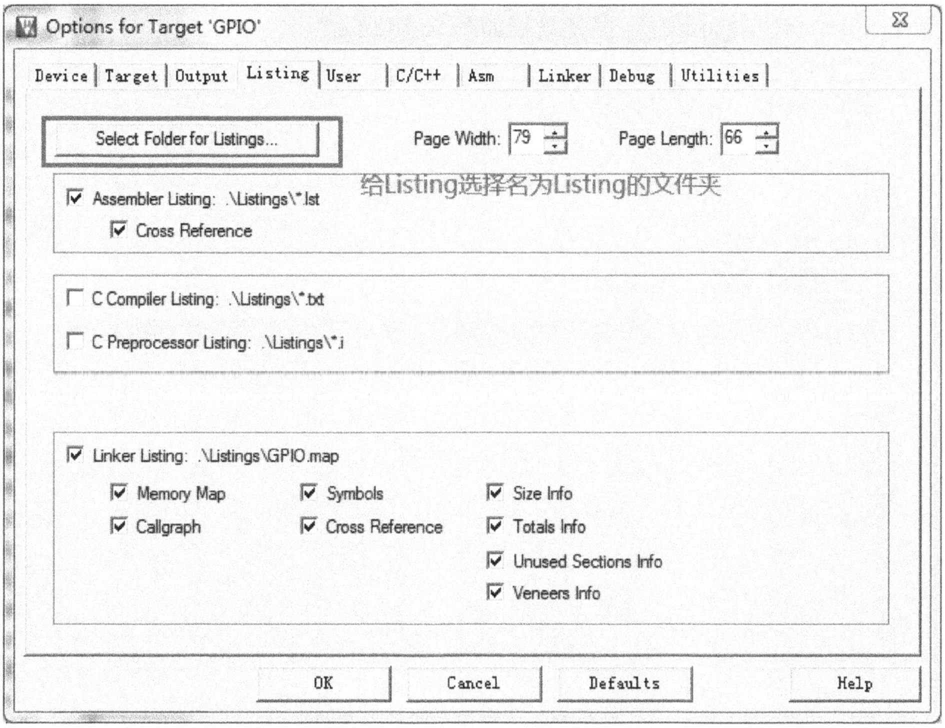

图 6-14　设置 Listing 选项卡图

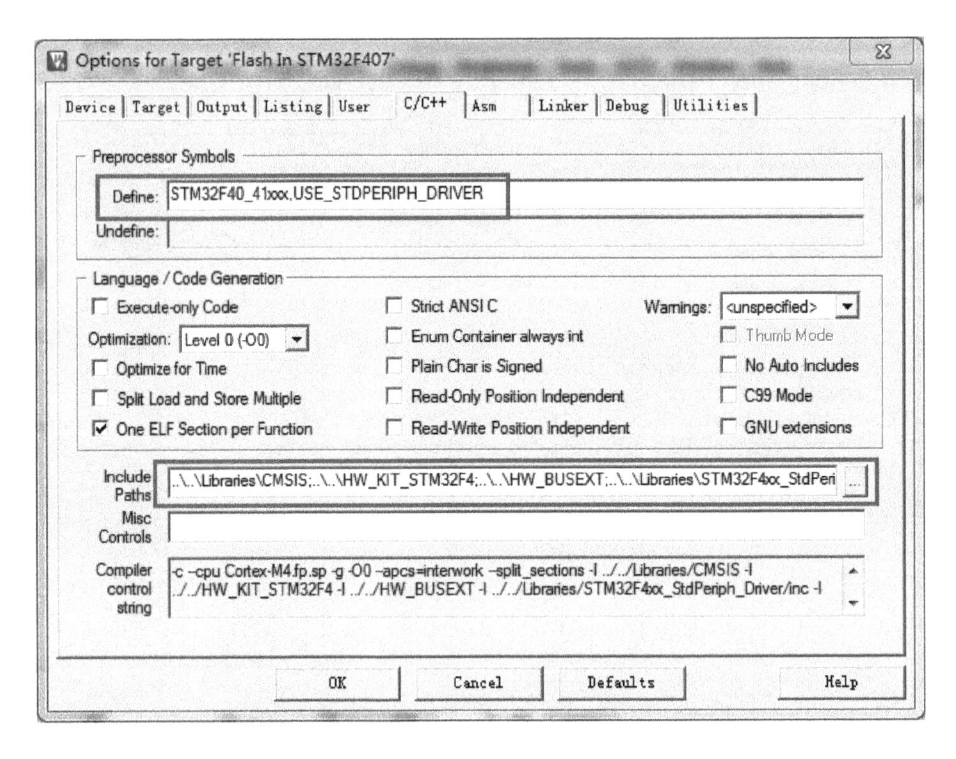

图 6-15　设置 C/C++选项卡(宏定义,设置路径)图

注意：Keil 只能识别单级目录,因此设置包含路径时需设置到每个子文件夹。点击图 6-15 中的路径浏览,路径设置如图 6-16 所示 。

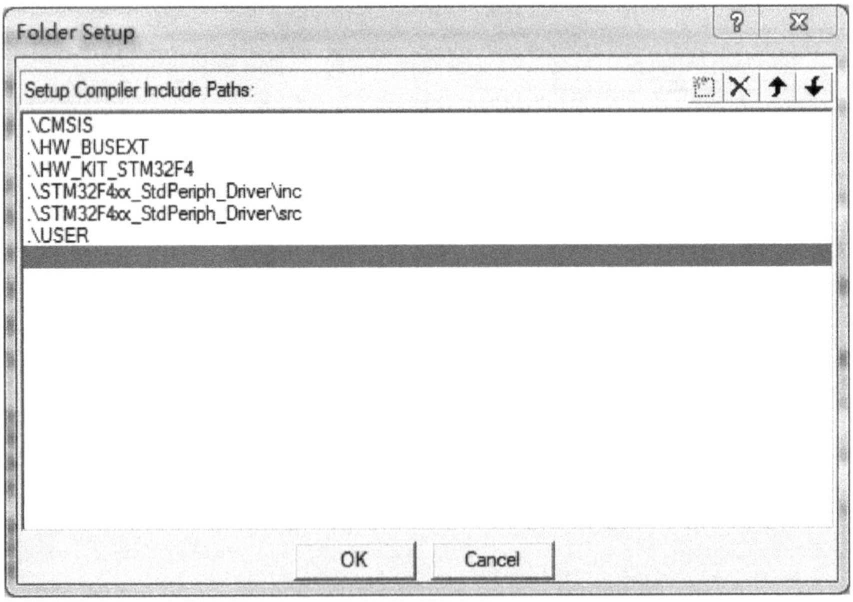

图 6-16　文件包含路径设置图

(7) 使用 J-link 进行仿真调试设置。

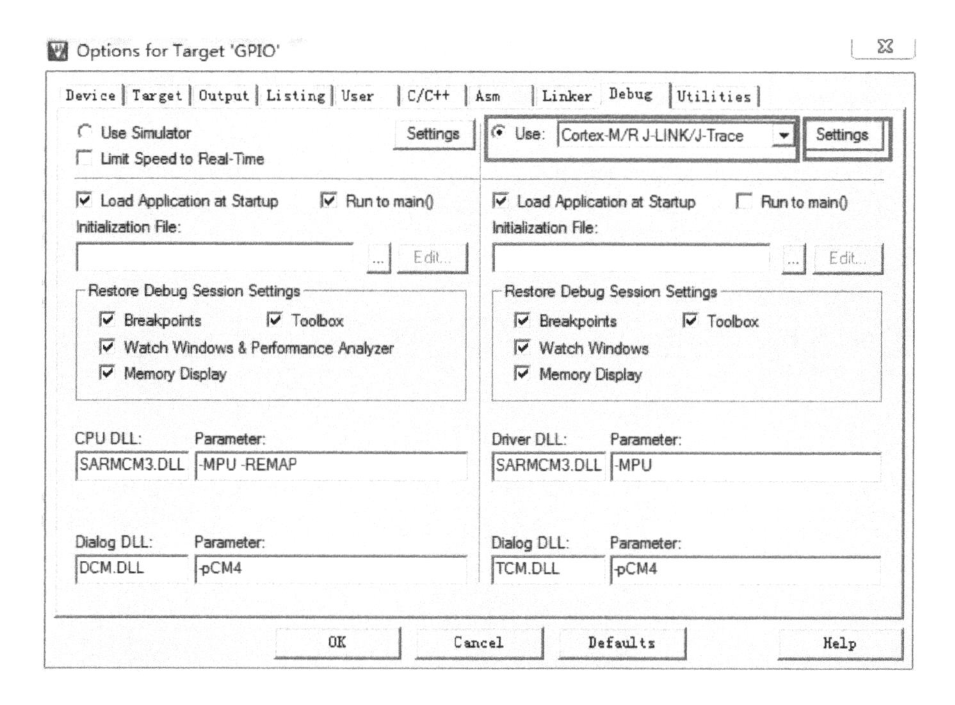

图 6-17 仿真调试设置图

点击图 6-17 中的“Settings”,进入图 6-18 所示设置。

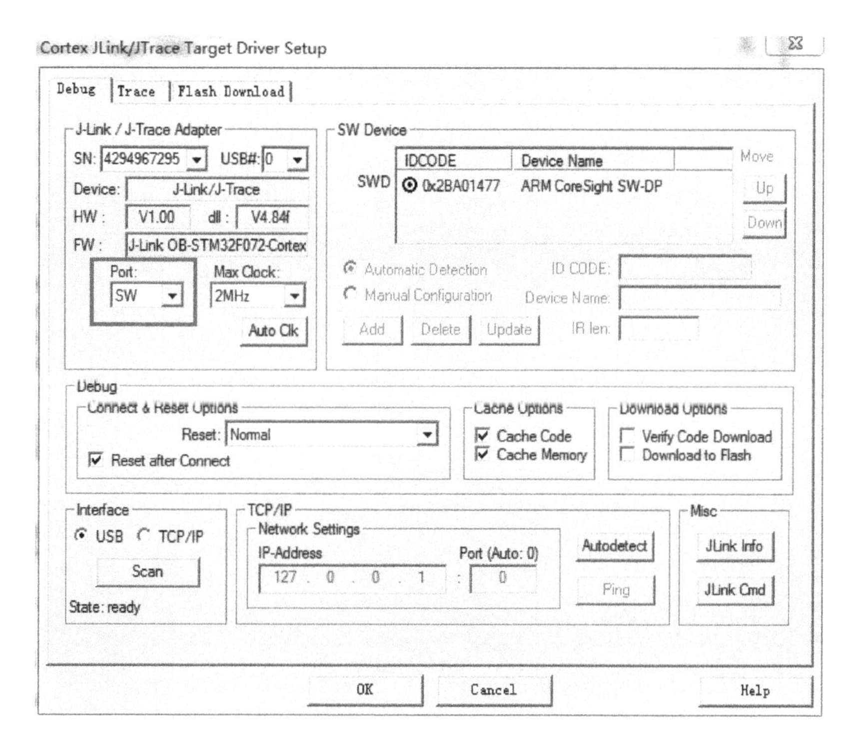

图 6-18 仿真器设置图

(8) 进行下载设置。

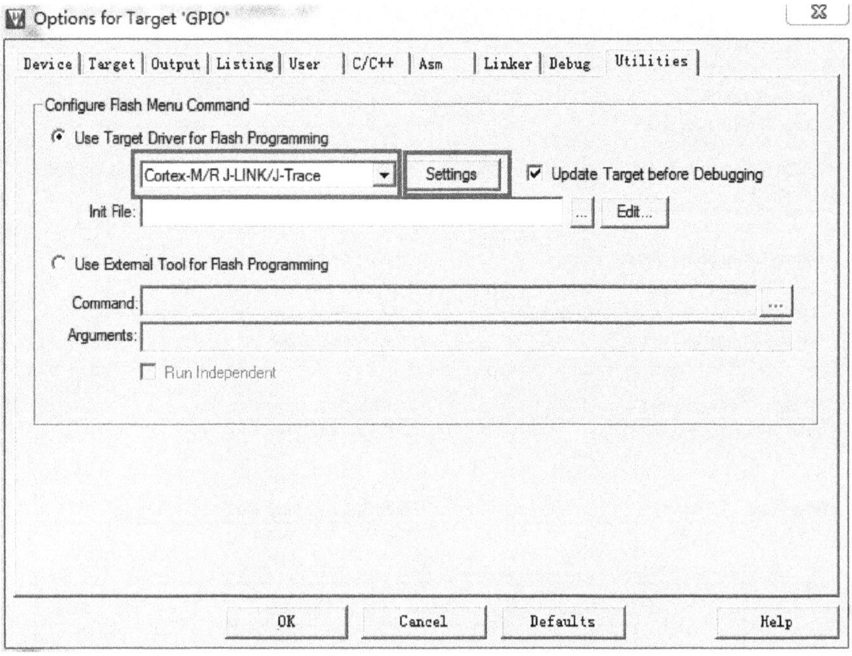

Options for Target 'GPIO'
Device
Target
Output
Listing
User
C/C++
Asm
Linker
Debug
Utilities
Configure Flash Menu Command
Use Target Driver for Flash Programming
Cortex-M/R J-LINK/J-Trace
Settings
Update Target before Debugging
Init File:
Edit...
Use External Tool for Flash Programming
Command:
Arguments:
Run Independent
OK
Cancel
Defaults
Help

图 6-19　下载设置图

点击图 6-19 中"Settings",进入图 6-20 所示 Flash 设置。

Cortex JLink/JTrace Target Driver Setup
Debug
Trace
Flash Download
Download Function
LOAD
Erase Full Chip
Erase Sectors
Do not Erase
Program
Verify
Reset and Run
RAM for Algorithm
Start: 0x20000000
Size: 0x0800
Programming Algorithm
Description
Device Type
Device Size
Address Range
STM32F4xx Flash
On-chip Flash
1M
08000000H - 080FFFFFH
Start: 0x08000000
Size: 0x00100000
Add
Remove
OK
Cancel
Help

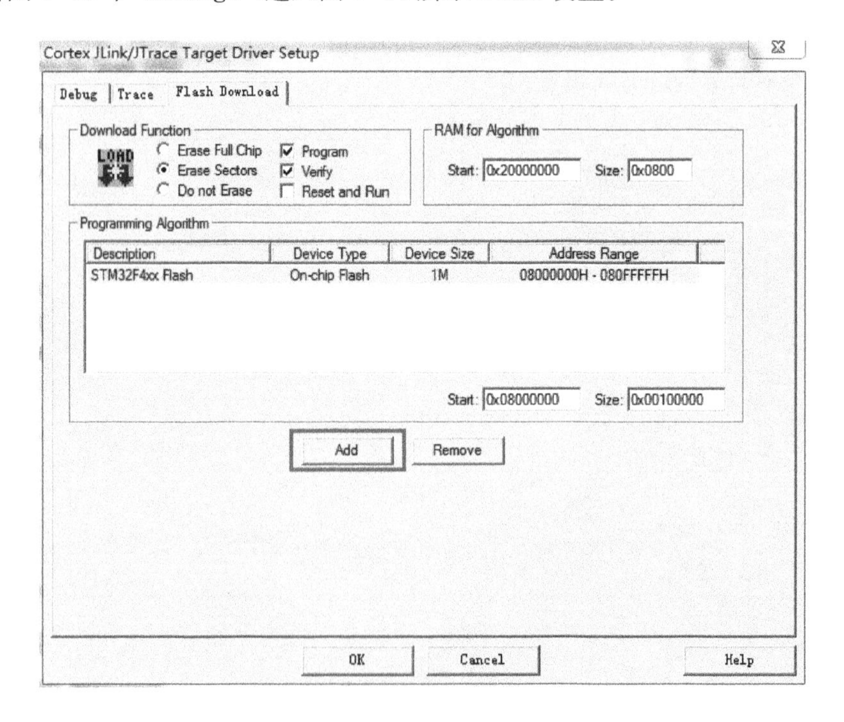

图 6-20　Flash 设置图

2. 硬件连接

内部已连接,无需外部接线。

3. 实验系统连接

Cortex-M4 实验扩展模块通过 J-link 口与计算机连接,开关 K0 选择 GPIO(拨向上),可以直接采用 USB 供电,不需要接驳配套的实验箱。

4. 编译调试

(1) 在 main. c 中编写工程主函数(见参考程序),完成后点击工具栏中进行编译,确认无误后即可点击下载,执行程序,观察实验结果(下载完后 CPU 需要复位方可运行,按 S9 键即可复位)。

(2) 如果运行结果与设计不符,可点击进入调试模式查找原因。

(3) 进入调试模式后可使用工具栏上的调试选项,如单步调试、进入函数调试、执行到断点等,如图 6-21 所示。

图 6-21　调试常用工具栏图

调试中可将变量加入观察窗,追踪其值变化,如图 6-22 所示。

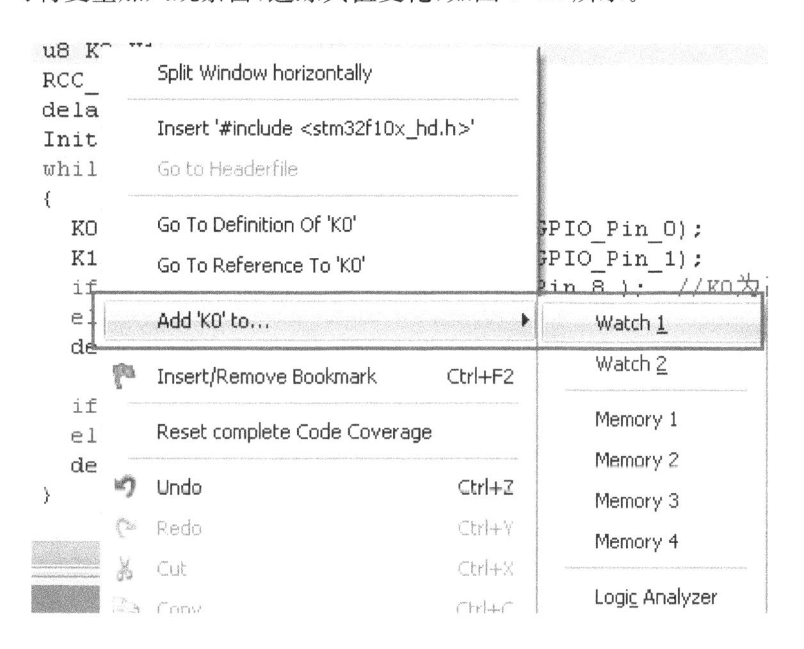

图 6-22　观察某一变量图

五、实验扩展

分析参考程序。重建一个 STM32 工程,利用 STM32F407 的 GPIO 扫描 8 个按键状态,对应的 LED 显示状态与按键状态相反(键按下时灯灭),完成软件的编译和在线调试。

六、参考程序

main.c

```
1. #include "stm32f4xx.h"
2. #include "gpio_bitband.h"
3. #include "kit_config.h"
4. #include "delay.h"
5. #include "SysTickDelay.h"
6. #include "led.h"
7. #include "key.h"
8. int main(void)
9. {
10. u16 Ledbuf;
11. SysTick_Initaize();
12. KEYInit();
13. LEDInit();                        //系统初始化
14. LEDSet(0xff);delay_ms(500);       //LED灯亮,延时
15. LEDSet(0x00);delay_ms(500);       //LED灯灭,延时
16. LEDSet(0xff);delay_ms(500);
17. LEDSet(0x00);delay_ms(500);
18. Ledbuf = 0;
19. while (1)
20. {
21. Ledbuf = ~KEYScan();              //扫描按键状态
22. LEDSet(Ledbuf);                   //LED灯显示按键状态
23. }
24. }
```

实验二十　键盘、LED 显示器扩展实验

一、实验目的

(1) 掌握键盘扫描和 LED 显示器驱动的工作原理。
(2) 掌握键盘和 LED 显示器的接口设计和软件编程方法。
(3) 掌握 STM32 GPIO 的使用方法。

二、基本原理

图 6-23 为 4×6 行列式键盘和六位 8 段 LED 显示器电路原理图。

行列式键盘读取键值的方法：向列扫描码地址(0X002H)逐列输出低电平，然后从行码地址(0X001H)读回。如果有键按下，则相应行的值应为低；如果无键按下，由于上拉的作用，读回的行码全为高。首先判断有无键按下，如果无键按下，继续逐列扫描、读回；如果有键按下，需要延迟一定时间防止键盘抖动，再读取行码，然后通过输出的列码和读取的行码来判断按下的是什么键(即计算出键码)。

LED 显示器驱动方法：输出一位选通信号(位码)，然后输出该位段码(显示码)，延迟一定时间后，再指向下一位，如此循环。

实验系统地址选择(片选信号)范围见表 6-1。图 6-23 地址中的 X 由键盘和 LED 显示器的片选信号 $\overline{\text{KEY/LED\_CS}}$ 决定，例如将 $\overline{\text{KEY/LED\_CS}}$ 信号接 $\overline{\text{CS0}}$ 上，则行码地址为 08001H，列扫描码地址为 08002H，段码地址为 08004H，位选通地址为 08002H(列扫描码与 LED 显示器的位选通信号分时使用)。

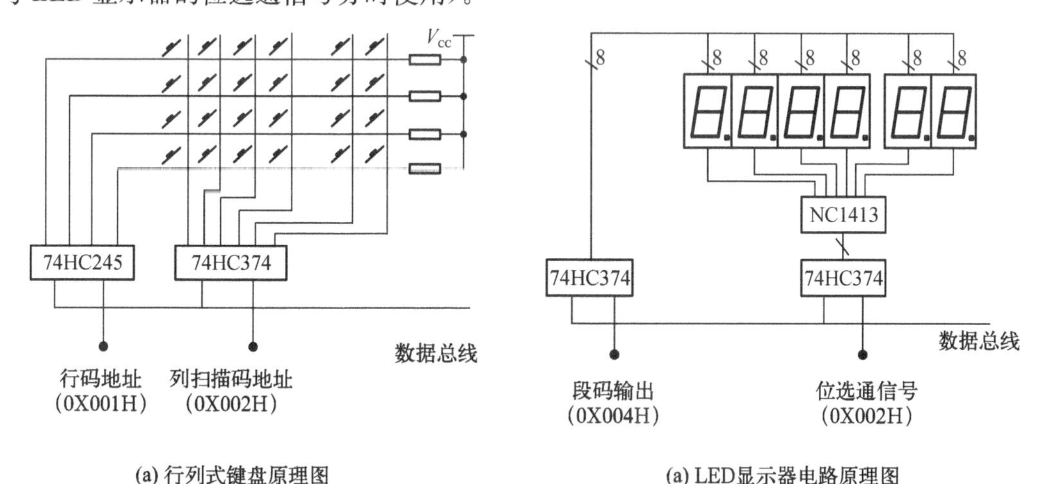

(a) 行列式键盘原理图　　(a) LED显示器电路原理图

图 6-23　行列式键盘和 LED 显示器电路原理图

表 6-1　实验箱地址选择(片选信号)范围表

片选号	地址范围	片选号	地址范围
$\overline{CS0}$	08000H～08FFFH	$\overline{CS4}$	0C000H～0CFFFH
$\overline{CS1}$	09000H～09FFFH	$\overline{CS5}$	0D000H～0DFFFH
$\overline{CS2}$	0A000H～0AFFFH	$\overline{CS6}$	0E000H～0EFFFH
$\overline{CS3}$	0B000H～0BFFFH	$\overline{CS7}$	0F000H～0FFFFH

三、实验内容

编写、运行程序：通过程序控制 GPIO 产生并行总线访问时序，自动扫描矩阵键盘，实现对矩阵键盘的检测，并将键码显示在实验系统的 LED 显示器上。

四、实验步骤

(1) 参考实验十九步骤，建立工程(名称可自行设置，如 KEY_LED)，编写主函数程序(参考流程图见图 6-24)。

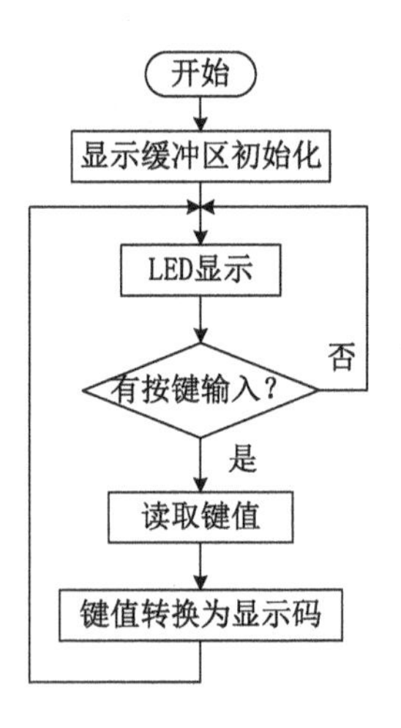

图 6-24　键盘显示器主函数参考流程图

(2) 硬件连接见表 6-2。

表 6-2　硬件连接表

序号	连接孔 1	连接孔 2
1	$\overline{CS0}$	$\overline{KEY/LED\_CS}$

(3) 实验系统连接。Cortex-M4 实验扩展模块通过 J-link 口与计算机连接，开关 K0 选择 BUS(拨向下)，接驳配套的实验箱(合上实验箱电源开关)，实验箱 LED 显示器的驱动方式选择内驱。

(4) 调试并下载程序，执行程序，观察实验结果(下载完后 CPU 需要复位方可运行，按

S9 键即可)。

五、参考程序

main. c

```
1. #include "EXT_8SEG_KEY.h"
2. #include "STM32F10x_BUS.H"                /* definitions for simulating BUS */
3. int main()
4. {
5. unsigned char a;
6. BUSGPIOInit();              //GPIO 初始化
7. LEDBuf[0] = 0xff;           //左边第一个数码管熄灭
8. LEDBuf[1] = 0xff;           //左边第二个数码管熄灭
9. LEDBuf[2] = 0xff;           //左边第三个数码管熄灭
10. LEDBuf[3] = 0xff;          //左边第四个数码管熄灭
11. LEDBuf[4] = 0x00;          //左边第五个数码管点亮
12. LEDBuf[5] = 0x00;          //左边第六个数码管点亮
13. while (1) {
14. DisplayLED();              //显示键码
15. a = KeyTest();
16. if (KeyTest()) LEDBuf[5] = LEDMAP[KeyGet() & 0x0f];       //读取键码
17. }
18. }
```

实验二十一　LED 点阵显示实验

一、实验目的

（1）掌握 LED 点阵显示器的工作原理。

（2）掌握 16×16 LED 点阵显示器的接口设计和软件编程方法。

二、基本原理

1. 驱动电路

16×16 点阵需要 32 个驱动，分别为 16 个行驱动和 16 个列驱动。每个行与每个列可以选中一个发光管，共有 256 个发光管。采用动态驱动方式，每次显示一行，10 ms 后再显示下一行。

如图 6-25，74138 输出信号使能驱动芯片 74574，片选信号 $\overline{16\times16\_CS}$ 和“A1、A0”决定 4 片 74574 地址。4 片 74574 中，2 片输出行驱动信号(16 行)，2 片输出列驱动信号(16 列)。

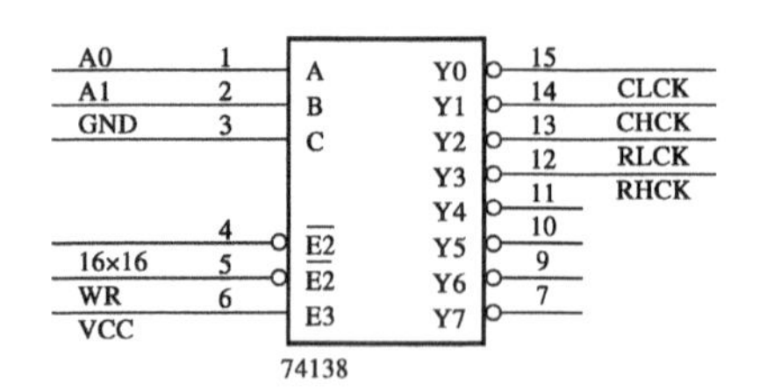

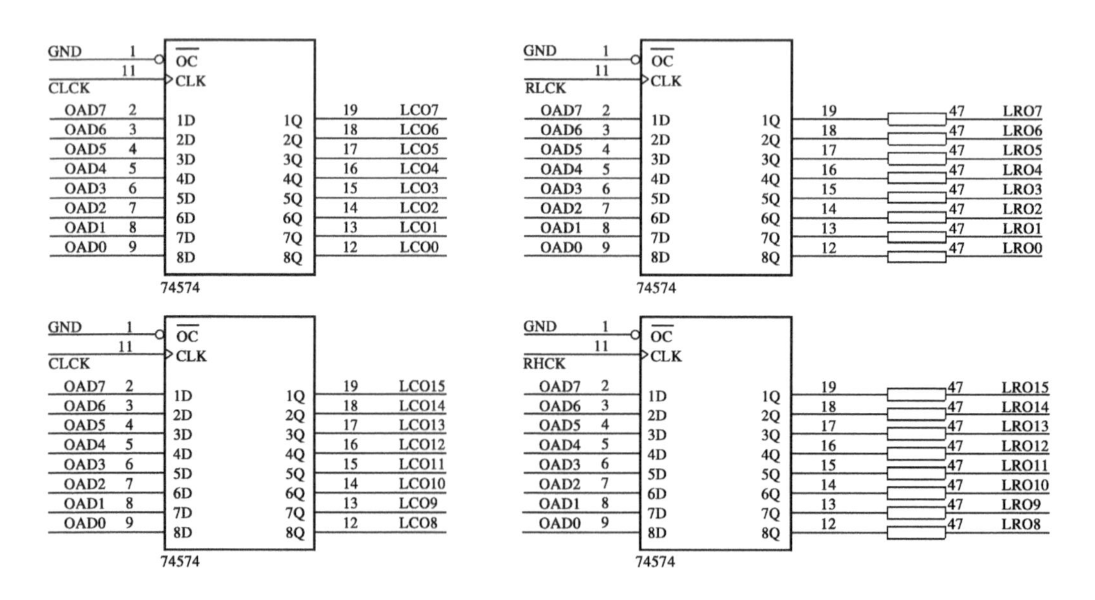

图 6-25　16×16 点阵驱动电路图

2. 字模生成

本实验采用 PCtoLCD2002 软件生成字模，打开软件后，首先从菜单中单击“选项(O)”，按照图 6-26 对字模选项进行设置。

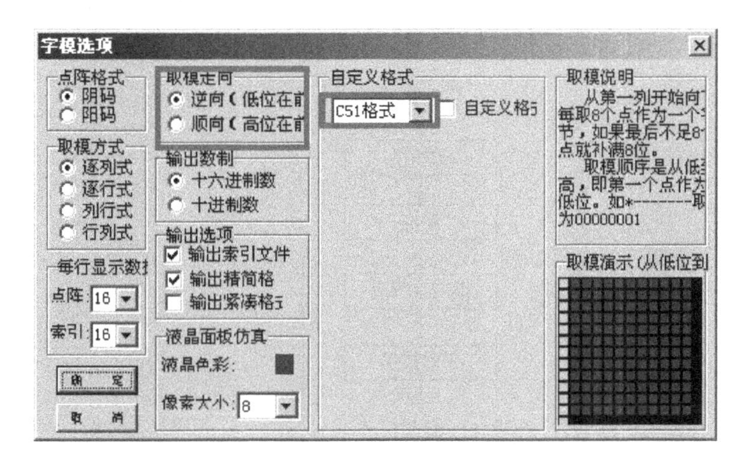

图 6-26　字模选项设置图

然后在图 6-27 所示的下拉框中输入字符，再按照图示顺序进行“翻转”“旋转”，然后单击“生成字模”，即可得到字符对应的字模。

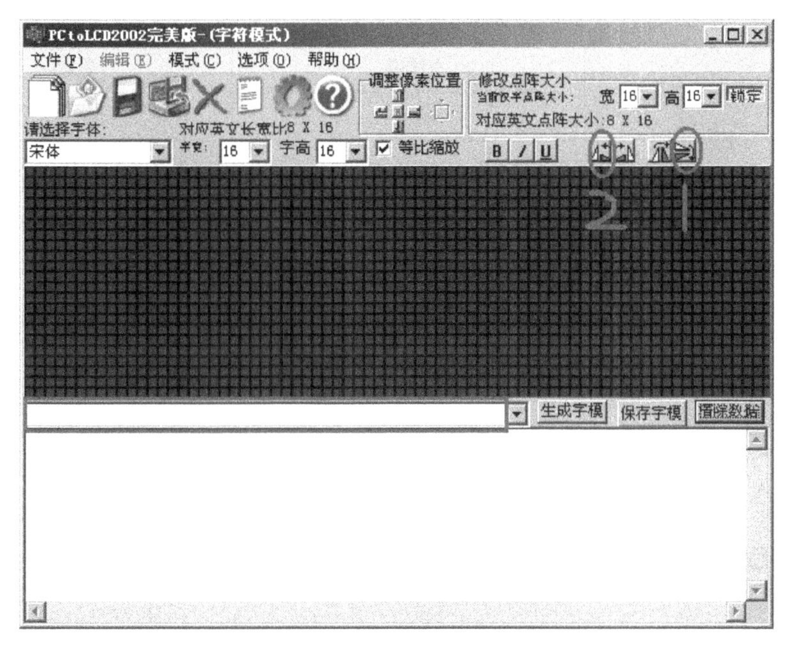

图 6-27　字模生成操作过程图

三、实验内容

通过程序控制 GPIO 产生并行总线访问时序，实现在 16×16 点阵显示器上滚动显示字符。

四、实验步骤

(1) 参考实验十九的步骤，建立工程(名称可自行设置，如 LED16_16)，编写主函数程序(参考流程图见图 6-28)。

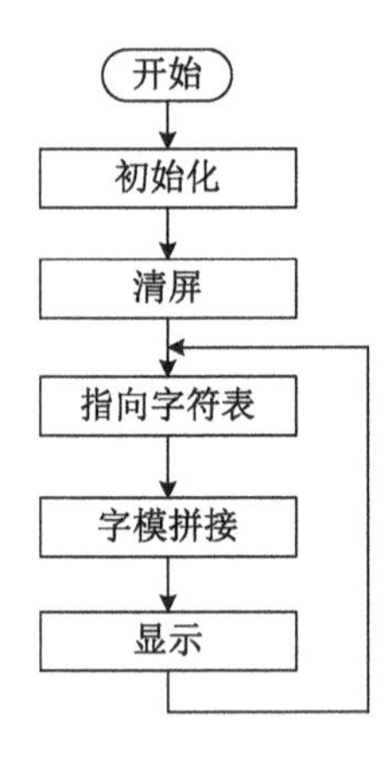

图 6-28 点阵动态显示主函数流程图

(2) 硬件连接见表 6-3。

表 6-3 硬件连接表

序号	连接孔 1	连接孔 2
1	$\overline{\text{CS0}}$	$\overline{\text{16×16\_CS}}$

(3) 实验系统连接。Cortex-M4 实验扩展模块通过 J-link 口与计算机连接，开关 K0 选择 BUS(拨向下)，接驳配套的实验箱(合上实验箱电源开关)。

4. 调试并下载程序，执行程序，观察实验结果(下载完后 CPU 需要复位方可运行，按 S9 键即可)。

五、实验扩展

(1) 分析参考程序，试修改程序，改变 16×16 点阵显示的滚动速度。

(2) 试修改程序，使用 16×16 点阵显示自己的学号、姓名。

六、参考程序

main.c

```
1. #include "STM32F10x_BUS.H"                /* definitions for simulating BUS */
2. #define uchar u8
3. #define uint u16
4. //列低八位地址
```

```
5. #define ColLow   0x8000
6. //列高八位地址
7. #define ColHigh 0x8001
8. //行低八位地址
9. #define RowLow   0x8002
10. //行高八位地址
11. #define RowHigh 0x8003
12. //字模  每个 16x16 点阵汉字为：8 位 x2x16 = 256 位，32 字节
13. const uchar Font[][32] = {
14. 0x04, 0x80, 0x44, 0x42, 0x44, 0x22, 0x88, 0x24, 0x00, 0x00, 0xF0, 0x3F, 0x10, 0x20,
0x10,0x20,
15. 0x10, 0x20, 0xF0, 0x3F, 0x00, 0x02, 0x00, 0x02, 0xFC, 0x03, 0x00, 0x02, 0x00, 0x02,
0x00,0x02,
16. /*"点"*/
17. 0x20, 0x40, 0x20, 0x40, 0x20, 0x40, 0x20, 0x50, 0xFE, 0x6B, 0x20, 0x44, 0x20, 0x44,
0x20,0x44,
18. 0xFC, 0x49, 0x20, 0x49, 0xA0, 0x50, 0x80, 0x48, 0xFE, 0x4B, 0x40, 0x44, 0x40, 0x7C,
0x40,0x00,
19. /*"阵"*/
20. 0x00, 0x00, 0xFE, 0xFF, 0x40, 0x04, 0x50, 0x14, 0x48, 0x14, 0x44, 0x24, 0x44, 0x44,
0x40,0x04,
21. 0xF0, 0x1F, 0x10, 0x10, 0x10, 0x10, 0xF0, 0x1F, 0x10, 0x10, 0x10, 0x10, 0xF0, 0x1F,
0x00,0x00
22. /*"显"*/
23. 0x00, 0x02, 0x00, 0x05, 0x02, 0x81, 0x02, 0x41, 0x04, 0x21, 0x08, 0x11, 0x10, 0x11,
0x00,0x01,
24. 0x00, 0x01, 0xFE, 0xFF, 0x00, 0x00, 0x00, 0x00, 0x00, 0x00, 0x00, 0x00, 0xF8, 0x3F,
0x00,0x00,
25. /*"示"*/
26. 0x04, 0x60, 0x08, 0x18, 0x10, 0x04, 0x20, 0x02, 0x40, 0x01, 0xFE, 0xFF, 0x80, 0x08,
0x80,0x08,
27. 0x80, 0x10, 0x80, 0x04, 0x80, 0x04, 0x84, 0x88, 0x02, 0x40, 0xFE, 0x7F, 0x00, 0x01,
0x00,0x02,
28. /*"实"*/
29. 0x00, 0x10, 0xFE, 0x2B, 0x10, 0x04, 0x88, 0x44, 0xA8, 0xE4, 0x24, 0x1D, 0x24, 0x04,
0x44,0x04,
30. 0x00, 0x7C, 0xFA, 0x4A, 0x04, 0x49, 0x88, 0x48, 0x50, 0x48, 0x50, 0x08, 0x20, 0xF8,
0x20,0x00,
```

```
31. /*"验"*/
32. };
33. void delay(uint t)
34. {
35. uint i,j;
36. for(i= t; i>0; i--){
37. for(j=0; j<100; j++);
38. }
39. }
40. int main()
41. {
42. uchar i,j,k,t;
43. uint n;
44. uint ctemp,dtemp;
45. uint bitmask;
46. BUSGPIOInit();
47. //清屏
48. BusWrite(ColLow, 0xff);  //列驱动低有效
49. BusWrite(ColHigh, 0xff);
50. BusWrite(RowLow, 0x00);  //行驱动高有效
51. BusWrite(RowHigh, 0x00);
52. while(1){
53. for(j=0; j<9; j++){
54. for(k = 0; k<16; k++){
55. for(n = 0; n<50; n++){                //重复写次数,控制速度
56. bitmask = 0x01;
57. for(i=0;i<16;i++){
58. t = j+1;
59. ctemp = Font[j][i*2] + (Font[j][i*2+1] << 8);  //前一个字的字模
60. dtemp = Font[t][i*2] + (Font[t][i*2+1] << 8);  //后一个字的字模
61. ctemp <<= k;
62. dtemp >>= 16-k;
63. ctemp |= dtemp;                  //两个字合并
64. BusWrite(RowLow, 0x00);                  //首先清屏
65. BusWrite(RowHigh, 0x00);
66. BusWrite(ColLow, ~(ctemp & 0xff));  //写出一行数据
67. BusWrite(ColHigh, ~(ctemp >> 8));
```

```
68. BusWrite(RowLow, bitmask & 0xff);      //点亮此行
69. BusWrite(RowHigh, bitmask >> 8);
70. delay(100);
71. bitmask <<= 1;                         //移位,指向下一行
72. }
73. }
74. }
75. BusWrite(ColLow, 0xff);
76. BusWrite(ColHigh, 0xff);
77. }
78. }
79. }
```

第七章

定时器与中断实验

实验二十二　LED 跑马灯实验

一、实验目的

(1) 了解 STM32F4 的定时器与中断功能。

(2) 掌握 STM32F4 定时器的配置方法。

二、基本原理

STM32F4 共有 14 个定时器,功能十分强大。TIM1 和 TIM8 为高级定时器,TIM2～TIM5、TIM9～TIM14 为通用定时器,TIM6 和 TIM7 为基本定时器。

STM32F4 通用定时器包含一个 16 位或 32 位自动重载计数器(CNT),该计数器由可编程预分频器(PSC)驱动。

STM32F4 通用定时器用途:测量输入信号的脉冲长度(输入捕获)或者产生输出波形[用于输出比较和 PWM(脉宽调制)]等。使用定时器预分频器和 RCC 时钟控制器预分频器,可以使脉冲长度和波形周期在几微秒到几毫秒之间调整。STM32F4 的每个通用定时器都是完全独立的,不能共享任何资源。

STM32F4 通用定时器功能:

(1) 16 位/32 位(仅 TIM2 和 TIM5)支持向上、向下、向上/向下自动装载计数器(TIMx_CNT),TIM9～TIM14 只支持向上(递增)计数方式。

(2) 16 位可编程(可以实时修改)预分频(TIMx_PSC)计数器时钟频率的分频系数为 1～65535 之间的任意数值。

(3) 有 4 个独立通道(TIM1～ TIM4、TIM9～TIM14 各最多有两个独立通道),这些通道的作用:a) 输入捕获;b) 输出比较;c) PWM 生成(边缘或中间对齐模式),TIM9～TIM14 不支持中间对齐模式;d) 单脉冲模式输出。

(4) 可使用外部信号(TIMx_ETR)控制定时器和与定时器互连(1 个定时器控制另外一个定时器)的同步电路。

(5) 定时器中断。

如下事件发生时产生定时中断/DMA(直接内存访问,T1M9～T1M14 不支持 DMA):

① 更新。计数器向上/向下溢出，计数器初始化(通过软件或者内部/外部触发)。

② 触发事件(计数器启动、停止、初始化或者由内部/外部触发计数)。

③ 输入捕获。

④ 输出比较。

⑤ STM32F4 支持针对定位的增量(正交)编码器和霍尔传感器电路(TIM9～TIM14 不支持)。

⑥ 触发输入作为外部时钟或按周期的电流管理(TIM9～TIM14 不支持)。

定时器相关的库函数主要集中在固件库文件 stm32f4xx_tim.h 和 stm32f4xx_tim.c中。

以通用定时器 TIM3 为例，定时器配置步骤如下：

① TIM3 时钟使能；

② 初始化定时器参数，设置自动重装值、分频系数、计数方式等；

③ 设置 TIM3_DIER 允许更新中断；

④ 设置 TIM3 中断优先级；

⑤ 允许 TIM3 工作，也就是使能 TIM3；

⑥ 编写中断服务函数。

如图 7-1 所示，Cortex-M4 实验扩展模块上，LED 灯 L_1 ～ L_8 分别连接至 STM32F407 芯片 PD 口的 PD_0～PD_7。程序运行后，使 L_1～L_8 依次点亮。

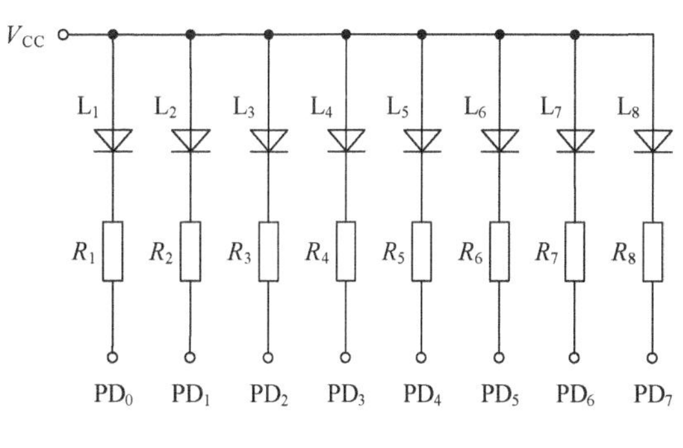

图 7-1　LED 灯 L1～L8 引脚图

三、实验内容

利用 STM32F407 的 GPIO 驱动实验扩展模块上的 8 个 LED，实现跑马灯功能。

四、实验步骤

(1) 建立工程(名称自行设置，如 LED1_8)。

(2) 编写主函数程序(参考流程图见图 7-2)。

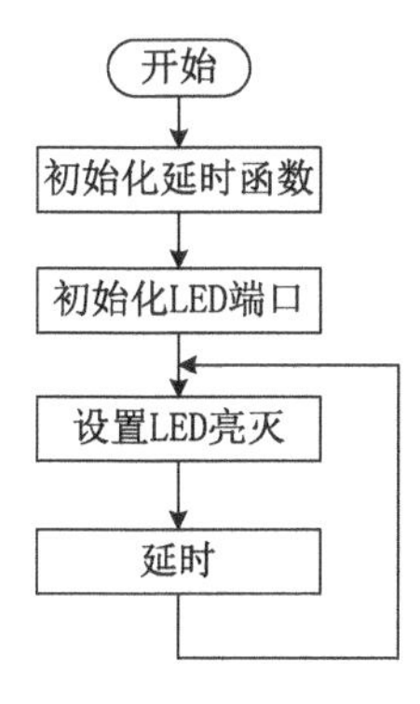

图 7-2　跑马灯主函数流程图

(3) 硬件连接。内部已连接,无需外部接线。

(4) 实验系统连接。Cortex-M4 实验扩展模块通过 J-link 口与计算机连接,开关 K0 选择 GPIO(拨向上),可以直接采用 USB 供电,不需要接驳配套的实验箱。

(5) 调试并下载程序,执行程序,观察实验结果。

五、实验扩展

分析参考程序,试修改程序,将 LED 反方向(从右向左)依次点亮。

六、参考程序

main. c

```
1. #include "sys.h"
2. #include "delay.h"
3. #include "SysTickDelay.h"
4. #include "usart.h"
5. #include "led.h"
6. #define BlinkLEDSpeed 250/* 0~65535 */
7. void TestIO3(void)
8. {
9. uint8_t i, j;
10. j = 0;
11. LEDSet(0x55);                    //LED 端口状态
12. delay_ms(BlinkLEDSpeed);         //延时闪烁时间
13. LEDSet(0xaa);
14. delay_ms(BlinkLEDSpeed);
15. LEDSet(0x55);
16. delay_ms(BlinkLEDSpeed);
17. LEDSet(0xaa);
18. delay_ms(BlinkLEDSpeed);
19. LEDSet(0);
20. for(i=0;i<8;i++)
21. {
22. j += (1<<i);
23. #if LEDLevel == 1
24. LEDSet(j);
25. #else
26. LEDSet(~j);
27. #endif
```

```
28. delay_ms(BlinkLEDSpeed);
29. }
30. #if LEDLevel == 1
31. LEDSet(0);
32. #else
33. LEDSet(~0);
34. #endif
35. delay_ms(BlinkLEDSpeed);
36. }
37. int main2(void)
38. {
39. SysTick_Initaize();
40. LEDInit();                    //初始化 LED 端口
41. /**下面是通过直接操作库函数的方式实现 IO 口控制**/
42. while(1)
43. {
44. GPIO_ResetBits(GPIOD,GPIO_Pin_0);
                              //LED0 对应引脚 GPIOF.9 拉低,灯亮,等同 LED0=0;
45. GPIO_SetBits(GPIOF,GPIO_Pin_1);
                              //LED1 对应引脚 GPIOF.10 拉高,灯灭,等同 LED1=1;
46. delay_ms(500);                //延时 300 ms
47. GPIO_SetBits(GPIOD,GPIO_Pin_0);
                              //LED0 对应引脚 GPIOF.0 拉高,灯灭,等同 LED0=1;
48. GPIO_ResetBits(GPIOD,GPIO_Pin_1);
                              //LED1 对应引脚 GPIOF.10 拉低,灯亮,等同 LED1=0;
49. delay_ms(500);                //延时 300 ms
50. }
51. }
52. /**下面代码是通过位带操作实现 IO 口控制**/
53. int main1(void)
54. {
55. SysTick_Initaize();
56. LEDInit();                    //初始化 LED 端口
57. while(1)
58. {
59. LED0 = LEDON; LED1 = LEDOFF; LED2 = LEDOFF; LED3 = LEDOFF; LED4 =
    LEDOFF; LED5=LEDOFF; LED6=LEDOFF; LED7=LEDOFF;//LED0 亮
60. delay_ms(BlinkLEDSpeed);
```

```
61. LED0 = LEDOFF; LED1 = LEDON; LED2 = LEDOFF; LED3 = LEDOFF; LED4 =
    LEDOFF; LED5 = LEDOFF; LED6 = LEDOFF; LED7 = LEDOFF;//LED1 亮
62. delay_ms(BlinkLEDSpeed);
63. LED0 = LEDOFF; LED1 = LEDOFF; LED2 = LEDON; LED3 = LEDOFF; LED4 =
    LEDOFF; LED5 = LEDOFF; LED6 = LEDOFF; LED7 = LEDOFF;//LED2 亮
64. delay_ms(BlinkLEDSpeed);
65. LED0 = LEDOFF; LED1 = LEDOFF; LED2 = LEDOFF; LED3 = LEDON; LED4 =
    LEDOFF; LED5 = LEDOFF; LED6 = LEDOFF; LED7 = LEDOFF;//LED3 亮
66. delay_ms(BlinkLEDSpeed);
67. LED0 = LEDOFF; LED1 = LEDOFF; LED2 = LEDOFF; LED3 = LEDOFF; LED4 = LEDON;
    LED5 = LEDOFF; LED6 = LEDOFF; LED7 = LEDOFF;//LED4 亮
68. delay_ms(BlinkLEDSpeed);
69. LED0 = LEDOFF; LED1 = LEDOFF; LED2 = LEDOFF; LED3 = LEDOFF; LED4 =
    LEDOFF; LED5 = LEDON; LED6 = LEDOFF; LED7 = LEDOFF;//LED5 亮
70. delay_ms(BlinkLEDSpeed);
71. LED0 = LEDOFF; LED1 = LEDOFF; LED2 = LEDOFF; LED3 = LEDOFF; LED4 =
    LEDOFF; LED5 = LEDOFF; LED6 = LEDON; LED7 = LEDOFF;//LED6 亮
72. delay_ms(BlinkLEDSpeed);
73. LED0 = LEDOFF; LED1 = LEDOFF; LED2 = LEDOFF; LED3 = LEDOFF; LED4 =
    LEDOFF; LED5 = LEDOFF; LED6 = LEDOFF; LED7 = LEDON;//LED7 亮
74. delay_ms(BlinkLEDSpeed);
75. }
76. }
77. /* * 下面代码是通过直接操作寄存器方式实现 IO 口控制 * */
78. int main(void)
79. {
80. SysTick_Initaize();
81. LEDInit();                    //初始化 LED 端口
82. while(1) TestIO3();           //TestIO3 也是基于寄存器操作 GPIO
83. while(1)
84. {
85. GPIOD->BSRRH = GPIO_Pin_0;          //LED0 亮
86. GPIOD->BSRRL = GPIO_Pin_1;          //LED1 灭
87. delay_ms(BlinkLEDSpeed);
88. GPIOD->BSRRL = GPIO_Pin_0;          //LED0 灭
89. GPIOD->BSRRH = GPIO_Pin_1;          //LED1 亮
90. delay_ms(BlinkLEDSpeed);
91. }
92. }
```

实验二十三　蜂鸣器驱动实验

一、实验目的

(1) 了解 STM32F4 的定时器与中断功能。

(2) 掌握 STM32F4 定时器的配置方法。

(3) 掌握使用定时器产生 PWM 输出的方法。

二、基本原理

蜂鸣器主要分为有源蜂鸣器和无源蜂鸣器两种，这里的有源、无源不是指电源，而是指有没有自带振荡电路。有源蜂鸣器自带振荡电路，一通电就会发声；无源蜂鸣器则没有自带振荡电路，必须由外部提供 2～5 kHz 的方波驱动，才能发声。

本实验扩展模块板所载的蜂鸣器是无源蜂鸣器(连接在 PE0 端)，见图 7-3。

脉冲宽度调制(PWM)，简称脉宽调制，是利用微处理器的数字输出对模拟电路进行控制的一种非常有效的技术。PWM 波形原理如图 7-4 所示。

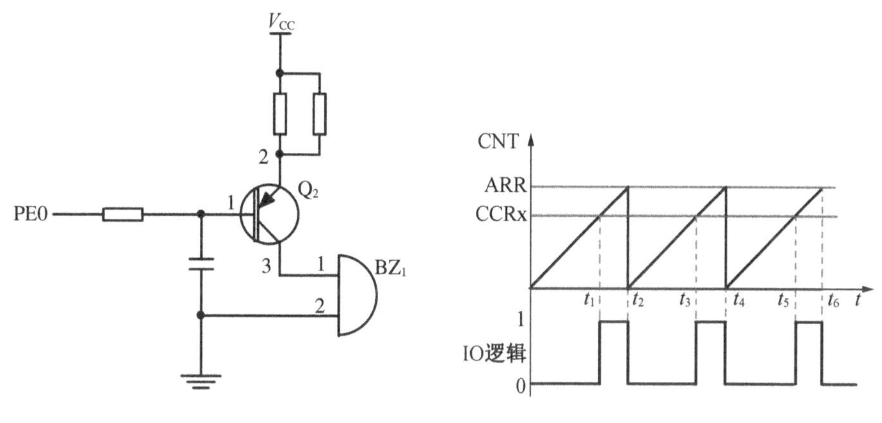

图 7-3　蜂鸣器电路原理图

图 7-4　PWM 波形原理图

假设定时器工作在向上计数 PWM 模式。当 CNT＜CCRx 时，输出为 0；当 CNT≥CCRx 时，输出为 1；当 CNT 达到 ARR 值时归零，然后重新向上计数，依次循环。

改变 CCRx 的值，就可以改变 PWM 输出的占空比；改变 ARR 的值，就可以改变 PWM 输出的频率。这就是 PWM 输出的基本原理。

STM32F4 的定时器中除了 TIM6 和 TIM7，其他定时器都可以用来产生 PWM 输出。高级定时器 TIM1 和 TIM8 可以同时产生多达 7 路的 PWM 输出，通用定时器能同时产生 4 路 PWM 输出。

用STM32F4的通用定时器TIMx产生PWM输出，需要3个寄存器来控制PWM。这3个寄存器分别是：捕获/比较模式寄存器(TIMx_CCMR1/2)、捕获/比较使能寄存器(TIMx_CCER)和捕获/比较寄存器(TIMx_CCR1～4)。

定时器相关的函数设置在库函数文件stm32f4xx_tim.h和stm32f4xx_tim.c中。实验中使用TIM14的CH1产生一路PWM输出。

通过库函数配置PWM功能的步骤：

① 开启TIM14和GPIO时钟，配置PF9选择复用功能AF9(TIM14)输出；

② 初始化TIM14，设置TIM14的ARR和PSC等参数；

③ 设置TIM14_CH1的PWM模式，使能TIM14的CH1输出；

④ 使能TIM14；

⑤ 修改TIM14_CCR1来控制占空比。

三、实验内容

通过程序控制实验模块板上的GPIO(PE0)，输出不同频率方波并驱动蜂鸣器，实现乐曲播放功能。

四、实验步骤

(1) 建立工程(名称自行设置，如PWM_1)。

(2) 编写主函数程序(参考流程图见图7-5)。

(3) 硬件连接。内部已连接，无需外部接线。

(4) 实验系统连接。Cortex-M4实验扩展模块通过J-link口与计算机连接，开关K0选择GPIO(拨向上)，可以直接采用USB供电，不需要接驳配套的实验箱。

(5) 调试并下载程序，执行程序，观察实验结果。

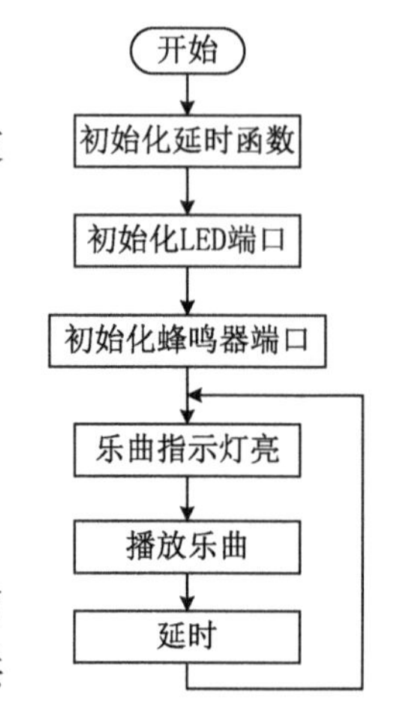

图7-5 蜂鸣器主函数流程图

五、实验扩展

播放一首自选乐曲。

六、参考程序

main.c

```
1. #include "sys.h"
2. #include "gpio_bitband.h"
3. #include "delay.h"
4. #include "SysTickDelay.h"
5. #include "beep.h"
6. #include "led.h"
```

```
7. int main(void)
8. {
9. u8 t=0;
10. SysTick_Initaize();                    //初始化延时函数
11. LEDInit();                             //初始化 LED
12. BEEP_Init();                           //初始化蜂鸣器端口
13. while(1)
14. {
15. LEDSet(~1);
16. MusicPlay(music1, time1);              //播放第 1 首乐曲
17. delay_ms(3000);
18. LEDSet(~2);
19. MusicPlay(music2, time2);              //播放第 2 首乐曲
20. delay_ms(3000);
21. LEDSet(~4);
22. MusicPlay(music3, time3);              //播放第 3 首乐曲
23. delay_ms(3000);
24. MusicPlay(music4, time4);              //播放第 4 首乐曲
25. delay_ms(3000);
26. MusicPlay1();
27. delay_ms(3000);
28. MusicPlay2();
29. delay_ms(3000);
30. }
31. while(1)
32. {
33. BEEP = 0;
34. delay_us(800);
35. BEEP = 1;
36. delay_us(800);
37. }
38. }
```

实验二十四　RTC 实时时钟实验

一、实验目的

(1) 掌握 STM32F407 内部 RTC 的使用方法。
(2) 了解 TFT 彩屏的工作原理、读写时序及控制命令。

二、基本原理

1. RTC 介绍

RTC 是 Real Time Clock 的简称,意为实时时钟。STM32 提供了一个秒中断源和一个闹钟中断源,修改计数器的值可以重新设置系统当前的时间和日期。

RTC 模块之所以具有实时时钟功能,是因为它内部有一个独立的定时器,通过配置,可以让它准确地每秒钟中断一次。实际上 RTC 只是一个定时器而已,掉电之后所有信息都会丢失,因此需要安排一个地方来存储这些信息,即备份寄存器。备份寄存器在掉电后仍然可以由纽扣电池供电,所以能时刻保存这些数据。

配置 RTC 前需要了解 BKP、PWR 及 RTC 的功能。

BKP:即后备区域,RTC 模块和时钟配置系统的寄存器是在后备区域,通过 BKP 后备区域来存储 RTC 配置的数据,可以在系统复位时或待机模式下唤醒 RCT 后,使 RTC 里面配置的数据维持不变。

PWR:为电源寄存器,需要使用电源控制寄存器(PWR_CR),通过使能 PWR_CR 的 DBP 位,来取消后备区域 BKP 的写保护。

RTC:由一组可编程计数器组成,其分为两个模块。

第一个模块是 RTC 的预分频模块,它可编程产生最长为 1 s 的 RTC 时间基准 TR_CLK。RTC 的预分频模块包含了一个 20 位的可编程分频器,TR_CLK 周期中 RTC 会产生一个中断(秒中断)。

第二个模块是一个 32 位的可编程计数器,可被初始化为当前的系统时间。系统时间按 TR_CLK 周期累加并与存储在 RTC_ALR 寄存器中的可编程时间相比较,如果 RTC_CR 控制寄存器中设置了相应允许位,比较匹配时,将产生一个闹钟中断。

STM32F4 的 RTC 日历时间(RTC_TR)和日期(RTC_DR)寄存器,用于存储时间和日期,可以通过与 PCLK1(APB1 时钟)同步的影子寄存器来访问,这些时间和日期寄存器也可以直接访问,这样可避免等待同步的持续时间。每隔两个 RTCCLK 周期,当前日历值便会复制到影子寄存器,并置位 RTC_ISR 寄存器的 RSF 位。我们可以读取 RTC_TR 和 RTC_DR 来得到当前的时间和日期信息,时间和日期都是以 BCD 码的格式存储的,读出来要转换一下,才可以得到十进制的数据。

2. TFT 彩屏介绍

薄膜晶体管液晶显示器(Thin Film Transistor Liquid Crystal Display，TFT-LCD)也被称为真彩液晶显示器。在液晶显示屏的每一个像素上都设置有一个薄膜晶体管(TFT)，能够有效地克服非选通时的串扰，使液晶显示屏的静态特性与扫描线数无关，大大提高了图像质量。

本实验系统所使用的是 2.8 in(1 in＝2.54 cm)TFT-LCD，该模块支持 65 K 色显示，显示分辨率为 320×240，接口为 16 位的并口，自带触摸屏。接口如图 7-6 所示。

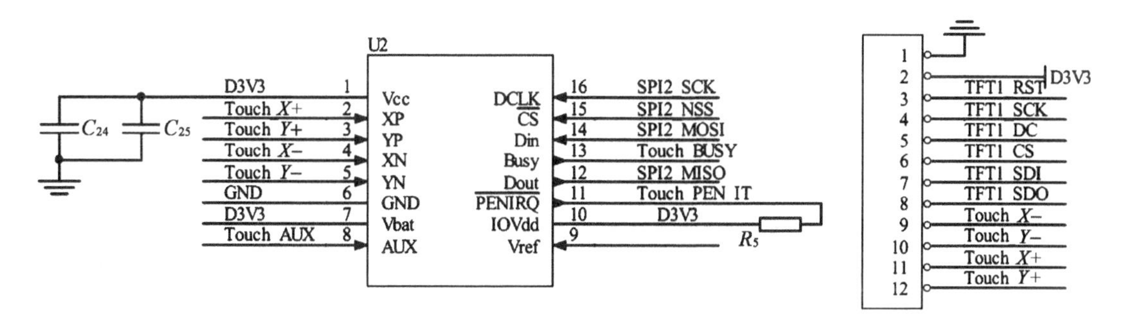

图 7-6 TFT 液晶屏电路原理图

TFT-LCD 液晶模块驱动芯片采用的是 ILI9341，ILI9341 是一个支持分辨率为 240RGB×320 点阵 a-TFT-LCD 的 262144 色单片驱动器。这个单片驱动器包含了一个 720 通道的源极驱动器(source driver)，一个 320 通道的栅极驱动器(gate driver)，172800 B 的 GRAM 用于显示 240RGB×320 分辨率的图片数据，并有一套电源支持电路。

ILI9341 提供 8 位/9 位/16 位/18 位的并行 MCU 数据总线，6 位/16 位/18 位 RGB 接口数据总线以及 3 或 4 线 SPI 接口(serial peripheral interface)。通过窗口地址函数将电影区域指定在 GRAM 内。这个指定的窗口区域可以被选择更新，因此电影能够同时被显示在静态图像的单独区域内。

ILI9341 的 IO 接口工作电压范围为 1.65～3.3 V，电压跟随电路用以产生驱动液晶显示器的电压。ILI9341 支持 full color、8-color 显示模式，支持由软件控制的精确电源睡眠模式。这些功能使 ILI9341 成为类似于移动电话和 MP3 等需要电池长效工作的中等或小尺寸便携产品的理想驱动器。

TFT-LCD 显示字符和数字需要的相关设置步骤如下：

(1) 设置 STM32F4 与 TFT-LCD 模块相连接的 IO

这一步先将与 TFT-LCD 模块相连的 IO 口初始化，以便驱动 LCD。

(2) 初始化 TFT-LCD 模块

首先对 LCD 进行硬复位，然后初始化序列，向 LCD 控制器写入一系列的设置值(比如伽马校准)，这些初始化序列一般由 LCD 供应商提供给客户，我们直接使用这些序列即可。在初始化之后，LCD 才可以正常使用。

(3) 通过函数将字符和数字显示到 TFT-LCD 模块上

这一步则通过设置坐标→写 RAM 指令→写 GRAM 来实现。但是这个步骤只是一个点的处理,我们要显示字符/数字,就必须要多次重复这个步骤,从而达到显示字符/数字的目的,所以需要设计一个函数来实现数字/字符的显示,之后调用该函数,就可以实现数字/字符的显示。

三、实验内容

利用 STM32F407 的内部 RTC 模块实现日期/时间的设置,并在 TFT 彩屏上显示。

四、实验步骤

(1) 建立工程(名称自行设置,如 RTC_1)。

(2) 编写主函数程序(参考流程图见图 7-6)。

(3) 硬件连接。内部已连接,无需外部接线。

(4) 实验系统连接。Cortex-M4 实验扩展模块通过 J-link 口与计算机连接,开关 K0 选择 GPIO(拨向上),接驳配套的实验箱(合上实验箱电源开关)。

(5) 调试并下载程序,执行程序,观察实验结果。

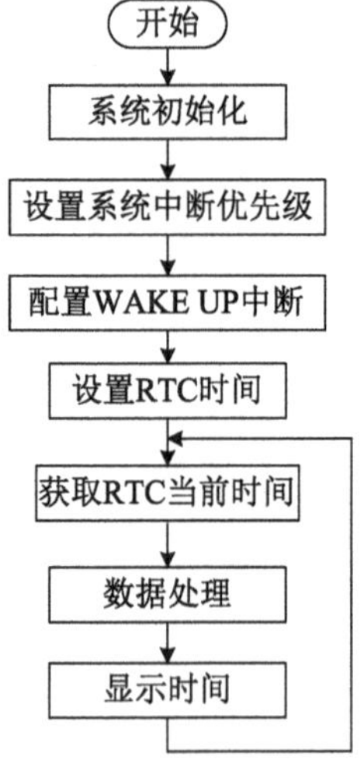

图 7-7 RTC 时钟主函数流程图

五、参考程序

main. c

```
1. #include "Kit_Config.h"
2. #include "delay.h"
3. #include "SysTickDelay.h"
4. #include "led.h"
5. #include "key.h"
6. #include "adc.h"
7. #include "rtc.h"
8. #include "timer.h"
9. #include "lcd_ILI9341.h"
10. #include "image.h"
11. //LCD 参数
12. extern _lcd_dev lcddev;//管理 LCD 重要参数
13. //LCD 的画笔颜色和背景色
14. extern u16  POINT_COLOR; //默认红色
15. extern u16  BACK_COLOR; //背景颜色默认为白色
16. #define DateX((240-25*8)/2)
17. #define DateY80
```

```
18. #define TimeXDateX+11*8
19. #define TimeYDateY
20. #define WeekXTimeX+9*8
21. #define WeekY       DateY
22. int main(void)
23. {
24. RTC_TimeTypeDef RTC_TimeStruct;
25. RTC_DateTypeDef RTC_DateStruct;
26. static u8 t=0, RTCCnt=0;
27. u8 tbuf[40];
28. NVIC_PriorityGroupConfig(NVIC_PriorityGroup_2); //设置系统中断优先级分组2
29. SysTick_Initaize();
30. lcddev.height=320;
31. lcddev.width=240;
32. LCD_Init();
33. LEDInit();
34. RTC_Init_My();
35. RTC_Set_WakeUp(RTC_WakeUpClock_CK_SPRE_16bits,0);//配置 WAKE UP 中
    断,1 s 中断一次
36. //RTC_Set_Date(20, 12, 4, 5);      /* 年(0~99),月(1~12),日(1~31),星期
    (1~7)如需设置日期,开放此行*/
37. //RTC_Set_Time(1, 0, 0, RTC_H12_PM);      /* 时(0~12 或 0~23), 分(0~59),
    秒(0~59), 如需设置时间,开放此行*/
38. LCD_Clear(WHITE);
39. while(1)
40. {
41. //显示时间
42. POINT_COLOR=BLUE;//设置字体为蓝色
43. if(RTCCnt==0)
44. {
45. LCD_ShowString(DateX,DateY,10*16,16,16,"20  - -  ");
46. LCD_ShowString(TimeX,TimeY,8*16,16,16, "  :   :   ");
47. //LCD_ShowString(WeekX,WeekY,8*16,16,16, "Week:     ");
48. RTCCnt = 0xff;
49. }
50. while(1)
51. {
52. t++;
```

```
53. if((t%10)==0)//每 100 ms 更新一次显示数据
54. {
55. RTC_GetTime(RTC_Format_BIN,&RTC_TimeStruct);
56. LCD_ShowNum(TimeX,TimeY,RTC_TimeStruct.RTC_Hours,2,16);
57. if(RTC_TimeStruct.RTC_Hours<10) LCD_ShowNum(TimeX,TimeY,0,1,16); //个
    位数前补零
58. LCD_ShowNum(TimeX+3*8,TimeY,RTC_TimeStruct.RTC_Minutes,2,16);
59. if(RTC_TimeStruct.RTC_Minutes<10) LCD_ShowNum(TimeX+3*8,TimeY,0,1,
    16); //个位数前补零
60. LCD_ShowNum(TimeX+6*8,TimeY,RTC_TimeStruct.RTC_Seconds,2,16);
61. if(RTC_TimeStruct.RTC_Seconds<10) LCD_ShowNum(TimeX+6*8,TimeY,0,1,
    16); //个位数前补零
62. RTC_GetDate(RTC_Format_BIN, &RTC_DateStruct);
63. LCD_ShowNum(DateX+2*8,DateY,RTC_DateStruct.RTC_Year,2,16);
64. LCD_ShowNum(DateX+5*8,DateY,RTC_DateStruct.RTC_Month,2,16);
65. if(RTC_DateStruct.RTC_Month<10) LCD_ShowNum(DateX+5*8,DateY,0,1,
    16);//个位数前补零
66. LCD_ShowNum(DateX+8*8,DateY,RTC_DateStruct.RTC_Date,2,16);
67. if(RTC_DateStruct.RTC_Date<10) LCD_ShowNum(DateX+8*8,DateY,0,1,16);
    //个位数前补零
68. //LCD_ShowNum(WeekX+5*8,WeekY,RTC_DateStruct.RTC_WeekDay,2,16);//
    星期为数字格式(1~7)
69. switch(RTC_DateStruct.RTC_WeekDay)          //星期为英文缩写格式(Sun~
    Sat)
70. {
71. case 1:
72. LCD_ShowString(WeekX,WeekY,5*8,16,16,"[Mon]");
73. break;
74. case 2:
75. LCD_ShowString(WeekX,WeekY,5*8,16,16,"[Tue]");
76. break;
77. case 3:
78. LCD_ShowString(WeekX,WeekY,5*8,16,16,"[Wed]");
79. break;
80. case 4:
81. LCD_ShowString(WeekX,WeekY,5*8,16,16,"[Thu]");
82. break;
```

```
83. case 5:
84. LCD_ShowString(WeekX,WeekY,5*8,16,16,"[Fri]");
85. break;
86. case 6:
87. LCD_ShowString(WeekX,WeekY,5*8,16,16,"[Sat]");
88. break;
89. case 7:
90. LCD_ShowString(WeekX,WeekY,5*8,16,16,"[Sun]");
91. break;
92. default:
93. LCD_ShowString(WeekX,WeekY,5*8,16,16,"[---]");
94. break;
95. }
96. }
97. if((t%20)==0)LED0=!LED0;//每 200 ms 翻转一次 LED0
98. delay_ms(10);
99. }
100. }
101. }
```

第八章

通 信 实 验

实验二十五　串口通信实验

一、实验目的

（1）了解 STM32F4 串口结构与功能。
（2）掌握 STM32F4 串口的设置与使用。

二、基本原理

STM32F407xx 内嵌 4 个通用同步/异步接收器（USART1、USART2、USART3 和 USART6）和两个通用异步收发器（UART4 和 UART5），这 6 个接口提供异步通信的 IrDA SIR ENDEC 支持、多机通信模式、单线半双工通信模式 LIN（主/从通信方式）。USART1 和 USART6 接口通信速度能够高达 10.5 Mb/s，其他接口通信速度能够达到 5.25 Mb/s。

USART1、USART2、USART3 和 USART6 还提供硬件管理 CTS（计算机辅助测试系统）、RTS（实时系统）信号，以及智能卡模式（ISO7816 兼容）和类似 SPI 的通信能力。所有接口都可以使用 DMA 控制器。

对于复用功能的 IO，首先要使能 GPIO 时钟和相应的外设时钟，同时要把 GPIO 模式设置为复用。然后设置串口初始化参数，包括波特率和停止位等。

以上设置完成后，接下来使能串口。如果我们开启了串口的中断，还要初始化 NVIC（内嵌向量中断控制器）设置中断优先级别。最后编写中断服务函数。

串口设置的一般步骤如下：

① 串口时钟使能，GPIO 时钟使能；
② 设置引脚复用器映射——调用 GPIO_PinAFConfig 函数；
③ GPIO 初始化设置——设置模式为复用功能；
④ 串口参数初始化——设置波特率、字长、奇偶校验等参数；
⑤ 开启中断并初始化 NVIC，使能中断（如果需要开启中断）；
⑥ 使能串口；
⑦ 编写中断处理函数。

三、实验内容

利用 STM32F407 内部的 USART 模块，接收计算机(PC 机)发送的数据，当接收到回车符结尾的字符串时，完成数据接收并将接收到的数据回送。具体步骤如下：

① 串口初始化；

② 通过串口发送数据；

③ 中断方式接收数据，并将接收到的数据回送。

四、实验步骤

(1) 建立工程(名称自行设置，如 SIO_1)。

(2) 编写主函数程序(参考流程图见图 8-1)。

(3) 硬件连接。内部已连接，无需外部接线。

(4) 实验系统连接。Cortex-M4 实验扩展模块通过 J-link 口与计算机连接，开关 K0 选择 GPIO(拨向上)，可以直接采用 USB 供电，不需要接驳配套的实验箱。

(5) 调试并下载程序，执行程序，观察实验结果。

(6) 如图 8-2 所示，打开串口调试助手，选择串口通信端口号，波特率设置为 115200 b/s，选中“加回车换行”，在下方空白处输入要发送的消息，点击“发送”按钮即可通信。

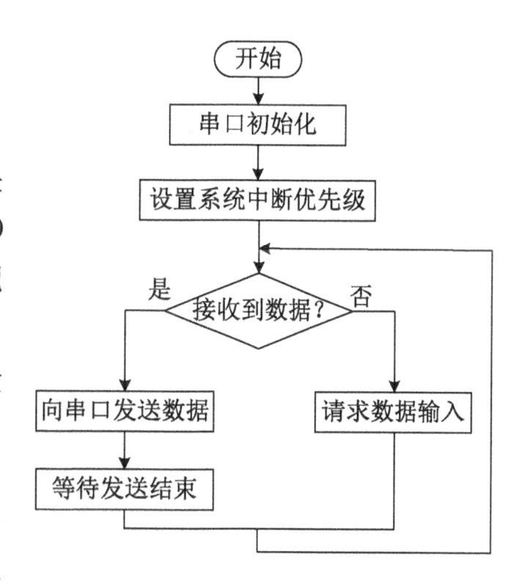

图 8-1　串口通信主函数流程图

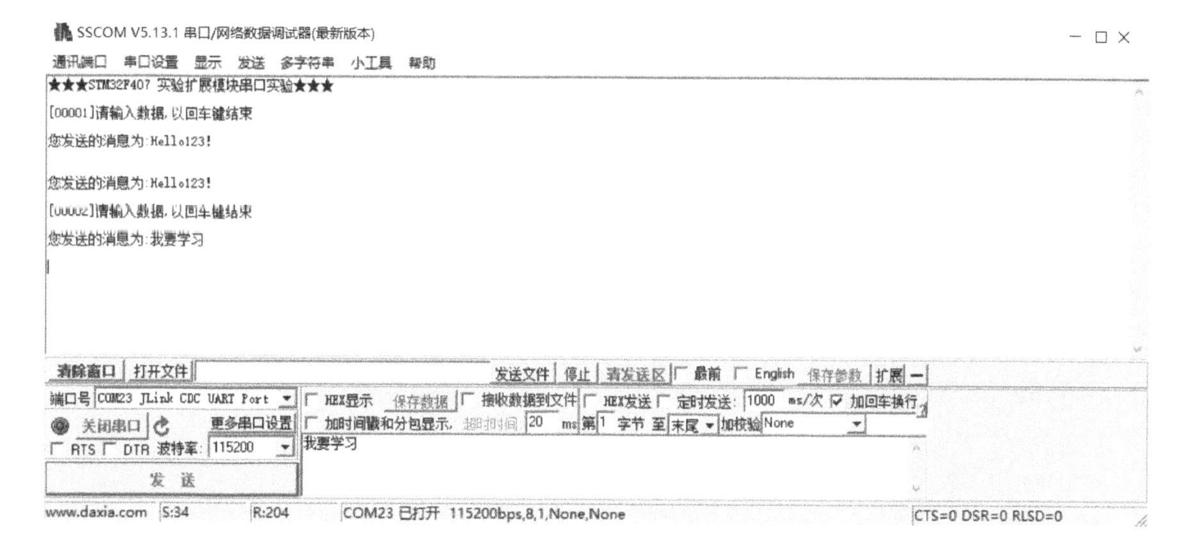

图 8-2　串口调试助手图

五、参考程序

main. c

```
1. #include "stm32f4xx.h"
2. #include <stdio.h>
3. #include "usart.h"
4. #include "delay.h"
5. #include "SysTickDelay.h"
6. #include "led.h"
7. int main(void)
8. {
9. u8 t;
10. u8 len;
11. u16 times=0;
12. u32 counter=0;
13. NVIC_PriorityGroupConfig(NVIC_PriorityGroup_2); //设置系统中断优先级分组 2
14. SysTick_Initaize();
15. uart_init(115200);//串口初始化波特率为 115200 b/s
16. LEDInit();
17. printf("★★★STM32F407 实验扩展模块串口实验★★★\r\n\r\n");
18. while(1)
19. {
20. if(USART_RX_STA&0x8000)
21. {
22. len=USART_RX_STA&0x3fff; //得到此次接收到的数据长度
23. //printf("\r\n 您发送的消息为: \r\n");
24. printf("\r\n 您发送的消息为: \r\n");
25. for(t=0;t<len;t++)
26. {
27.USART_SendData(USART1, USART_RX_BUF[t]);        //向串口 1 发送数据
28.while(USART_GetFlagStatus(USART1,USART_FLAG_TC)!=SET); //等发送结束
29. }
30.printf("\r\n\r\n"); //插入换行
31.USART_RX_STA=0;
32.times=0;
33. }else
34. {
```

```
35.times++;
36.if(times%5000==0)
37.{
38.printf("\r\n\r\n★★★STM32F407 实验扩展模块 串口实验★★★\r\n\r\n");
39.}
40. if(times%500==0)
41.{
42.counter++;
43.printf("[%05d]请输入数据,以回车键结束\r\n",counter);
44.}
45.if(times%30==0)LED0=!LED0; //LED0 闪烁,提示系统正在运行
46.delay_ms(10);
47.}
48.}
49.}
```

实验二十六　网络通信实验

一、实验目的

(1) 了解 STM32F4 以太网模块结构与功能。

(2) 掌握 STM32F4 以太网控制器使用和 LWIP TCP/IP 协议栈设置。

二、基本原理

1. STM32F4 实现以太网通信的方式

一种方式是使用 STM32F407 芯片自带的内部以太网模块实现以太网通信;第二种方式是将串口与外部以太网模块连接,实现模拟以太网通信。

2. STM32F4 内部以太网模块简介

带专用 DMA 的 MAC 802.3(介质访问)控制器,支持介质独立接口(MII)和简化介质独立接口(RMII),并自带一个用于外部物理层(PHY)通信的串行管理接口(SMI)。通过一组配置寄存器,用户可以为 MAC 控制器和 DMA 控制器选择所需模式和功能。

STM32F4 内部以太网模块功能:

① 支持外部 PHY 接口,实现速率为 10～100 Mb/s 的数据传输;

② 通过符合 IEEE802.3 的 MII/RMII 接口与外部以太网 PHY 进行通信;

③ 支持全双工和半双工操作;

④ 帧的长度可通过编程改变,支持高达 16 KB 的巨型帧;

⑤ 帧间隔可通过编程改变(40～96 位时间,以 8 为步长);

⑥ 支持多种灵活的地址过滤模式;

⑦ 通过 SMI(MDIO)接口配置和管理 PHY 设备;

⑧ 支持以太网时间戳(参见 IEEE 1588—2008),提供 64 位时间戳;

⑨ 提供接收 FIFO 和发送 FIFO;

⑩ 支持 DMA。

3. EtherNet_CH9121 以太网模块简介

EtherNet_CH9121 是以 CH9121 以太网芯片为核心的以太网模块,可实现 TCP(传输控制协议)或 UDP(用户数据报协议)网络数据包与串口(TTL 电平)数据包的透明传输。作为一款多功能型嵌入式数据转换模块,其内部集成了硬件 TCP/IP 协议栈和以太网数据链路层(MAC)及物理层(PHY)。用户通过串口可以轻松地将终端接入网络,大大减少开发时间和开发成本。

EtherNet_CH9121 以太网模块可以通过串口或网络发送指令实时修改参数,也可以通过参数设置软件查询、修改参数。串口波特率支持 300～921 600 b/s。模块的工作模式有

TCP_Client 模式、TCP_Server 模式、UDP_Client 模式和 UDP_Server 模式四种。

该模块作为通用的串口转以太网透明传输设备，可以连接 51、AVR、PIC、ARM 等单片机(MCU)及其他串口(TTL)设备。

(1) TCP_Client 模式介绍

模块上电后根据已设置的网络参数主动连接到远程 TCP_Client 服务器的指定端口，并建立一个长连接，即可进行数据透明传输。服务器 IP 可以是互联网的固定 IP 或者局域网内的内网 IP，远程服务器 IP 对模块可见，即模块所在的 IP 可通过 Ping 命令连接远程服务器 IP。

(2) TCP_Server 模式介绍

模块上电后将根据已设置的网络参数监听设置的端口，有连接请求时响应并建立一个长连接，即可进行数据透明传输。该模式下，模块等待远程 TCP_Client 端口主动建立连接，这与 TCP_Client 模式的建立过程相反。

(3) UDP_Client 模式介绍

模块上电后将根据已设置的网络参数监听设置的端口，无需建立连接即可进行数据透明传输。模块只接收已设置目的 IP 的不同端口数据，其他 IP 发来的数据将被过滤掉。同时将关闭广播功能，使模块的抗干扰能力更强。

(4) UDP_Server 模式介绍

该模式与 UDP_Client 模式的区别在于不过滤 IP 地址，可接收所有 IP 地址发来的 UDP 数据，模块上电时默认将串口数据发送到设置的目的 IP，在接收到网络发来的 UDP 数据后实时将目的 IP 和目的端口修改成数据的源 IP 和端口，此后串口数据将转发到新的目的 IP 和目的端口。该模式具有与 UDP_Client 模式相同的关闭广播功能，该功能可使模块抗干扰能力更强。

注：UDP_Client 模式和 UDP_Server 模式下，网络发给模块的一帧数据最大为 1 472 B。根据以太网的规则，一帧以太网的数据帧大小为 46～1 500 B，数据帧的 IP 首部为 20 B，UDP 首部为 8 B，因此有效的数据长度最大为 1 472 B。用户使用时，如果数据大于 1 472 B，需要分帧发送。

三、实验内容

将 STM32F407 的串口与 Ethernet_CH9121 以太网模块连接，采用 TCP_Client 模式，实现 TCP 服务器、TCP 客服端、UDP 和 WEB 服务器等 4 个功能。

硬件框图见图 8-3。

图 8-3 基于 CH9121 透明传输模块的应用框图

四、实验步骤

(1) 建立工程(名称自行设置，如 WEB_1)。

(2) 编写主函数程序(参考流程图见图 8-4)。

(3) 硬件连接。用网线连接 EtherNet_CH9121 以太网模块和电脑,STM32F407 串口与 EtherNet_CH9121 以太网模块已经在实验系统内部连接。

(4) 实验系统连接。Cortex-M4 实验扩展模块通过 J-link 口与计算机连接,开关 K0 选择 GPIO(拨向上),接驳配套的实验箱(合上实验箱电源开关)。

(5) 参数设置。以 TCP_Client 模式为例,设置方法如下:

① 如图 8-5 所示,通过“CH9121 参数配置软件.exe”设置模块参数(根据 PC 机网络设置)。

工作模式:TCP_CLIENT 客户端模式;

网关 IP 地址:192.168.1.1;

子网掩码:255.255.255.0;

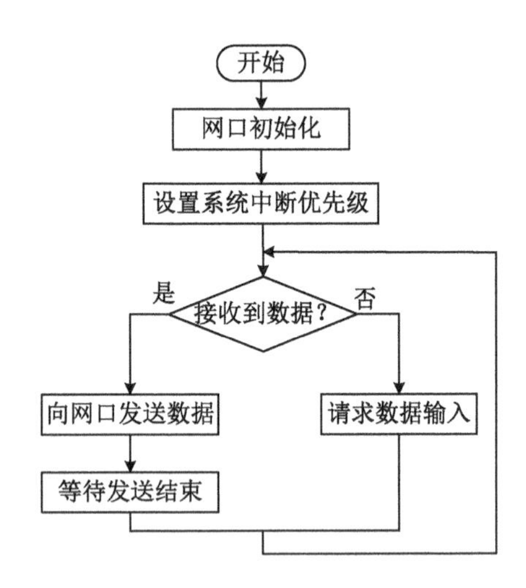

图 8-4 网络通信主函数流程图

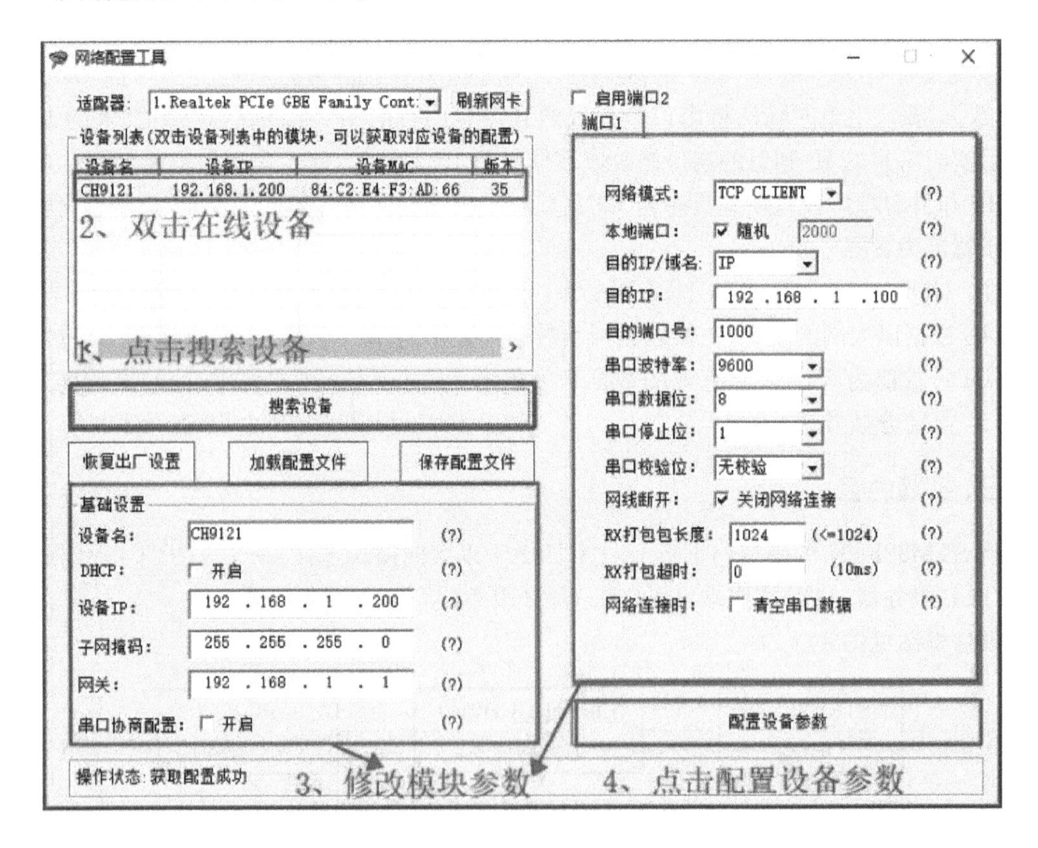

图 8-5 EtherNet_CH9121 模块参数设置图

模块 IP 地址:192.168.1.200;

模块端口号:随机;

模块目的 IP 地址（PC 机 IP）：192.168.1.100；

模块目的端口号：1000；

串口参数：波特率 9 600 b/s，数据位 8，停止位 1，无校验。

② 如图 8-6 所示，将“TCP-232 V1.11”测试软件中的串口参数设置成与模块串口参数一致，并打开串口（出厂默认：波特率 9 600 b/s，数据位 8，停止位 1，无校验）。

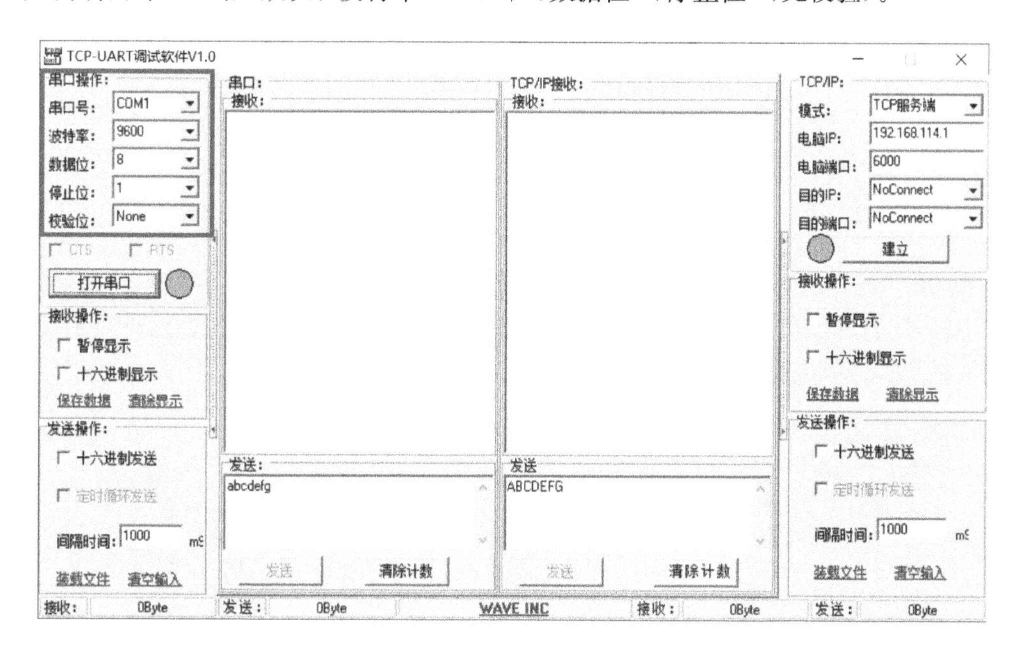

图 8-6　测试软件中串口参数设置图

③ 如图 8-7 所示，测试软件中的网络参数要与模块网络参数一致。

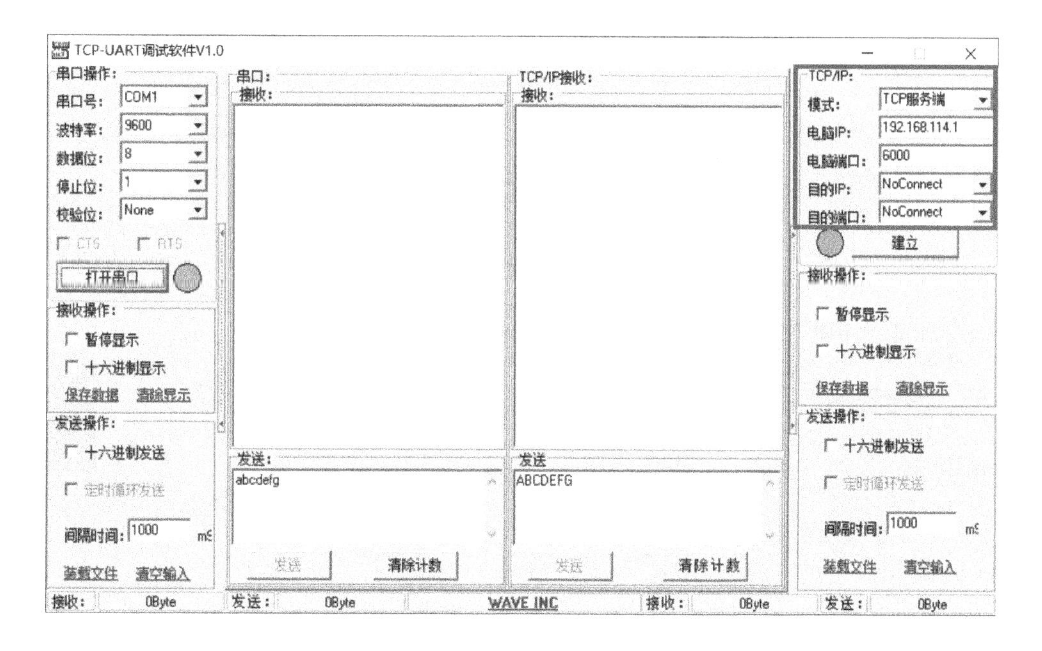

图 8-7　测试软件中网络参数设置图

TCP_Client 模式网络参数设置规则见表 8-1。

表 8-1　TCP_Client 模式网络参数设置表

参数	TCP-232-V 系列模块	TCP-232 V1.11 软件
工作模式	TCP_Client	TCP_Server
网关 IP 地址	与电脑网关相同	不用修改
子网掩码	与电脑掩码相同	不用修改
模块 IP 地址	局域网内唯一	无设置
模块端口号	0～65535	无设置
模块目的 IP	TCP_Server 服务器(电脑)IP	电脑 IP
模块目的端口号	0～65535(电脑端口)	电脑端口号

④ 如图 8-8 所示，设置好相关串口、网络参数后，点击“打开串口”和“建立”按键，如果软件中的“目的 IP”和“目的端口”出现模块的 IP 和端口，证明连接已经建立，即可实现串口与网络之间的透明传输。

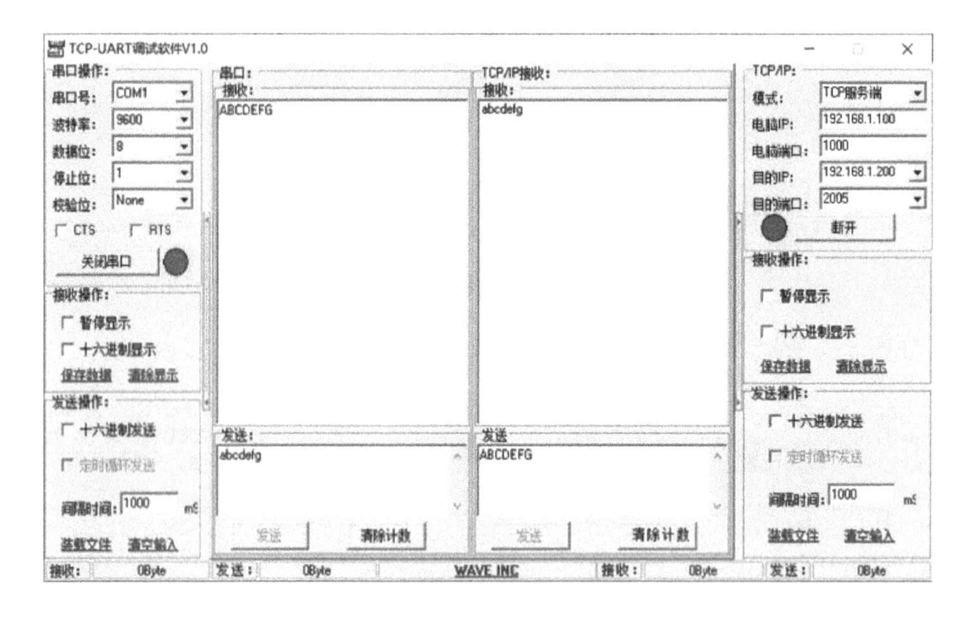

图 8-8　串口与网络之间透明传输图

(6) 调试并下载程序，执行程序，观察实验结果。

五、参考程序

main. c

```
1. #include "main.h"
2. u16 USART1_TX_CNT=0;            //发送计数器
3. u16 USART3_TX_CNT=0;            //发送计数器
```

```
4. int main(void)
5. {
6. u8 t;
7. u16 times=0;
8. u16 Ledbuf;
9. u16 Keybuf;
10. NVIC_PriorityGroupConfig(NVIC_PriorityGroup_2); //设置系统中断优先级分组2
11. ysTick_Initaize();
12. uart1_init(115200);          //串口 1 初始化波特率为 115200 b/s
13. uart3_init(9600);            //串口 3 初始化波特率为 9600 b/s
14. KEYInit();
15. LEDInit();
16. Ledbuf = 0;
17. LEDSet(Ledbuf);
18. printf("★★★STM32F407 实验扩展模块以太网实验★★★\r\n\r\n");
19. while(1)
20. {
21. Keybuf=KEYScan();
22. if(Keybuf)
23. {
24. while(KEYScan()!=0);
25. switch(Keybuf)
26. {
27. case 0x80:               //S8,进入配置模式.进入配置模式前,需要确认芯片是否已经启用
    串口配置功能,可以用配置软件查看、启用
28. {
29. LEDSet(1<<7);
30. #if USART3SendToUSART1_EN
31. USART_SendData(Sys_UART_NO, 0x11);
32. while(USART_GetFlagStatus(Sys_UART_NO, USART_FLAG_TC)!=SET); //等待
    发送结束
33. for(t=0;t<sizeof(CH9121_UART_Config_Into_Code1);t++)
34. {
35. USART_SendData(Sys_UART_NO, CH9121_UART_Config_Into_Code1[t]);
36. while(USART_GetFlagStatus(Sys_UART_NO, USART_FLAG_TC)!=SET); //等待
    发送结束
37. }
38. for(t=0;t<sizeof(CH9121_UART_Config_Into_Code2);t++)
39. {
```

```
40. USART_SendData(Sys_UART_NO, CH9121_UART_Config_Into_Code2[t]);
41. while(USART_GetFlagStatus(Sys_UART_NO, USART_FLAG_TC)!=SET); //等待
    发送结束
42. }
43. #endif
44. CH9121_UART_Config_Into();
45. break;
46. }
47. case 0x40:            //S7,退出配置模式
48. {
49. LEDSet(1<<6);
50. #if USART3SendToUSART1_EN
51. USART_SendData(Sys_UART_NO, 0x11);
52. while(USART_GetFlagStatus(Sys_UART_NO, USART_FLAG_TC)!=SET); //等待
    发送结束
53. for(t=0;t<sizeof(CH9121_UART_Config_Into_Code1);t++)
54. {
55. USART_SendData(Sys_UART_NO, CH9121_UART_Config_Exit_Code[t]);
56. while(USART_GetFlagStatus(Sys_UART_NO, USART_FLAG_TC)!=SET); //等待
    发送结束
57. }
58. #endif
59. CH9121_UART_Config_Exit();
60. break;
61. }
62. case 0x01:            //S1,读 MAC 地址
63. {
64. LEDSet(1<<1);
65. #if USART3SendToUSART1_EN
66. USART_SendData(Sys_UART_NO, 0x11);
67. while(USART_GetFlagStatus(Sys_UART_NO, USART_FLAG_TC)!=SET); //等待
    发送结束
68. for(t=0;t<sizeof(CH9121_MAC_CMD_Read_Code);t++)
69. {
70. USART_SendData(Sys_UART_NO, CH9121_MAC_CMD_Read_Code[t]);
71. while(USART_GetFlagStatus(Sys_UART_NO, USART_FLAG_TC)!=SET); //等待
    发送结束
72. }
73. #endif
```

```
74. CH9121_MAC_CMD_Read();
75. break;
76. }
77. case 0x02:            //S1,读 IP 地址
78. {
79. LEDSet(1<<2);
80. #if USART3SendToUSART1_EN
81. USART_SendData(Sys_UART_NO, 0x11);
82. while(USART_GetFlagStatus(Sys_UART_NO, USART_FLAG_TC)!=SET); //等
    待发送结束
83. for(t=0;t<sizeof(CH9121_IP_CMD_Read_Code);t++)
84. {
85. USART_SendData(Sys_UART_NO, CH9121_IP_CMD_Read_Code[t]);
86. while(USART_GetFlagStatus(Sys_UART_NO, USART_FLAG_TC)!=SET); //等
    待发送结束
87. }
88. #endif
89. CH9121_IP_CMD_Read();
90. break;
91. }
92. default: break;
93. }
94. }
95. while(USART1_TX_CNT<(USART1_RX_CNT_OV*USART1_REC_LEN + USART1_
    RX_CNT))
96. {
97. LEDSet(0);
98. if(USART1_TX_CNT>=USART1_REC_LEN)
99. {
100. USART1_TX_CNT = 0;
101. USART1_RX_CNT_OV--;
102. }
103. USART_SendData(Sys_UART_NO, USART1_RX_BUF[USART1_TX_CNT]);     //
    转发到 USART1
104. while(USART_GetFlagStatus(Sys_UART_NO, USART_FLAG_TC)!=SET);//等待
    发送结束
105. #if USART1RecvToUSART3_EN
106. USART_SendData(USART3, USART1_RX_BUF[USART1_TX_CNT]);
      //转发到 USART3(非 USART1)
```

```
107. while(USART_GetFlagStatus(USART3, USART_FLAG_TC)! = SET);        //
     等待发送结束
108. #endif
109. USART1_TX_CNT++;
110. }
111. while(USART3_TX_CNT<(USART3_RX_CNT_OV*USART3_REC_LEN + USART3
     _RX_CNT))
112. {
113. LEDSet(0);
114. if(USART3_TX_CNT>=USART3_REC_LEN)
115. {
116. USART3_TX_CNT = 0;
117. USART3_RX_CNT_OV--;
118. }
119. #if USART3RecvToUSART1_EN
120. USART_SendData(Sys_UART_NO, USART3_RX_BUF[USART3_TX_CNT]);      //
     转发到 USART1(非 USART3)
121. while(USART_GetFlagStatus(Sys_UART_NO, USART_FLAG_TC)! = SET);
     //等待发送结束
122. #endif
123. USART_SendData(USART3, USART3_RX_BUF[USART3_TX_CNT]);     //转发到
     USART3
124. while(USART_GetFlagStatus(USART3, USART_FLAG_TC)! = SET);      //等待
     发送结束
125. USART3_TX_CNT++;
126. }
127. if(times++%30==0)LED0=!LED0;//LED0 闪烁,提示系统正在运行
128. delay_ms(10);
129. }
130. }
```

第九章

A/D 转换实验

实验二十七　片外 ADC 实验

一、实验目的

（1）掌握 A/D 转换器数据采集的方法。

（2）掌握 ADC0809 的接口设计及相关软件的编程方法。

二、基本原理

A/D 转换器大致有三类：第一类是双积分 A/D 转换器，这类转换器精度高、抗干扰性好、价格便宜、但速度慢；第二类是逐次逼近 A/D 转换器，这类转换器精度、速度、价格适中；第三类是并行 A/D 转换器，这类转换器速度快、价格昂贵。

ADC0809 为逐次逼近型 8 位 8 通道 A/D 转换器，时钟频率为 1 MHz 时转换时间大约为 100 μs。ADC0809 转换结束后会自动产生 $\overline{\text{EOC}}$ 信号，CPU 可以采用查询方式（查询 $\overline{\text{EOC}}$ 信号）或中断方式（将 $\overline{\text{EOC}}$ 信号作为外部中断申请）读取转换结果。本实验采用延时查询方式读入 A/D 转换结果。

图 9-1 为 ADC0809 接口原理图。8 个通道的地址由片选信号 $\overline{\text{A/D\_CS}}$ 和地址线（A2、A1、A0）确定。

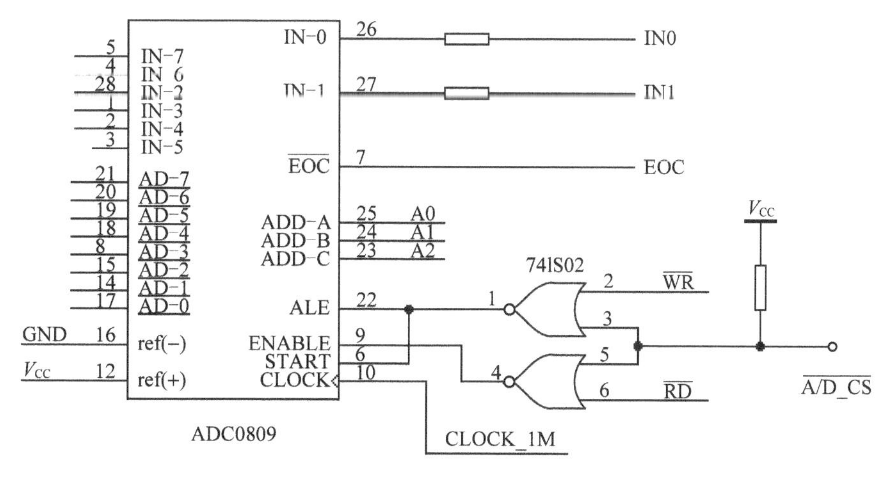

图 9-1　ADC0809 接口原理图

ADC0809 工作方式：向某通道写入任意数（假写）以启动该通道，转换结束后，读取该通道的转换结果。

三、实验内容

利用 ADC0809 实现 A/D 转换，将 0～5 V 模拟量转换成数字量，并在 LED 显示器上显示。

四、实验步骤

(1) 建立工程（名称自行设置，如 ADC_0809）。

(2) 编写主函数（参考流程图见图 9-2）。

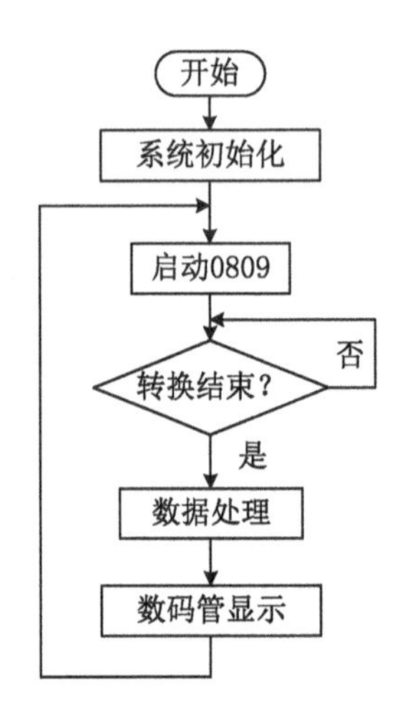

图 9-2　主函数参考流程图

(3) 硬件连接见表 9-1。

表 9-1　硬件连接表

序号	连接孔 1	连接孔 2
1	$\overline{\text{CS0}}$	$\overline{\text{LED\_CS}}$
2	$\overline{\text{CS1}}$	$\overline{\text{KEY/LED\_CS}}$
3	电位器输出(0～5 V)	ADC0809“IN0”口

(4) 实验系统连接

Cortex-M4 实验扩展模块通过 J-link 口与计算机连接，开关 K0 选择 BUS（拨向下），接驳配套的实验箱（合上实验箱电源开关），实验箱 LED 显示器驱动方式选择内驱。

(5) 调试并下载程序，执行程序，观察实验结果，按表 9-2 的格式记录实验结果。

表 9-2　实验数据表

电压/V	0.0	0.5	1.5	2.5	3.5	4.5	5.0
数字量							

五、实验扩展

分析 ADC0809 模数转换器的分辨率、误差，并分析误差产生的原因。

六、参考程序

main.c

```
1. #include "STM32F10x_BUS.H"                /* definitions for simulating BUS */
2. #include "EXT_ADC0809.h"
3. #include "EXT_8SEG_KEY.h"
4. #include "kit_config.h"
5. #define TCS    PBout(12)       //PC13 CS
6. int main(void)
7. {
8. BYTE ADCdata = 0;
9. BUSGPIOInit();
10. #define BusDataPort GPIOE    /*8 位数据总线*/
11. #define BusCtrlPortGPIOC     /*总线控制信号*/
12. #define BUS_A0         PCout(0)
13. #define BUS_A1         PCout(1)
14. #define BUS_A2         PCout(2)
15. #define BUS_A12        PCout(3)
16. #define BUS_A13        PCout(4)
17. #define BUS_A14        PCout(5)
18. #define BUS_A15        PCout(6)
19. #define BUS_nWR        PCout(7)
20. #define BUS_nRD        PCout(8)
21. #define BUS_D0         PEout(8)
22. #define BUS_D1         PEout(9)
23. #define BUS_D2         PEout(10)
24. #define BUS_D3         PEout(11)
25. #define BUS_D4         PEout(12)
26. #define BUS_D5         PEout(13)
27. #define BUS_D6         PEout(14)
28. #define BUS_D7         PEout(15)
29. /* PE8 ~ PE15 set to input */
30. BusDataPort->MODER&=0x0000ffff;   //先清除原来的设置
31. BusDataPort->MODER|=0x00000000;   //输入模式,2bit 模式选择,0 表示输入(系
    统复位默认状态);1 表示普通输出;2 表示复用功能;3 表示模拟输入
32. BusDataPort->PUPDR&=0x0000ffff;   //先清除原来的设置
```

```
33. BusDataPort->PUPDR|=0x00000000;  //设置新的上下拉，0 表示不带上下拉；1 表示上拉；2 表示下拉；3 表示保留
34. BUS_nRD = 0;
35. BUS_nRD = 1;
36. /* PE8 ~ PE15 set to output */
37. BusDataPort->MODER&=0x0000ffff;  //先清除原来的设置
38. BusDataPort->MODER|=0x55550000;  //输出模式，2bit 模式选择，0 表示输入(系统复位默认状态)；1 表示普通输出；2 表示复用功能；3 表示模拟输入
39. BusDataPort->PUPDR&=0x0000ffff;  //先清除原来的设置
40. BusDataPort->PUPDR|=0x55550000;  //设置新的上下拉，0 表示不带上下拉；1 表示上拉；2 表示下拉；3 表示保留
41. BUS_nWR = 0;
42. BUS_nWR = 1;
43. BUS_A13 = 0;
44. BUS_A13 = 1;
45. BUS_A13 = 0;
46. BUS_A13 = 1;
47. BusDataPort->ODR &= 0xffff00ff;
48. BusDataPort->ODR |= 0x55<<8;
49. BusDataPort->ODR &= 0xffff00ff;
50. BusDataPort->ODR |= 0xaa<<8;
51. BusCtrlPort->ODR &= 0xffffff80;
52. BusCtrlPort->ODR |= 0x55&0x7f;
53. BusCtrlPort->ODR &= 0xffffff80;
54. BusCtrlPort->ODR |= 0xaa&0x7f;
55. LEDBuf[0] = LEDMAP[0x0A];     //左 4 位显示"ADC-"
56. LEDBuf[1] = LEDMAP[0x0D];
57. LEDBuf[2] = LEDMAP[0x0C];
58. LEDBuf[3] = LEDMAP[0x1A];
59. LEDBuf[4] = 0x00;
60. LEDBuf[5] = 0x00;
61. while (1) {
62. DisplayLED();
63. ADCdata = Read0809();
64. LEDBuf[4] = LEDMAP[ADCdata>>4 & 0xf];     //右 2 位显示 ADC 转换值高 8 位
65. LEDBuf[5] = LEDMAP[ADCdata & 0x0f];
66. }
67. }
```

实验二十八　片上 ADC 实验

一、实验目的

(1) 了解 STM32 片内 ADC 的结构和功能。

(2) 掌握片内 ADC 的工作模式、转换顺序和采样时间等。

二、基本原理

STM32F4 系列一般有 3 个 ADC,这些 ADC 可以独立使用,也可以使用双重/三重模式以提高采样率。STM32F4 的 ADC 是 12 位逐次逼近型模数转换器,它有 19 个通道,可测量 16 个外部源、2 个内部源和 Vbat 通道的信号。这些通道的 A/D 转换可以单次、连续、扫描或间断模式执行。ADC 的结果可以左对齐或者右对齐的方式存储在 16 位数据寄存器中。模拟看门狗特性允许应用程序检测输入电压是否超出用户定义的高/低阈值。

STM32F4 的 ADC 最大的转换频率为 2.4 MHz,也就是转换时间为 0.41 μs(在 ADC CLK 为 36 MHz、采样周期为 3 个 ADC 时钟下得到),ADC CLK 不能超过 36 MHz,否则转换结果准确度会下降。

STM32F4 将 ADC 的转换分为两个通道组:规则通道组和注入通道组。规则通道相当于正常运行的主程序,而注入通道相当于中断服务程序。当规则通道正常执行的时候,注入通道可以打断规则通道的转换进程,在注入通道转换完成之后,规则通道才得以继续转换。

下面介绍通过使用库函数设置 ADC 的通道 0(输入口 PA3),进行 A/D 转换的步骤。这里需要说明一下,使用到的库函数分布在 stm32f4xx_adc.c 文件和 stm32f4xx_adc.h 文件中。详细设置步骤如下:

(1) 开启 PA 口时钟和 ADC 时钟,设置通道 0 为模拟输入。对于 IO 口复用为 ADC,要将模式设置为模拟输入,而不是复用功能,也不需要调用 GPIO_PinAFConfig 函数来设置引脚映射关系。

(2) 设置 ADC 的通用控制寄存器 CCR,配置 ADC 输入时钟分频,模式选择独立模式。

(3) 初始化 ADC0 参数,设置 ADC0 的转换分辨率、转换方式、对齐方式,以及规则序列等相关信息。

(4) 开启 A/D 转换器。

(5) 读取 ADC 值。

通过以上几个步骤的设置,我们就能正常使用 STM32F4 的 ADC0 来执行 A/D 转换操作。

三、实验内容

利用 STM32 内部 12 位 ADC 实现 A/D 转换,将 0～3.3 V 模拟量转换成数字量,并在

TFT 显示器上显示。

四、实验步骤

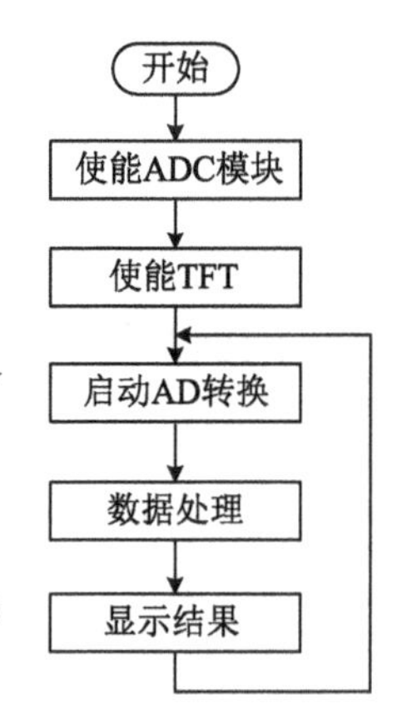

图 9-3 主程序流程图

(1) 建立工程(名称自行设置,如 ADC_12)。

(2) 编写主函数程序(参考流程图见图 9-3)。

(3) 硬件连接

电位器输出(0～5 V)连接 PA3(ADC 输入端 IN0 已接入 3.3 V 限压电路)。

(4) 实验系统连接

Cortex-M4 实验扩展模块通过 J-link 口与计算机连接,开关 K0 选择 GPIO(拨向上),接驳配套的实验箱(合上实验箱电源开关)。

(5) 调试并下载程序,观察实验结果,按表 9-3 格式记录实验结果。

表 9-3 实验数据表

电压/V	0.0	0.5	1.5	2.5	3.0	3.3
数字量						

五、实验扩展

将本实验结果与 ADC0809 的实验结果进行比较,比较二者的精度,并进行分析。

六、参考程序

main.c

```
1. #include "sys.h"
2. #include "gpio_bitband.h"
3. #include "delay.h"
4. #include "SysTickDelay.h"
5. #include "usart.h"
6. #include "led.h"
7. #include "lcd_ILI9341.h"
8. #include "stm32f4xx.h"
9. #include <stdio.h>
10. #include "adc.h"
11. int main(void)
12. {
13. u8 t=0;
14. static u16 adcx;
```

```
15. float vol;
16. NVIC_PriorityGroupConfig(NVIC_PriorityGroup_2);  //设置系统中断优先级分组2
17. SysTick_Initaize();                     //初始化延时函数
18. LEDInit();                              //初始化 LED
19. lcddev.height=320;
20. lcddev.width=240;
21. LCD_Init();
22. LCD_Clear(WHITE);
23. BACK_COLOR=WHITE;
24. POINT_COLOR=RED;      //设置字体为红色
25. LCD_ShowString((240-9*8)/2,50,200,16,16,"STM32F407");
26. LCD_ShowString((240-11*8)/2,70,200,16,16,"ADC on chip");
27. POINT_COLOR=MAGENTA;//设置字体为紫红色
28. LCD_ShowString((240-11*8)/2,130,200,16,16,"Vol:       . ");
29. LCD_ShowString((240-11*8)/2,150,200,16,16,"Dig:     ");
30. NVIC_PriorityGroupConfig(NVIC_PriorityGroup_2);  //设置系统中断优先级分组2
31. SysTick_Initaize();
32. LEDInit();           //初始化 LED
33. ADCInit();           //初始化 ADC
34. while(1)
35. {
36. adcx=Get_Adc_Average(ADC_Channel_3,20); //[电位器]获取 ADC 通道 8(PB0)的
    转换值,20 次,取平均
37. vol=(float)adcx/4095.0*3.3;
38. LCD_ShowNum((240-11*8)/2+5*8+8,130,(u16)vol,3,16);          //显示电压值
39. LCD_ShowNum((240-11*8)/2+5*8+40,130,(vol-(u16)vol)*10000,4,16);
                                                                 //显示小数部分
40. LCD_ShowNum((240-11*8)/2+5*8+40,150,adcx,4,16);             //显示数字量
41. delay_ms(10);
42. t++;
43. if(t==20)
44. {
45. t=0;
46. LED0=!LED0;
47. }
48. }
49. }
```

第十章

应用实验

实验二十九　字符、汉字和图片显示实验

一、实验目的

（1）了解 TFT 彩屏的工作原理、读写时序及控制命令。
（2）掌握 TFT 彩屏字符、汉字和图片显示。

二、基本原理

1. 汉字显示原理

汉字在液晶上的显示原理与字符显示是一样的，实质就是一些点的显示与不显示。要显示汉字，首先要知道汉字的点阵数据，这些数据可以由专门的软件生成。知道了汉字点阵的生成方法，就可以在程序里面把这个点阵数据解析成一个汉字。

汉字在各文件里面不是以点阵数据的形式存储的（否则占用空间太大），而是以内码的形式存储的，如 GB2312、GBK、BIG5 等格式。每个汉字对应一个内码，可根据内码在字库里面找到点阵数据，然后在液晶上显示出来。

汉字显示的流程如下：汉字内码（GBK/GB2312）→查找点阵库→解析→显示。

2. 图片显示原理

最常用的图片格式有三种：JPEG（或 JPG）、BMP 和 GIF。其中 JPEG（或 JPG）和 BMP 格式的图片是静态图片，GIF 格式的图片可以是动态图片，图片信息同样可以利用点阵数据存储和显示。

3. 字模生成

本实验采用 Zimo21 软件生成字模，打开软件后，在参数设置菜单中，单击“文字输入区字体选择”，在弹出的字体对话框中可以对字符的字体进行设置，如图 10-1 所示。

在参数设置菜单中，单击“其他选项”，按照图 10-2 进行设置。

设置完成后，在文字输入区中输入要显示的字符，按“Ctrl”＋“Enter”键。取模方式设置为 C51 格式，即可在点阵生成区获得该字符的点阵信息，如图 10-3 所示。

图 10-1　字体设置图

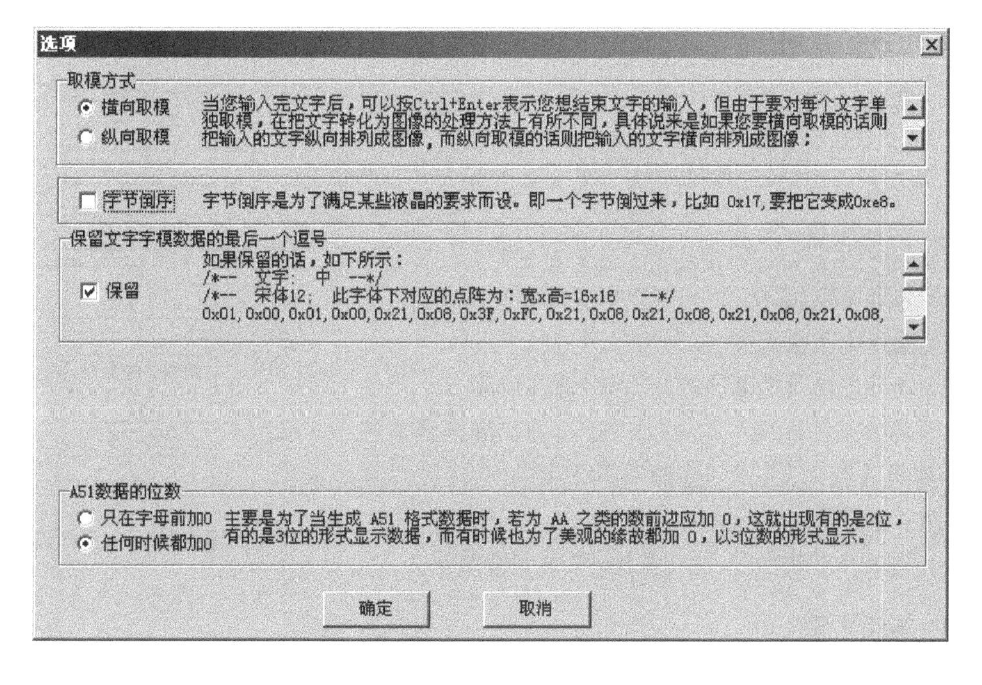

图 10-2　选项设置图

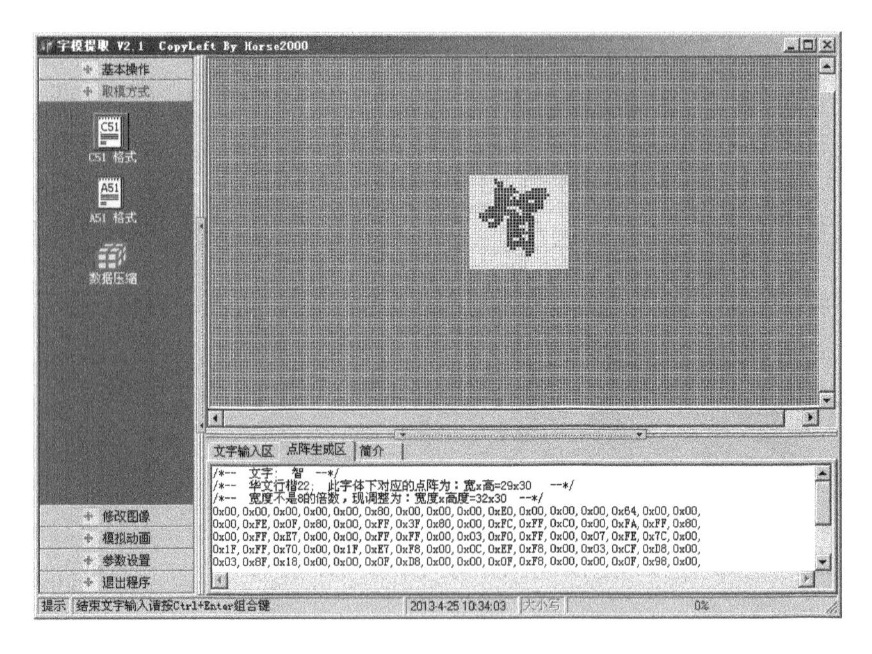

图 10-3　字模生成图

由于生成的字模宽度为 32，高度为 30，为了将高度方向调整为 32，需在取出的字模最后添加 8 个 0x00。

本实验将所有字模放在头文件 GB3232.h 中，需要显示某字符时，将对应字符的点阵信息添加到该头文件即可。

三、实验内容

使用 TFT 彩屏显示字符、汉字(如：STM32 扩展)和图片。

四、实验步骤

(1) 建立工程(名称可自行设置，如 LCD_TFT)。

(2) 编写主函数程序(参考流程图见图 10-4)。

(3) 硬件连接。内部已连接，无需外部接线。

(4) 实验系统连接。Cortex-M4 实验扩展模块通过 J-link 口与计算机连接，开关 K0 选择 GPIO(拨向上)，可以直接采用 USB 供电，不需要接驳配套的实验箱。

(5) 调试并下载程序，执行程序，观察实验结果。

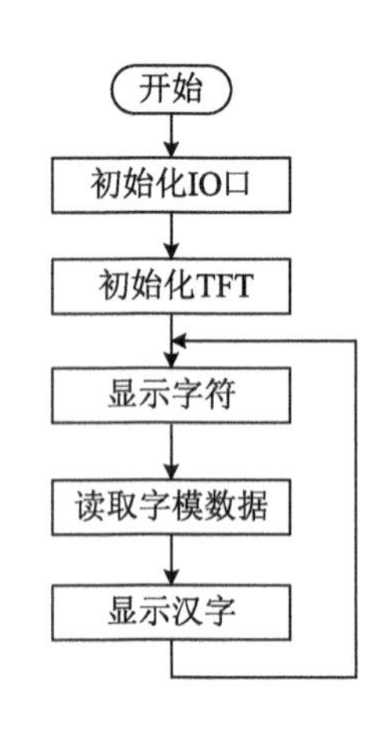

图 10-4　主函数流程图

五、实验扩展

分析参考程序，试修改程序，使用 TFT 彩屏显示自己的学号、姓名及自选图片，自选图片显示在学号、姓名下方。

六、参考程序

参考驱动文件夹 TFT 中包含的文件及其属性见表 10-1：

表 10-1 驱动文件夹中包含的文件及其属性表

文件	属性
8×8h. h	8×8 字库
8×16. h	8×16 字库(英文字库)
GB1616. h	16×16 字库(中文字库)
GB3232. h	32×32 字库(中文字库)
bitband. h	位带操作驱动
S6D0144_8bit. c/. h	S6D0144 彩屏驱动
TFT. c/. h	彩屏端口定义及初始化,包含彩屏驱动

main. c

```
1. #include "delay.h"
2. #include "lcd_ILI9341.h"
3. #include "image.h"
4. #include "key.h"
5. #include "led.h"
6. #include "usart.h"
7. #include "touch.h"
8. #include "eeprom.h"
9. extern u8 datatemp[32];
10. #define LCD_W 240
11. #define LCD_H 320
12. //LCD 参数
13. extern  lcd dev lcddev;//管理 LCD 重要参数
14. //LCD 的画笔颜色和背景色
15. extern u16  POINT_COLOR; //默认为红色
16. extern u16  BACK_COLOR; //背景颜色,默认为白色
17. u8 xx=0;
18. u8 state=0;
19. u8 idfind(u8 *buf,u8 *val,u8 len);
20. void Load_Drow_Dialog(void)
21. {
22. LCD_Clear(WHITE); //清屏
```

```
23. POINT_COLOR=BLUE; //设置字的颜色为蓝色
24. LCD_ShowString(lcddev.width-24,0,200,16,16,"CLR"); //显示清屏区域
25. POINT_COLOR=RED; //设置字的颜色为红色
26. }
27. void ShowTitle(void)
28. {
29. u16 i;
30. LCD_Clear(WHITE);
31. BACK_COLOR=WHITE;
32. POINT_COLOR=BLACK;
33. i = (240-7*32)/2;
34. showhanzi(i+0*32, 0, 0);
35. showhanzi(i+1*32, 0, 1);
36. showhanzi(i+2*32, 0, 2);
37. showhanzi(i+3*32, 0, 3);
38. showhanzi(i+4*32, 0, 4);
39. showhanzi(i+5*32, 0, 5);
40. showhanzi(i+6*32, 0, 6);
41. BACK_COLOR=WHITE;
42. POINT_COLOR=RED;
43. i = (240-10*8)/2;
44. LCD_ShowString(i,32,240,16,16,(u8*)"1234567890");
45. BACK_COLOR=MAGENTA;
46. POINT_COLOR=GREEN;
47. i = (240-26*8)/2;
48. LCD_ShowString(i,48,240,16,16,(u8*)"abcdefghijklmnopqrstuvwxyz");
49. BACK_COLOR=BLACK;
50. POINT_COLOR=RED;
51. i = (240-26*8)/2;
52. LCD_ShowString(i,64,240,16,16,(u8*)"ABCDEFGHIJKLMNOPQRSTUVWXYZ");
53. BACK_COLOR=WHITE;
54. POINT_COLOR=BLUE;
55. i = (240-29*8)/2;
56. LCD_ShowString(i,320-1-16,240,16,16,(u8*)"TFT Module Driver IC:
    ILI9341");
57. }
58. void NVIC_Configuration(void)
```

```
59. {
60. NVIC_PriorityGroupConfig(NVIC_PriorityGroup_2);//设置 NVIC 中断分组 2:2 位抢
    占优先级,2 位响应优先级
61. }
62. ///////////////////////////////////////////////////////////////////////////
    ////////
63. //5 个触控点的颜色
64. //电阻触摸屏测试函数
65. void rtp_test(void)
66. {
67. u8 key;
68. u8 i=0;
69. while(1)
70. {
71. key=KEYScan();
72. tp_dev.scan(0);
73. if(tp_dev.sta&TP_PRES_DOWN)          //触摸屏被按下
74. {
75. if(tp_dev.x[0]<lcddev.width&&tp_dev.y[0]<lcddev.height)
76. {
77. if(tp_dev.x[0]>(lcddev.width-24)&&tp_dev.y[0]<16)Load_Drow_Dialog(); //
    清除
78. else TP_Draw_Big_Point(tp_dev.x[0],tp_dev.y[0],RED);          //画图
79. }
80. }else delay_ms(10);      //没有按键按下的时候
81. if(key==S1_PRES)      //KEY0 按下,则执行校准程序
82. {
83. LCD_Clear(WHITE); //清屏
84. TP_Adjust();  //屏幕校准
85. TP_Save_Adjdata();
86. Load_Drow_Dialog();
87. }
88. if(key==S8_PRES) //KEY8 按下,则清屏
89. {
90. LCD_Clear(WHITE); //清屏
91. Load_Drow_Dialog();
92. }
```

```
93. i++;
94. if(i%20==0)LED0=!LED0;
95. }
96. }
97. const u16 POINT_COLOR_TBL[CT_MAX_TOUCH]={RED,GREEN,BLUE,BROWN,
    GRED};
98. void USART_Config(void)
99. {
100. USART_InitTypeDef USART_InitStructure;
101. USART_ClockInitTypeDef USART_ClockInitStructure;
102. USART_DeInit(USART1);
103. USART_ClockInitStructure.USART_Clock = USART_Clock_Disable;
104. USART_ClockInitStructure.USART_CPOL = USART_CPOL_Low;
105. USART_ClockInitStructure.USART_CPHA = USART_CPHA_1Edge;
106. USART_ClockInitStructure.USART_LastBit = USART_LastBit_Disable;//
     USART_LastBit_Enable;
107. USART_ClockInit(USART1, &USART_ClockInitStructure);
108. USART_InitStructure.USART_BaudRate = 9600;
109. USART_InitStructure.USART_WordLength = USART_WordLength_8b;
110. USART_InitStructure.USART_StopBits = USART_StopBits_1;
111. USART_InitStructure.USART_Parity = USART_Parity_No;
112. USART_InitStructure.USART_Mode = USART_Mode_Rx | USART_Mode_Tx;
113. USART_InitStructure.USART_HardwareFlowControl =
     USART_HardwareFlowControl_None;
114. USART_Init(USART1, &USART_InitStructure);
115. USART_ITConfig(USART1, USART_IT_RXNE, ENABLE);
116. USART_Cmd(USART1, ENABLE);
117. USART_DeInit(USART2);
118. USART_ClockInitStructure.USART_Clock = USART_Clock_Disable;
119. USART_ClockInitStructure.USART_CPOL = USART_CPOL_Low;
120. USART_ClockInitStructure.USART_CPHA = USART_CPHA_1Edge;
121. USART_ClockInitStructure.USART_LastBit =
     USART_LastBit_Disable;//USART_LastBit_Enable;
122. USART_ClockInit(USART2, &USART_ClockInitStructure);
123. USART_InitStructure.USART_BaudRate = 9600;
124. USART_InitStructure.USART_WordLength = USART_WordLength_8b;
125. USART_InitStructure.USART_StopBits = USART_StopBits_1;
```

```
126. USART_InitStructure.USART_Parity = USART_Parity_No;
127. USART_InitStructure.USART_Mode = USART_Mode_Rx | USART_Mode_Tx;
128. USART_InitStructure.USART_HardwareFlowControl =
USART_HardwareFlowControl_None;
129. USART_Init(USART2, &USART_InitStructure);
130. USART_ITConfig(USART2, USART_IT_RXNE, ENABLE);
131. USART_Cmd(USART2, ENABLE);
132. }
133. const u8 TEXT_Buffer[]={"1234na567890"};
134. int main(void)
135. {
136. unsigned char i;
137. static u8 temp;
138. lcddev.height=320;
139. lcddev.width=240;
140. SysTick_Initaize();//delay_init();          //延时函数初始化
141. NVIC_PriorityGroupConfig(NVIC_PriorityGroup_2); //设置 NVIC 中断分组 2:2 位
     抢占优先级,2 位响应优先级
142. USART_Config();
143. LEDInit();                    //初始化与 LED 连接的硬件接口
144. LCD_Init();                   //初始化 LCD
145. ShowTitle(); //显示信息
146. LCD_ShowImage((240-1-240)/2, (320-1-180)-16, 240, 180, Image_bxh);//
     底端显示
147. for(i=0; i<240-40; i+=10)
148. {
149. delay_ms(100);
150. LCD_DrawFillRectangle(0, 320-1-180-16-40, 240, 40, WHITE);
151. }
152. #define SAVE_ADDR_BASE 48
153. LCD_Clear(WHITE); //清屏
154. POINT_COLOR=RED; //设置字体为红色
155. KEYInit();                 //按键初始化
156. tp_dev.init();             //触摸屏初始化
157. LCD_ShowString(10,50,200,16,16,"STM32F403Vx Module");
158. LCD_ShowString(10,70,200,16,16,"-Base on LAB9000-");
159. LCD_ShowString(10,90,200,16,16,"---TOUCH TEST---");
```

```
160. LCD_ShowString(10,110,200,16,16,"---Sam@HiLock---");
161. LCD_ShowString(10,130,200,16,16,"2015/11/07");
162. LCD_ShowString(10,130,200,16,16,"Press S1 to Adjust"); //电阻屏才显示
163. LCD_ShowString(10,150,200,16,16,"Press S8 to Clear Screen"); //电阻屏才显示
164. Address_set(0,0,lcddev.width,lcddev.height); //LCD_ShowString->LCD_
     ShowChar函数中的Address_set会设置显示区域,显示完后需要回复全屏显示
165. delay_ms(1500);delay_ms(1500);
166. Load_Drow_Dialog();
167. rtp_test(); //电阻屏测试
168. }
```

实验三十 温度测量实验

一、实验目的

(1) 了解单总线基本原理。

(2) 掌握 STM32 准双向 I/O 口单总线输入/输出的方法。

(3) 掌握典型单总线器件 DS18B20 的读写操作。

二、基本原理

单总线通信与目前多数标准串行数据通信方式不同,采用单根信号线,既传输时钟又传输数据,而且数据传输是双向的。它具有节省 I/O 口资源、结构简单、成本低廉、便于总线扩展和维护等诸多优点。

单总线适用于单个主机系统,能够控制一个或多个从机设备。当只有一个从机位于总线上时,系统可按照单节点系统操作,而当多个从机位于总线上时,系统则按照多节点系统操作。

典型的单总线命令序列如下:①初始化;②ROM 命令(跟随需要交换的数据);③功能命令(跟随需要交换的数据)。每次访问单总线器件,必须严格遵守这个命令序列,如果出现序列混乱,则单总线器件不会响应主机。

(1) 单总线器件 DS18B20 操作时序

① DS18B20 的初始化

a. 先将数据线置于高电平“1”;

b. 延时(该时间要求不是很严格,尽可能短一点);

c. 数据线拉到低电平“0”;

d. 延时 490 μs(该时间范围可以从 480～960 μs);

e. 数据线拉到高电平“1”;

f. 延时等待(如果初始化成功,则在 15～60 ms 内产生一个由 DS18B20 返回的低电平“0”,据该状态可以确定 DS18B20 的存在,但是应注意不能进行无限等待,不然会使程序进入死循环,所以要进行超时控制);

g. 若 CPU 读到了数据线上的低电平“0”,则还要做延时,延时的时间从发出高电平算起(第⑤步),最少要 480 μs;

h. 将数据线再次拉高到高电平“1”后结束。

② DS18B20 的写操作

a. 数据线先置低电平“0”;

b. 延时确定的时间为 2 μs(小于 15 μs);

c. 按照从低位到高位的顺序发送字节(一次发送一位);
d. 延时时间为 62 μs(大于 60 μs);
e. 将数据线拉到高电平,延时 2 μs(小于 15 μs);
f. 重复上面①~⑥的操作,直到所有的字节全部发送完为止;
g. 最后将数据线拉高。
③ DS18B20 的读操作
a. 将数据线拉高至高电平"1";
b. 延时 2 μs;
c. 将数据线拉低至低电平"0";
d. 延时 2 μs(小于 15 μs);
e. 将数据线拉高至高电平"1",同时端口应为输入状态;
f. 延时 4 μs(小于 15 μs);
g. 读数据线的状态得到 1 个状态位,并进行数据处理;
h. 延时 62 μs(大于 60 μs)。
(2) DS18B20 电路

DS18B20 的接线方式:VDD 接电源,DQ 接单片机引脚,同时外加上拉电阻,GND 接地。注意这个上拉电阻是必需的,即 DQ 引脚必须接一个上拉电阻,如图 10-5 所示。

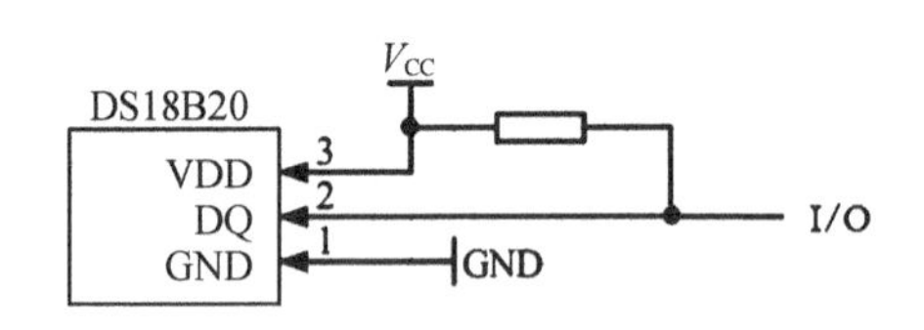

图 10-5 DS18B20 接口原理图

三、实验内容

利用单总线温度传感器 DS18B20 测量室温,并在 TFT 显示器上显示。

四、实验步骤

(1) 建立工程(名称自行设置,如 18B20_1)。
(2) 编写主函数程序(参考流程图见图 10-6)。
(3) 硬件连接见表 10-2。

表 10-2 硬件连接图

序号	连接孔 1	连接孔 2
1	PB1	18B20"DQ"口

(4) 实验系统连接。Cortex-M4 实验扩展模块通过 J-link 口与计算机连接,开关 K0 选择 GPIO(拨向上),接驳配套的实验箱(合上实验箱电源开关)。

(5) 调试并下载程序,执行程序,观察实验结果。用手触摸 DS18B20,观察温度的变化。

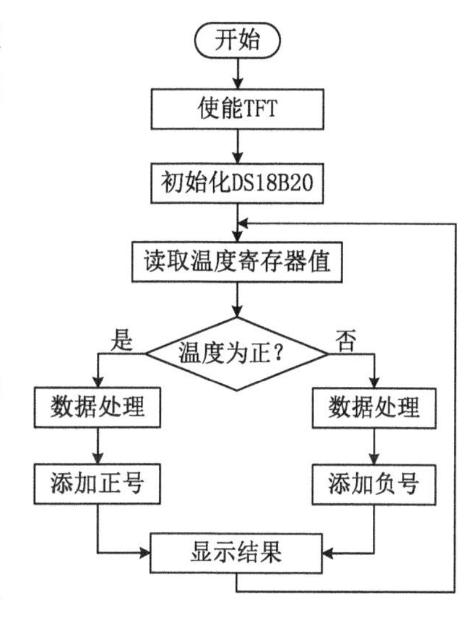

图 10-6 主程序流程图

五、实验扩展

查询资料,了解其他类型温度传感器测量温度的方法及特点。

六、参考程序

单结点访问 DS18B20 的参考程序如下(相比以上介绍的步骤有所简化):

main. c

```
1. #include "sys.h"
2. #include "gpio_bitband.h"
3. #include "delay.h"
4. #include "SysTickDelay.h"
5. #include "usart.h"
6. #include "led.h"
7. #include "lcd_ILI9341.h"
8. #include "ds18b20.h"
9. int main(void)
10. {
11. u8 t=0;
12. short temperature;
13. NVIC_PriorityGroupConfig(NVIC_PriorityGroup_2); //设置系统中断优先级分组 2
14. SysTick_Initaize();  //初始化延时函数
15. LEDInit();                //初始化 LED
16. lcddev.height=320;
17. lcddev.width=240;
18. LCD_Init();
19. LCD_Clear(WHITE);
20. BACK_COLOR=WHITE;
21. POINT_COLOR=RED; //设置字的颜色为红色
22. LCD_ShowString((240-9*8)/2,50,200,16,16,"STM32F407");
23. LCD_ShowString((240-13*8)/2,70,200,16,16,"DS18B20   TEST");
```

```
24. while(DS18B20_Init())  //DS18B20 初始化
25. {
26. LCD_ShowString((240-13*8)/2,70,200,16,16,"DS18B20 Error");
27. delay_ms(200);
28. LCD_DrawFillRectangle/*LCD_Fill*/((240-13*8)/2,70,239,130+16,WHITE);
29. delay_ms(200);
30. }
31. LCD_ShowString((240-13*8)/2,70,200,16,16," DS18B20   OK ");
32. POINT_COLOR=MAGENTA; //设置字的颜色为紫红色
33. LCD_ShowString((240-11*8)/2,150,200,16,16,"Temp:     . C");
34. while(1)
35. {
36. if(t%10==0) //每 100 ms 读取一次
37. {
38. temperature=DS18B20_Get_Temp();
39. if(temperature<0)
40. {
41. LCD_ShowChar((240-11*8)/2+5*8,150,'-',16,0);          //显示负号
42. temperature=-temperature;                              //转为正数
43. }else LCD_ShowChar((240-11*8)/2+5*8,150,' ',16,0);     //去掉负号
44. LCD_ShowNum((240-11*8)/2+5*8+8,150,temperature/10,2,16);
                                                                   //显示整数部分
45. LCD_ShowNum((240-11*8)/2+5*8+32,150,temperature%10,1,16);
                                                                   //显示小数部分
46. }
47. delay_ms(10);
48. t++;
49. if(t==20)
50. {
51. t=0;
52. LED0=!LED0;
53. }
54. }
55. }
```

第三部分

智能传感器技术实验

第十一章

智能传感器数据处理实验

实验三十一　智能传感器数字滤波实验

一、实验目的

(1) 了解数据处理中数字滤波的方法。
(2) 掌握数字滤波的程序设计。

二、实验原理

在测量中,为了克服随机干扰引入的误差,需要对得到的信号进行滤波。滤波可以采用硬件方式,也可以采用软件方式。采用软件算法来实现数字滤波,可以抑制有效信号中的干扰成分,消除随机误差,同时能够对信号进行必要的平滑处理,保证系统正常运行且具有灵活、方便的优点。

智能传感器中常用的数字滤波方法有程序判断滤波、中值滤波、算术平均滤波和去极值平均滤波等。

1. 程序判断滤波

很多物理量的变化有一定的规律,相邻两次采样值之间的变化也有一个限额。为此,可根据经验数据,规定一个最大可能的变化范围,将每次的采样值与上次的有效采样值进行比较。如果变化幅值不超过规定限值,则本次采样值有效,否则,本次采样值应视为干扰,要将其放弃,采用上次的有效采样值。

2. 中值滤波

对目标参数连续进行若干次采样,然后将这些采样进行排序,选取中间位置的采样值为有效值。本算法的目的为取中值,采样次数 n 应为奇数,常为 3 次或 5 次,对于变化很缓慢的参数,可以增加采样次数。

3. 算术平均滤波

对目标参数进行连续采样,然后求其算术平均值作为有效采样值。该算法适用于抑制随机干扰。采样次数 n 越大,平滑效果越好,但系统的灵敏度会随之下降。为方便求平均值,n 一般取 4、8、16 等 2 的整数幂,以便用位移来代替除法。

4. 去极值平均滤波

连续采样 n 次，去除其中的最大值和最小值，按 $(n-2)$ 个采样值求平均，即得有效值。为使平均滤波方便，$(n-2)$ 值应为 2、4、8、16，故 n 常取 4、6、10、18。具体做法有两种：对于快变参数，先连续采样 n 次，然后再处理，但要在 RAM 中开辟出 n 个数据的暂存区；对于慢变参数，可一边采样，一边处理，而不必在 RAM 中开辟数据暂存区。

三、实验内容

传感器连续采样的 6 个数据已被存放在指定的存储单元，要求采用去极值平均滤波法求得采样有效值，并在 TFT 显示器上显示。

四、实验步骤

实验系统详细使用方法参考实验十九。

实验系统由硬件和软件两部分组成，硬件包含计算机、传感器实验设备(模拟量输出)、Cortex-M4 实验模块和配套的实验箱，软件包含 Keil4 编程软件和 STM32 固件库。

在 Keil MDK 环境下使用 STM32 固件库开发应用软件，一般分 4 个步骤：第一步，获得库文件，并进行适当的整理；第二步，建立工程，并建立条理清晰的分组(Group)；第三步，修改工程的 Option 属性；第四步，使用 J-link 仿真调试。

计算机桌面建有“智能传感器”文件夹，该文件夹用来存放 Keil4 编程软件和 STM32 固件库。STM32 固件库最新版本可以从 ST 官网下载，对下载文件要进行整理，把相关文件放在一起，并取一个标准化的名字，这些文件夹的名字一般和原始固件库文件夹的名字相同。

具体步骤如下：

(1) 建立新工程，编写相关程序(参考流程图见图 11-1)，或者直接使用 Demo 工程，在 main. c 中编写相关程序。

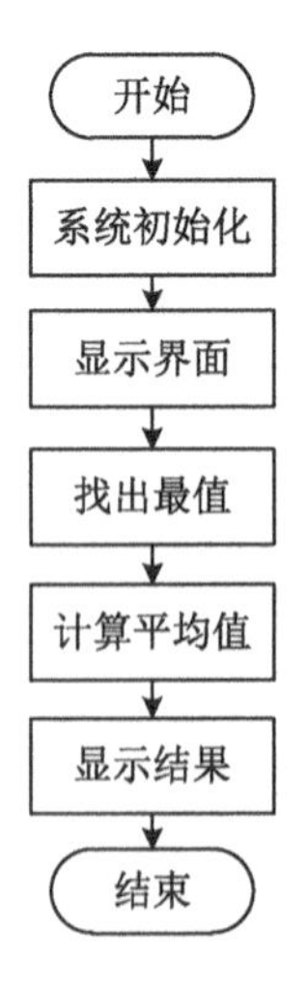

图 11-1　主程序流程图

(2) 硬件连接。内部已连接,无需外部接线。

(3) 实验系统连接。Cortex-M4 实验模块通过 J-link 口与计算机连接,开关 K0 选择 GPIO(拨向上),接驳配套的实验箱(合上实验箱电源开关)。

(4) 调试并下载程序,执行程序,观察实验结果(下载完后 CPU 需要复位方可运行,按 S9 键即可复位)。

(5) 修改程序中给定的 6 个数据,重复以上过程,记录实验结果。

五、实验扩展

分析参考程序,修改程序,利用算术平均滤波法进行数字滤波,并将实验结果与去极值平均滤波法的结果进行比较,分析这两种方法的优缺点。

六、参考程序

main.c

```
1. #include "sys.h"
2. #include "gpio_bitband.h"
3. #include "delay.h"
4. #include "SysTickDelay.h"
5. #include "usart.h"
6. #include "led.h"
7. #include "lcd_ILI9341.h"
8. u16 Data[6]={3,1,6,2,9,7};                  //待处理数据
9. int main(void)
10. {
11. u8 t=0;
12. u16 Max,Min;                                //存放最大值、最小值
13. u32 Sum;
14. float Average;                              //存放平均值
15. u8 i;
16. NVIC_PriorityGroupConfig(NVIC_PriorityGroup_2); //设置系统中断优先级分组 2
17. SysTick_Initaize();  //初始化延时函数
18. LEDInit();           //初始化 LED
19. lcddev.height=320;
20. lcddev.width=240;
21. LCD_Init();
22. LCD_Clear(WHITE);
23. BACK_COLOR=WHITE;
24. POINT_COLOR=RED;      //设置字的颜色为红色
```

```
25. LCD_ShowString((240-9*8)/2,50,200,16,16,"STM32F407");
26. LCD_ShowString((240-13*8)/2,70,200,16,16," Filter Exp ");
27. POINT_COLOR=MAGENTA; //设置字的颜色为紫红色
28. LCD_ShowString((240-11*8)/2,130,200,16,16,"Max:     ");
29. LCD_ShowString((240-11*8)/2,150,200,16,16,"Min:     ");
30. LCD_ShowString((240-11*8)/2,170,200,16,16,"Ave:      . ");
31. Max=Min=Data[0];
32. Sum=0;
33. for(i=0;i<6;i++)                        // 找出最大值、最小值
34. {
35. if(Data[i]>Max) Max=Data[i];
36. if(Data[i]<Min) Min=Data[i];
37. Sum+=Data[i];
38. }
39. Sum-=Max;
40. Sum-=Min;
41. Average=1.0*Sum/4;
42. while(1)
43. {
44. LCD_ShowNum((240-11*8)/2+5*8+8,130,Max,2,16);     //显示最大值
45. LCD_ShowNum((240-11*8)/2+5*8+8,150,Min,2,16);     //显示最小值
46. LCD_ShowNum((240-11*8)/2+5*8+8,170,(u16)Average,2,16);  //显示平均值
    正数部分
47. LCD_ShowNum((240-11*8)/2+5*8+32,170,(Average-(u16)Average)*10000,
    4,16);//显示平均值小数部分
48. delay_ms(10);
49. t++;
50. if(t==20)
51. {
52. t=0;
53. LED0=!LED0;          //灯闪烁
54. }
55. }
56. }
```

实验三十二　智能传感器标度变换实验

一、实验目的

（1）了解数据处理中标度变换的方法。

（2）掌握标度变换的程序设计。

二、实验原理

智能传感器在测量过程中通常是首先把被测量变换成模拟信号，再经 A/D 转换器变换成数字信号，不管是模拟信号还是数字信号，其大小都反映了被测量的大小，但其量纲与被测量不尽相同，因此必须将它们转换成与被测量相同的量纲。这种转换过程称为标度变换。

进行标度变换时，通常需要用一个关系式将测量得到的数字量转换成被测量的客观值。标度变换有两种方法：一种是线性参数标度变换，另一种是非线性参数标度变换。

1. 线性参数标度变换

线性参数标度变换是最常用的标度变换，其变换的前提条件是被测参数与 A/D 转换结果为线性关系。线性标度变换的公式为：

$$A_x=(A_m-A_0)\frac{N_x-N_0}{N_m-N_0}+A_0 \tag{11-1}$$

式中：A_0—— 量程的下限（测量范围中的最小值）；

A_m—— 量程的上限（测量范围中的最大值）；

A_x—— 实际测量值（工程量）；

N_0—— 量程下限所对应的数字量；

N_m—— 量程上限所对应的数字量；

N_x—— 实际测量值所对应的数字量。

式(11-1)为线性标度变换的通用公式，其中 A_0，A_m，N_0，N_m 对某一个具体的被测参数与输入通道来说都有确定的值。在多数测量系统中，量程的下限值 $A_0=0$，为使程序设计简单，一般把 A_0 所对应的 A/D 转换值设置为 0，即 $N_0=0$。这样式(11-1)可写成：

$$A_x=A_m\frac{N_x}{N_m} \tag{11-2}$$

2. 非线性参数标度变换

实际上许多传感器的输出/输入特性是非线性的，因此一般需要先进行非线性校正，然后再进行标度变换。但是，如果能够将该非线性关系表示为以被测量为因变量、传感器输出信号为自变量的表达式，则可直接利用该表达式来进行标度变换。

例如，利用差压法测量流量，流量与压差之间为非线性关系，表达式为：

$$Q=K\sqrt{\Delta P} \tag{11-3}$$

式中：Q—— 流体流量；

ΔP—— 节流装置前后的压差；

K—— 刻度系数，与流体的性质及节流装置的尺寸有关。

可见，流体的流量 Q 与被测流体流过节流装置前后产生的压力差的平方根$\sqrt{\Delta P}$ 成正比，由此可得测量流体时的标度变换公式：

$$Q_x=(Q_m-Q_0)\sqrt{\frac{N_x-N_0}{N_m-N_0}}+Q_0 \tag{11-4}$$

式中：Q_0—— 量程的下限值；

Q_m—— 量程的上限值；

Q_x—— 被测液体流量的实际测量值；

N_0—— 量程下限值对应的数字量；

N_m—— 量程上限值对应的数字量；

N_x—— 实际测量值对应的数字量。

Q_m、Q_0、N_m、N_0 均为常数，一般情况下，流量的下限取 $Q_0=0$，$N_0=0$，则：

$$Q_x=\frac{Q_m\sqrt{N_x}}{\sqrt{N_m}} \tag{11-5}$$

三、实验内容

有一重力传感器，测量范围为 0.0～100.0 g，A/D 数值与被测重力之间为线性关系，如表 11-1 所示。利用标度变换公式计算出重力值（A/D 数值由程序赋值给出）。

将 A/D 数值和对应的重力值显示在 TFT 上。

表 11-1　测量点的采集数据表

重力/g	0.0	20.0	40.0	60.0	80.0	100.0
A/D 数值	0	600	1 200	1 800	2 400	3 000

四、实验步骤

（1）建立新工程，编写相关程序（参考流程图见图 11-2）；或者直接使用 Demo 工程，在 main.c 中编写相关程序。

（2）硬件连接。内部已连接，无需外部接线。

（3）实验系统连接。Cortex-M4 实验模块通过 J-link 口与计算机连接，开关 K0 选择 GPIO（拨向上），接驳配套的实验箱（合上实验箱电源开关）。

（4）调试并下载程序，执行程序，观察实验结果（下载完后 CPU 需要复位方可运行，按

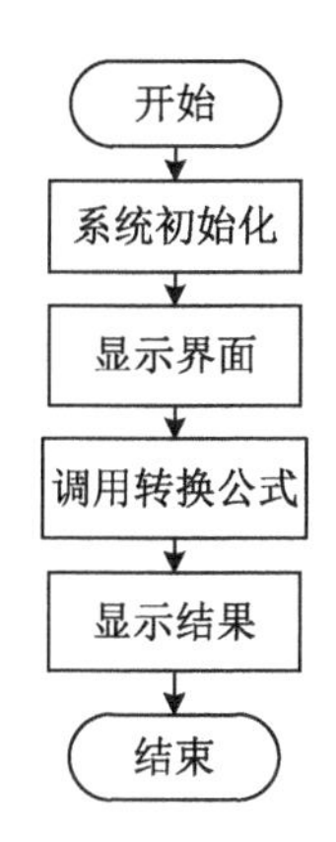

图 11-2　主程序流程图

S9 键即可复位)。

(5) 根据表 11-2,修改程序中的 A/D 数值(x 值),在表格中记录显示的数值。

表 11-2　实验数据表

A/D 数值	30	453	975	1 758	2 430	2 997
重力/g						

五、参考程序

main. c

```
1. #include "sys.h"
2. #include "gpio_bitband.h"
3. #include "delay.h"
4. #include "SysTickDelay.h"
5. #include "usart.h"
6. #include "led.h"
7. #include "lcd_ILI9341.h"
8. #define x 30                          //自变量,AD的值
9. float y;                              //因变量,重力值
10. int main(void)
11. {
12. NVIC_PriorityGroupConfig(NVIC_PriorityGroup_2); //设置系统中断优先级分组2
13. SysTick_Initaize();   //初始化延时函数
14. LEDInit();            //初始化 LED
15. lcddev.height=320;
16. lcddev.width=240;
```

```
17. LCD_Init();
18. LCD_Clear(WHITE);
19. BACK_COLOR=WHITE;
20. POINT_COLOR=RED;     //设置字的颜色为红色
21. LCD_ShowString((240-9*8)/2,50,200,16,16,"  STM32F407  ");
22. LCD_ShowString((240-13*8)/2,70,200,16,16,"Scaling Transform ");
23. POINT_COLOR=MAGENTA;//设置字的颜色为紫红色
24. LCD_ShowString((240-11*8)/2,130,200,16,16,"   x=      .");
25. LCD_ShowString((240-11*8)/2,150,200,16,16,"M(g)=      . ");
26. y=x/30;
27. LCD_ShowNum((240-11*8)/2+5*8+8,130,(u16)x,5,16);     //显示x整数部分
28. LCD_ShowNum((240-11*8)/2+5*8+56,130,(x-(u16)x)*100,2,16);
                                                          //显示x小数部分
29. LCD_ShowNum((240-11*8)/2+5*8+8,150,(u16)y,5,16);
                                                          //显示y整数部分
30. LCD_ShowNum((240-11*8)/2+5*8+56,150,(y-(u16)y)*100,2,16);
                                                          //显示y小数部分
31. while(1);
32. }
```

实验三十三　智能传感器非线性校正实验

一、实验目的

(1) 了解数据处理中非线性校正与标度变换的方法。

(2) 掌握非线性校正与标度变换的程序设计。

二、实验原理

许多传感器的输出信号与被测参数之间存在明显的非线性关系。为了提高测量精度，必须对输出信号与被测参数之间的非线性关系进行校正，使之线性化。

非线性校正的方法很多，常用的有查表法、校正函数法、代数插值法和最小二乘法等。

1. 函数校正法

假设输出/输入特性 $y=f(x)$ 存在非线性，引入函数 $g(y)$，即

$$R=g(y)=g[f(x)] \tag{11-6}$$

若能使变量 R 与 x 之间呈现线性关系，则函数 $g(y)$ 就是校正函数。校正函数往往是被校正函数的反函数。对于难以用准确的函数式表达的信号，不宜用校正函数进行校正。

2. 代数插值法

对于非线性程度严重或测量范围较宽的输出/输入特性，如果采用一个直线方程进行校正，往往很难满足精度要求。为了提高校正精度，可采用分段直线方程来进行非线性校正，即用折线逼近曲线。对分段后的每一段折线用一个直线方程来校正，即

$$p_i(x)=a_{i1}x+a_{i0} \qquad (i=1,\ 2,\ \cdots,\ n) \tag{11-7}$$

对于非线性程度严重的特性曲线，必须合理确定分段数和选择合适节点，才能保证校正精度，提高运算速度。

3. 最小二乘法

最小二乘法(又称最小平方法)是一种数学优化技术，它通过最小化误差的平方和寻找数据的最佳函数匹配。利用最小二乘法可以简便地求得未知的数据，并使求得的数据与实际数据之间误差的平方和为最小。

4. 非线性校正与标度变换

在实验三十二中我们讲过，由于许多传感器的输出/输入特性是非线性的，因此一般需要先进行非线性校正，然后再进行标度变换。

如果我们能够将该非线性关系表示为以被测量为因变量、传感器输出信号(或 A/D 数值)为自变量的表达式，则利用该表达式可以同时完成非线性校正与标度变换。

三、实验内容

有一温度传感器，测量范围为 0.0～100.0℃，其输出/输入特性是非线性的，通过分析其特性曲线，在满足测量精度的前提下，确定了 4 个节点，分别为 20.0℃、40.0℃、60.0℃和 80.0℃。6 个测量点的采集数据见表 11-3。

根据表 11-3 中给出的测量数据，采用分段直线插值法(代数插值法)，建立非线性校正与标度变换关系式(即温度与 A/D 数值之间的关系式)。

根据 A/D 采集数据(程序中赋值给出)，利用非线性校正与标度变换关系式求出温度值。将 A/D 采集数据和对应的温度值显示在 TFT 彩屏上。

表 11-3 测量点的采集数据表

温度/℃	0.0	20.0	40.0	60.0	80.0	100.0
A/D 数值	00195	04319	08302	12256	16161	19627

1. 建立直线插值公式

根据表 11-3，将测量范围分成了 5 段：0.0℃～20.0℃、20.0℃～40.0℃、40.0℃～60.0℃、60.0℃～80.0℃ 和 80.0℃～100.0℃。

以温度值和 A/D 采集数据为函数关系建立 5 段线性插值公式：

设直线方程 $y=ax+b$，y 是温度值，x 是 A/D 采集数据。

从表 11-3 中可以得出每段的 (x_1, y_1) 和 (x_2, y_2)。

求解方程 $$y_1=ax_1+b \tag{11-8}$$

$$y_2=ax_2+b \tag{11-9}$$

则 $$a=(y_2-y_1)/(x_2-x_1) \tag{11-10}$$

$$b=(x_2y_1-x_1y_2)/(x_2-x_1) \tag{11-11}$$

2. 非线性校正与标度变换

根据 A/D 采集数据 x 的大小(程序中赋值给出)，自动选择插值公式，求出被测温度值 y。

3. 超量程提示

当 x 数值超出 195～19 627 范围时，给出超量程提示。

四、实验步骤

(1) 建立新工程，编写相关程序(参考流程图见图 11-3)；或者直接使用 Demo 工程，在 main.c 中编写相关程序。

(2) 硬件连接。内部已连接，无需外部接线。

(3) 实验系统连接。Cortex-M4 实验模块通过 J-link 口与计算机连接，开关 K0 选择 GPIO(拨向上)，接驳配套的实验箱(合上实验箱电源开关)。

(4) 调试并下载程序，执行程序，观察实验结果(下载完后 CPU 需要复位方可运行，按

S9 键即可复位)。

(5) 表 11-4 中,x 为 A/D 采集数据(程序中赋值给出),y 为显示的温度值,T 为通过线性方程人工计算得到的理论温度值。

(6) 根据表 11-4,修改程序中的 x 值,记录显示的温度值 y 。比较 y 和 T,验证程序的正确性。

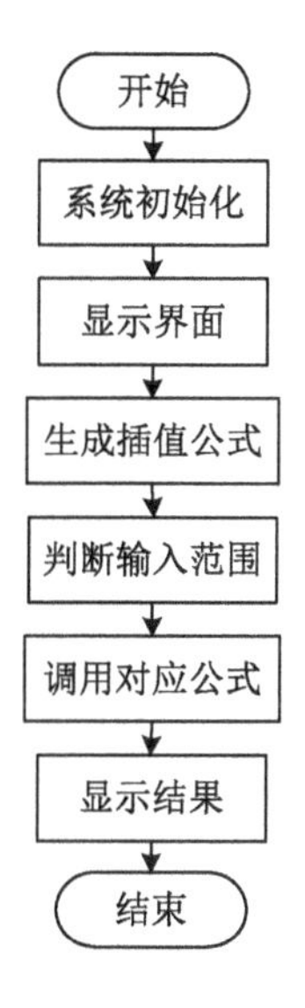

图 11-3　主程序流程图

表 11-4　实验数据表

x	00100	00195	02257	06385	10256	16161	18320	19627	20000
y/℃									
T/℃									

五、实验扩展

分析参考程序,修改程序,采用最小二乘法进行非线性校正,分析各种方法的优缺点。

六、参考程序

main. c

```
1. #include "sys.h"
2. #include "gpio_bitband.h"
3. #include "delay.h"
4. #include "SysTickDelay.h"
5. #include "usart.h"
6. #include "led.h"
```

```
7. #include "lcd_ILI9341.h"
8. #define x 2257                                        //自变量,AD 的值
9. float y;                                              //因变量,温度值
10. float a[5]={0};                                      //各区间系数 a
11. float b[5]={0};                                      //各区间系数 b
12. u16 ADDt[6]={195,4319,8302,12256,16161,19627};       //各测量点 AD 值
13. u16 Temp[6]={0,20,40,60,80,100};                     //各测量点温度值
14. u8 Classification(float num)                         //返回 x 的区间
15. {
16. if((num<4319)&&  (num>=195))      return 0;
17. if((num<8302)&&  (num>=4319))     return 1;
18. if((num<12256)&& (num>=8302))     return 2;
19. if((num<16161)&& (num>=12256))    return 3;
20. if((num<=19627)&&(num>=16161))    return 4;
21. return 255;                                          //超出区间
22. }
23. void Getab(void)                                     //求各区间系数 a 和 b
24. {
25. u8 i;
26. for(i=0;i<5;i++)
27. {
28. a[i]=1.0*(Temp[i+1]-Temp[i])/(ADDt[i+1]-ADDt[i]);
29. b[i]=1.0*((ADDt[i]*Temp[i+1])-(ADDt[i+1]*Temp[i]))/(ADDt[i]-ADDt
    [i+1]);
30. }
31. }
32. int main(void)
33. {
34. u8  net;
35. NVIC_PriorityGroupConfig(NVIC_PriorityGroup_2); //设置系统中断优先级分组 2
36. SysTick_Initaize();  //初始化延时函数
37. LEDInit();           //初始化 LED
38. lcddev.height=320;
39. lcddev.width=240;
40. LCD_Init();
41. LCD_Clear(WHITE);
42. BACK_COLOR=WHITE;
```

```
43. POINT_COLOR=RED;      //设置字的颜色为红色
44. LCD_ShowString((240-9*8)/2,50,200,16,16,"  STM32F407  ");
45. LCD_ShowString((240-13*8)/2,70,200,16,16,"Scaling Transform ");
46. POINT_COLOR=MAGENTA;//设置字的颜色为紫红色
47. LCD_ShowString((240-11*8)/2,130,200,16,16,"   x=      .");
48. LCD_ShowString((240-11*8)/2,150,200,16,16,"T(℃)=      .");
49. Getab();
50. net=Classification(x);
51. if(net!=255)
52. {
53. y=a[net]*x+b[net];
54. LCD_ShowNum((240-11*8)/2+5*8+8,130,(u16)x,5,16);      //显示x整数部分
55. LCD_ShowNum((240-11*8)/2+5*8+56,130,(x-(u16)x)*100,2,16);
                                                          //显示x小数部分
56. LCD_ShowNum((240-11*8)/2+5*8+8,150,(u16)y,5,16);      //显示y整数部分
57. LCD_ShowNum((240-11*8)/2+5*8+56,150,(y-(u16)y)*100,2,16);
                                                          //显示y小数部分
58. }
59. else LCD_ShowString((240-11*8)/2,190,200,16,16,"Out Of Range!");
                                                          //超出区间报错
60. while(1);
61. }
```

第十二章

智能传感器自适应实验

实验三十四　智能传感器量程调整实验

一、实验目的

(1) 了解智能传感器量程调整的方法。
(2) 掌握智能传感器量程调整的程序设计。

二、实验原理

很多智能传感器的测量信号动态范围很大,为了保证智能传感器既有足够的量程,又有足够的测量精度,必要时智能传感器内部应包含量程自动转换电路。量程自动转换电路可以采用微处理器控制程控增益放大器的方法来实现,也可以通过控制模拟开关的切换来实现。

量程自动转换是大多数智能传感器的基本功能,它能根据被测量的大小自动选择合适的量程,以保证传感器有足够的分辨力和准确度。除此之外,量程自动转换还应保证尽可能高的切换速度和确定性。

1. 尽可能高的量程切换速度

当测量系统处于某一量程时,若发现被测量已经高于该量程的满度,则应立刻切换到最高量程进行测量,并将测量结果与各量程的降量程阈值相比较,寻找合适的量程。即当发生超量程情况时,只需经过一次最高量程的测量,即可找到正确的量程。

而在降量程时,只需将读数同较小量程的降量程阈值进行比较,就可找到正确的量程,而无须逐个量程进行测量。

2. 量程切换的确定性

量程自动转换的确定性是指在升、降量程时,不应该发生在两个相邻量程间反复选择的情况,这种情况的出现是由分挡差造成的。

假设被测电压为 2 V,在 20 V 量程时读数可能是 1.99 V,理应把量程降到 2 V 再进行测量。但是在 2 V 量程时读数可能是 2.01 V,超过满度值,应该升至 20 V 量程进行测量。于是就产生了在两个相邻量程间反复选择的现象,造成了被选量程的不确定性。

量程选择的不确定性可以通过给定升、降量程阈值回差的方法来解决。通常采用的是减小降量程阈值的方法。

3. 量程自动转换电路

量程自动转换电路如图 12-1 所示，模拟电压从 AMP_IN 输入，经过分压电路衰减，衰减系数为 1/6。再通过改变放大器的反馈电阻（即数字电位器）的阻值，改变放大器的增益。

数字电位器一共有 100 个挡位，每一个挡位对应不同的阻值。

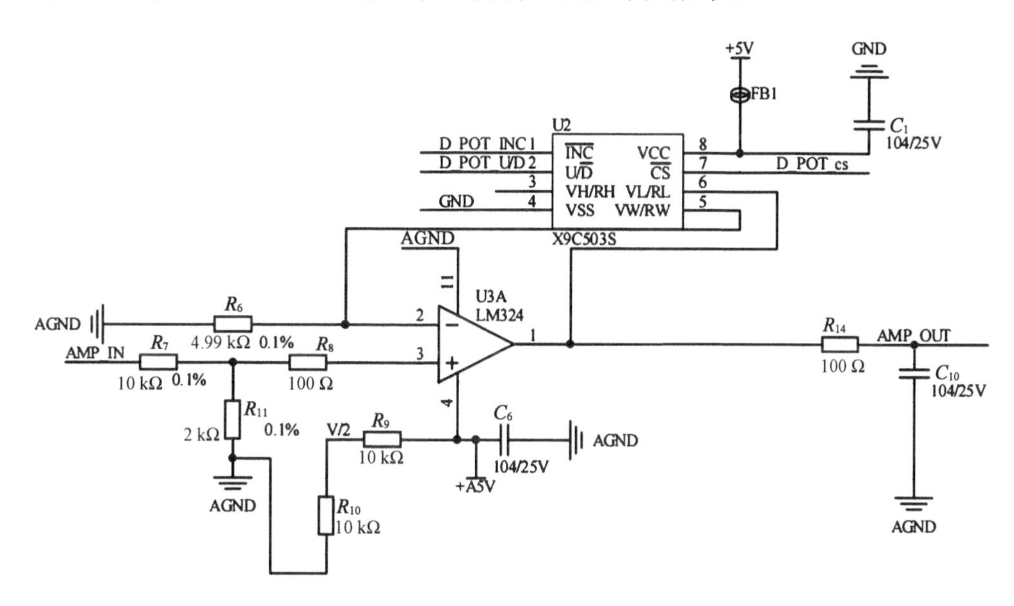

图 12-1　量程自动转换电路图

三、实验内容

被测量电压范围为 0～9 V，量程自动转换电路分为 3 个挡位：3 V、6 V、9 V。调节放大器增益使电路在输入电压为 3 V、6 V、9 V 时，输出电压均为 3 V，满足 A/D 转换器输入范围的要求（STM32F407 内置的 12 位 A/D 转换器，其输入范围为 0～3.3 V）。

如表 12-1 所示，在输入电压为 3 V、6 V、9 V 时分别调节放大器的增益，即可实现输出电压均为 3 V 的目的。

实验开始时输入电压为 9 V，之后逐渐减小电压，在电压降低到 6 V、3 V 时，自动改变放大器增益，使输出电压均为 3 V，以实现量程自动切换。

表 12-1　不同输入电压下放大器的增益表

输入电压/V	前置分压后电压(分压系数 1/6)/V	放大器增益	输出电压/V
9	1.5	2	3
6	1	3	3
3	0.5	6	3

四、实验步骤

1. 接线

将 0～10 V 可调节直流电源的输出调至最小(将旋钮逆时针旋转到底,防止损坏电路),将电源输出接到程控放大器电压输入端。

将 0～10 V 电源地、实验箱电源地相连接,即共地。

2. 实验系统连接

Cortex-M4 实验模块通过 J-link 口与计算机连接,开关 K0 选择 GPIO(拨向上),接驳配套的实验箱(合上实验箱电源开关)。

3. 程控放大器增益标定

建立新的工程,编写相关程序(参考流程图见图 12-2);或者直接使用 Demo 工程,在 main. c 中编写相关程序。

调试并下载程序,分别输入 9 V、6 V、3 V 电压(电压表测量),在程序中调节数字电位器阻值,使得电压输出均为 3 V(使用 PC 机串口调试助手监测输出电压值),确定各量程数字电位器的位置。

4. 量程自适应实验

程控放大器电压输出连接 ADC_CH8(PB0)管脚。

将输入电压调节至 9 V,每降低 1 V,在表 12-2 中记录 1 次其所对应的输出电压。

使用 PC 机串口调试助手监测输出电压值。

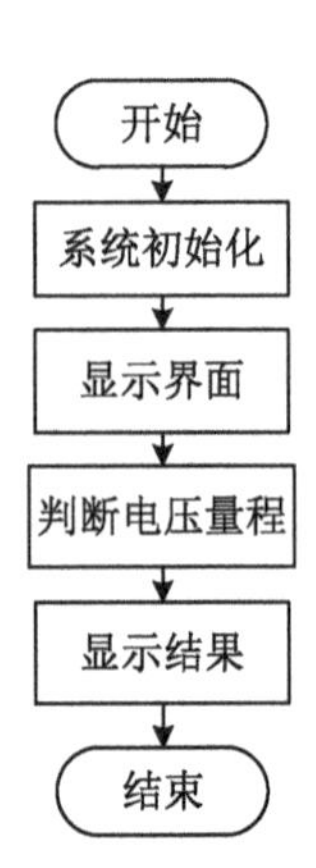

图 12-2 主程序流程图

表 12-2 实验数据表

输入电压/V	9	8	7	6	5	4	3	2	1
输出电压/V									

五、实验扩展

分析参考程序,试修改程序,使其无论升压、降压都可实现量程的自动切换。

六、参考程序

main. c

```
1. #include "stm32f4xx.h"
2. #include "led.h"
3. #include "key.h"
4. #include "delay.h"
5. #include "SysTickDelay.h"
6. #include "DCP_X9CXXX\DCP_X9CXXX.h"
```

```
7. #include "adc.h"
8. #include "usart_my.h"
9. #include "usart.h"
10. #include <stdio.h>
11. #include <stdlib.h>
12. #define DCP_Step_N 10
13. #define Input3V 52                //3V 挡位时对应的数字电位器位置
14. #define Input6V 21                //6V 挡位时对应的数字电位器位置
15. #define Input9V 11                //9V 挡位时对应的数字电位器位置
16. int m;
17. int main(void)
18. {
19. u32 times=0;
20. static u16 adcx;
21. static float temp;
22. NVIC_PriorityGroupConfig(NVIC_PriorityGroup_2);//设置系统中断优先级分组 2
23. SysTick_Initaize();
24. KEYInit();
25. ADCInit();                   //ADC 初始化
26. LEDInit();
27. LEDSet(0);
28. uart1_init(115200);   //串口初始化波特率为 115200 b/s
29. DCP_X9CXXX_Config();          //程控放大器初始化
30. DCP_X9CXXX_Move2Zero();     //数字电位器挡位置 0
31. delay_ms(1000);
32. DCP_X9CXXX_SetValue(Input9V);     //数字电位器置 9V 挡
33. m=10;
34. delay_ms(1000);
35. printf("★★★STM32F407 实验扩展模块 ADC 实验★★★\r\n\r\n");
36. while(1)
37. {
38. printf("★★★STM32F407 实验扩展模块 ADC 实验★★★\r\n\r\n");
39. if(times++%30==0)LED0=!LED0; //LED0 闪烁,提示系统正在运行
40. delay_ms(10);
41. adcx=Get_Adc_Average(ADC_Channel_8,30);         // 得到 ADC 转换值
42. //printf("adcx: %iV\r\n", adcx);
43. temp=(float)adcx*(3.3/4095);   // 计算 ADC 值对应的电压值(参考电压为 3.3V)
```

```
44. printf("temp: %4.3fV\r\n", temp);
45. if(temp>1.5&&temp<2&&m == 10)
46. {
47. DCP_X9CXXX_Inc_N_Step(Input6V-Input9V);       //从 9V 挡切换到 6V 挡
48. m=5;
49. }
50. if(temp>0.5&&temp<1.5&&m == 5)
51. DCP_X9CXXX_Inc_N_Step(Input3V-Input6V);       //从 6V 挡切换到 3V 挡
52. }
53. }
```

实验三十五　智能传感器温度补偿实验

一、实验目的

（1）了解智能传感器温度补偿的方法。

（2）掌握智能传感器温度补偿的程序设计。

二、实验原理

传感器所使用的材料以及电子元器件通常都有一定的温度系数，因此传感器输出信号会随着温度变化而产生漂移，称为"温漂"。为了减小温漂，需要采用一些补偿措施，在一定程度上抵消或减小其输出信号的温漂，这就是温度补偿。

温度补偿有两种方式：一种是硬件补偿方式，另一种是软件补偿方式。

本实验采用软件补偿。为了实现温度补偿，必须在传感器内部安装测温元件。常用的测温元件有金属热电阻（温度系数为正）、半导体热敏电阻（温度系数为负）或集成温度传感器（如电流型 AD590、数字型 DS18B20）等。首先根据传感器的温度特性建立温度补偿模型，再利用测温元件测得的传感器环境温度，对传感器的输出信号进行调整（补偿）。

三、实验内容

假设根据传感器的温度特性建立的温度补偿模型为：

$$y_c = y - \frac{\Delta t}{10} \tag{12-1}$$

式中：y 为未经温度补偿的测量值；

y_c 为经温度补偿后的测量值；

Δt 为传感器环境温度与标准温度之差（标准温度为 25℃）；

假设测温元件在测量范围内为线性元件，表 12-3 为其采集的数据。

表 12-3　测温元件在测量点的采集数据表

温度/℃	−15	5	25	45	65
采集数据	100	300	500	700	900

表 12-4 为某一相同被测量在不同环境温度下的传感器测量值。

表 12-4　被测量在不同环境温度下的测量值表

温度/℃	−15	5	25	45	65
测量值 y（补偿前）	95.9	98.0	100.0	102.1	104.2

根据表 12-3 推导出温度表达式，根据该表达式由测温元件的采集数据可以得出传感器的环境温度，再根据式(12-1)计算出温度补偿后传感器的测量值。

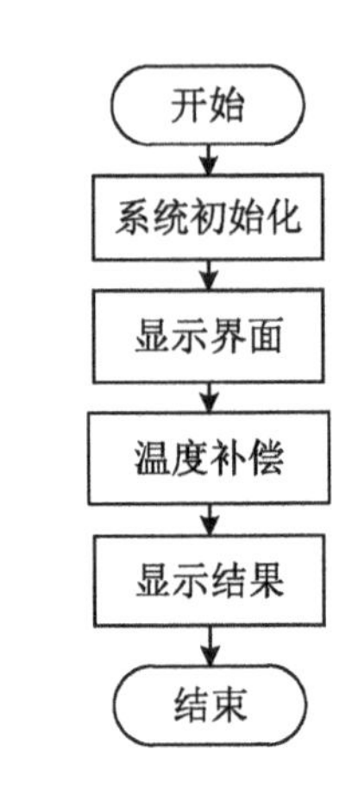

图 12-3　主程序流程图

四、实验步骤

(1) 建立新工程，编写相关程序(参考流程图见图 12-3)；或者直接使用 Demo 工程，在 main.c 中编写相关程序。

(2) 硬件连接。内部已连接，无需外部接线。

(3) 实验系统连接。Cortex-M4 实验模块通过 J-link 口与计算机连接，开关 K0 选择 GPIO(拨向上)，接驳配套的实验箱(合上实验箱电源开关)。

(4) 数据设置。根据表 12-5 设置程序中测温元件的采集数据 x，以及传感器的测量值 y (补偿前)。

表 12-5　不同环境温度下各采集数据对应的测量值表

温度/℃	−15	5	25	45	65
采集数据 x	100	300	500	700	900
测量值 y(补偿前)	95.9	98.0	100.0	102.1	104.2
测量值 y_c(补偿后)					

(5) 调试并下载程序，执行程序，观察实验结果。将测量值 y_c(补偿后)记录在表 12-5 中。

五、实验扩展

分析参考程序，思考当传感器的温度特性为非线性时，如何进行温度补偿?

六、参考程序

main.c

```
1. #include "sys.h"
2. #include "gpio_bitband.h"
3. #include "delay.h"
4. #include "SysTickDelay.h"
5. #include "usart.h"
6. #include "led.h"
7. #include "lcd_ILI9341.h"
8. #define x 100                        //自变量，温度采集数据
9. #define y 95.9                       //自变量，测量值 y(补偿前)
10. float temp,y,yc;                    //温度值，测量值，温度补偿后测量值
```

```
11. int main(void)
12. {
13. NVIC_PriorityGroupConfig(NVIC_PriorityGroup_2);      //设置系统中断优先级分组 2
14. SysTick_Initaize();                    //初始化延时函数
15. LEDInit(); //初始化 LED
16. lcddev.height=320;
17. lcddev.width=240;
18. LCD_Init();
19. LCD_Clear(WHITE);
20. BACK_COLOR=WHITE;
21. POINT_COLOR=RED;                //设置字的颜色为红色
22. LCD_ShowString((240-9*8)/2,50,200,16,16,"   STM32F407   ");
23. LCD_ShowString((240-13*8)/2,70,200,16,16,"Scaling Transform ");
24. POINT_COLOR=MAGENTA;//设置字的颜色为紫红色
25. LCD_ShowString((240-11*8)/2,130,200,16,16,"    x=        . ");
26. LCD_ShowString((240-11*8)/2,150,200,16,16," T(℃)=        . ");
27. LCD_ShowString((240-11*8)/2,170,200,16,16,"     y=        . ");
28. LCD_ShowString((240-11*8)/2,190,200,16,16,"    yc=        . ");
29. temp=x/10 -25;          //温度值
30. yc=y-(temp-25)/10;   //温度补偿
31.LCD_ShowNum((240-11*8)/2+5*8+8,130,(u16)x,5,16);        //显示 y 整数部分
32. LCD_ShowNum((240-11*8)/2+5*8+56,130,(x-(u16)x)*100,2,16);
                                                            //显示 y 小数部分
33. LCD_ShowNum((240-11*8)/2+5*8+8,150,(u16)temp,5,16); //显示 y 整数部分
34. LCD_ShowNum((240-11*8)/2+5*8+56,150,(temp-(u16)temp)*100,2,16);
                                                            //显示 y 小数部分
35. LCD_ShowNum((240-11*8)/2+5*8+8,170,(u16)y,5,16);        //显示 y 整数部分
36. LCD_ShowNum((240-11*8)/2+5*8+56,170,(y-(u16)y)*100,2,16);
                                                            //显示 y 小数部分
37. LCD_ShowNum((240-11*8)/2+5*8+8,190,(u16)yc,5,16);       //显示 y 整数部分
38. LCD_ShowNum((240-11*8)/2+5*8+56,190,(yc-(u16)yc)*100,2,16);
                                                            //显示 y 小数部分
39. while(1);
40. }
```

第十三章

智能传感器设计实验

实验三十六　智能质量传感器设计实验

一、实验目的

(1) 加深对金属箔式应变传感器、信号调理与放大、A/D 转换的理解，掌握非线性校正与标度变换的方法。

(2) 学习如何设计智能重力传感器，掌握智能重力传感器硬件与软件设计的步骤。

二、实验内容

设计一简易智能质量传感器系统，质量测量范围为 0～200 g，分辨率为 1 g。

采用金属箔式应变传感器测量质量，将传感器及全桥测量电路的输出电压调理、放大后，输入到 Cortex-M4 实验模块，通过 A/D 转换得到相对应的数字量。

建立非线性校正与标度变换关系式，根据 A/D 转换的数字量计算出对应的质量大小，并由显示模块显示结果。

三、系统硬件设计

简易智能质量传感器硬件系统由四部分组成：金属箔式应变传感器、信号调理放大电路、Cortex-M4 实验模块和 TFT 显示模块等。系统硬件框图如图 13-1 所示。

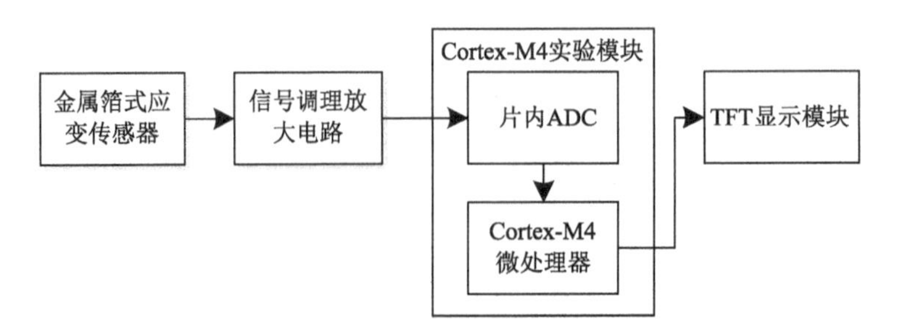

图 13-1　智能重力传感器系统硬件框图

1. 金属箔式应变传感器

金属箔式应变传感器静态测量精度高、使用可靠性好，非常适合用于质量测量和力测量系统，是工程领域应用最为广泛的质量测量、力测量传感器。

如图 13-2 所示，4 只金属箔式应变片已粘贴在弹性梁上，构成应变式传感器(类似电子秤传感器结构)。弹性梁上方粘贴的是应变片 R_1、R_3，下方粘贴的是应变片 R_2、R_4。

当传感器托盘支点受压时，R_1、R_3 阻值增大(拉伸)，R_2、R_4 阻值减小(压缩)。常态时应变片阻值为 350 Ω。

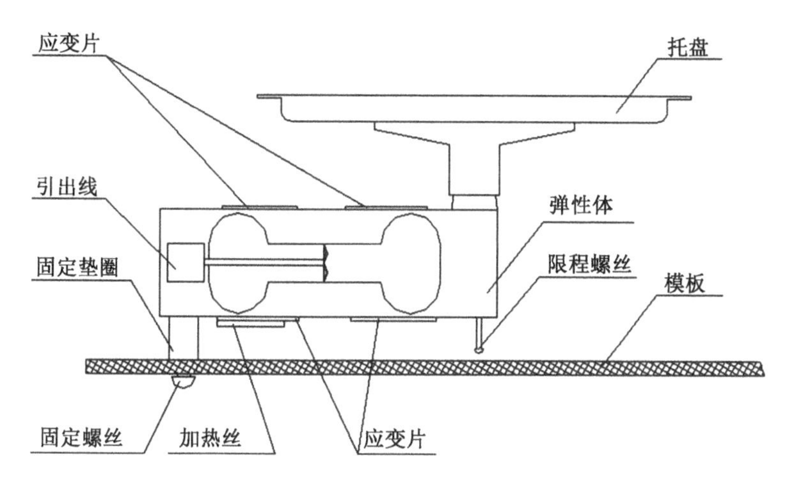

图 13-2　金属箔式应变传感器安装示意图

2. 全桥电路

全桥电路原理图见图 13-3。R_1、R_2、R_3、R_4 为金属箔式应变片，4 只应变片特性相同，电桥对边两应变片应变相同，电桥邻边两应变片应变相反。

电桥输出电压：

$$U = k\varepsilon_L U_E \tag{13-1}$$

式中，k 为金属导体应变灵敏度，ε_L 为轴向应变量，U_E 为电桥激励电源电压。

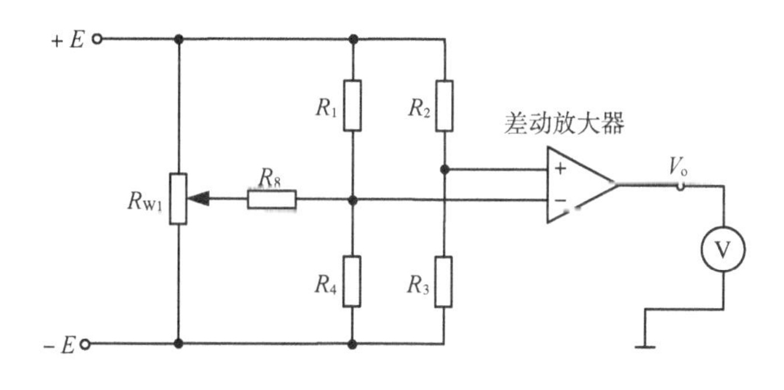

图 13-3　全桥电路原理图

3. 应变传感器模板及接线

如图 13-4 所示为实验模板的内部接线，弹性梁上的 4 个应变片分别连接到 R_1、R_2、R_3、R_4 插孔上，R_5、R_6、R_7 是实验模板上的 350 Ω 固定电阻(可以与应变片组成电桥)。另外，实验模板上没有文字标记的 5 个电阻是空的，是为方便实验者组成电桥而设的。

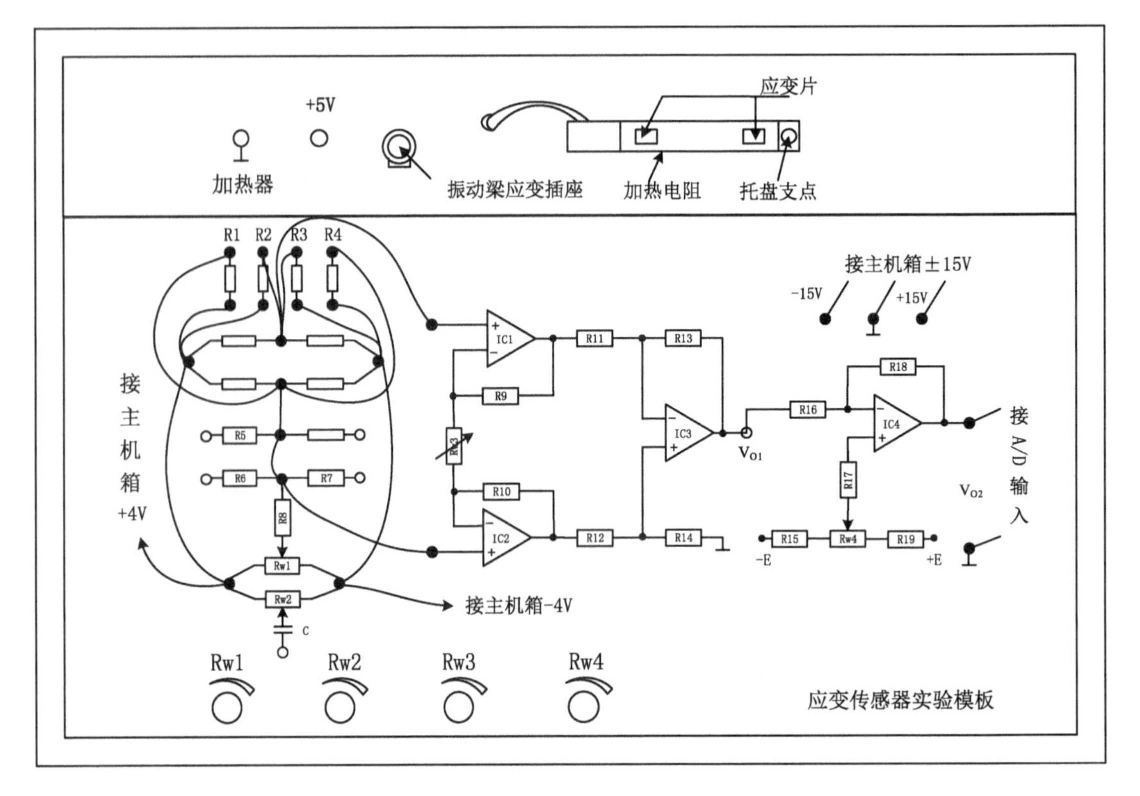

图 13-4　金属箔式应变传感器实验模板、接线示意图

±15 V 电源为运算放大器工作电源，±4 V 电源为电桥激励电源。

4. 硬件调试步骤

① 放大器增益调节和零位调节；

② 电桥零位调节；

③ 系统零位和满量程调节。

根据系统设计要求，质量传感器测量范围为 0～200 g，而 Cortex-M4 片内 A/D 的输入电压范围为 0～3.3 V。所以，当砝码质量为 0 g 时，放大器输出电压(V_{o2})应不小于 0 V；当砝码质量为 200 g时，放大器输出电压(V_{o2})应不大于 3.3 V。

四、系统软件设计

系统软件设计分两步进行：第一步，设计 A/D 转换程序；第二步，修改 A/D 转换程序，加入非线性校正与标度变换模块。

1. A/D 转换

设计 A/D 转换程序，将输入的电压信号转换成数字量，并在 TFT 彩屏上显示。

为了提高采样精度，经常需要对 A/D 采样值进行数字滤波，以获得有效采样值。常用的数字滤波方法有：程序判断滤波、中值滤波、算术平均滤波和去极值平均滤波等。

2. 非线性校正与标度变换

在全量程范围内(0～200 g)选取足够多的测量点，读取 A/D 转换的数值。

以砝码质量为因变量，A/D 转换的数值为自变量，利用 Matlab 对这些 A/D 转换的数值进行最小二乘法线性拟合，得到质量计算公式（非线性校正与标度变换关系式）。

修改 A/D 转换程序，加入非线性校正与标度变换模块，形成完整的系统软件。

系统程序中，在得到 A/D 转换有效值后，将其代入质量计算公式，即得到被测质量，再将被测质量显示在 TFT 彩屏上。

主程序流程图见图 13-5。

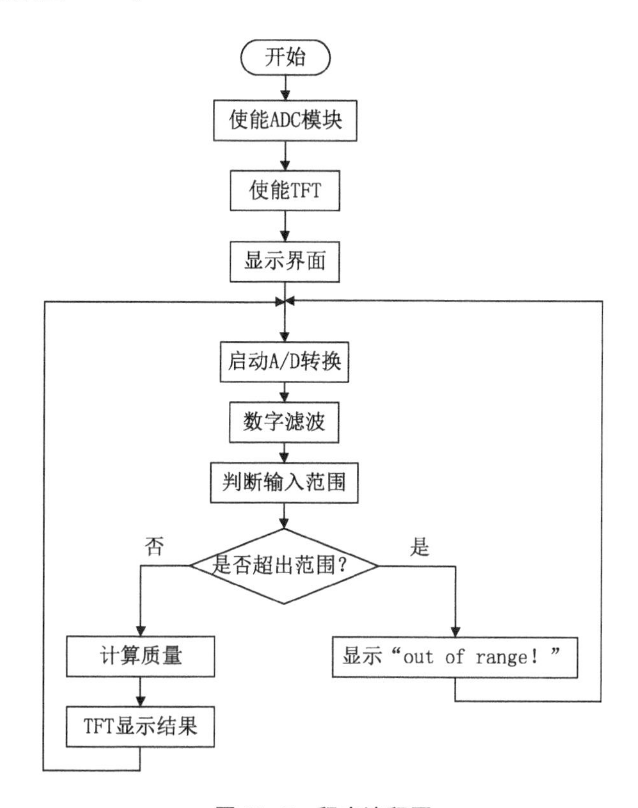

图 13-5　程序流程图

五、实验步骤

1. 安装、接线

在电源关闭状态下，根据图 13-2、图 13-4 示意图安装、接线。放大器输出电压 V_{o2} 端暂时不要接入 Cortex-M4 实验模块上的 A/D 输入端。Cortex-M4 实验模块通过 J-link 口与计算机连接，开关 K0 选择 GPIO（拨向上），接驳配套的实验箱（实验箱电源暂时关闭）。

实验电路使用了主机箱的 ±4 V 电源、±15 V 电源、电压表以及配套的实验箱（包含 Cortex-M4 实验模块），接线时要将 ±4 V 电源、±15 V 电源的地端和电压表的负端（地端）、实验箱的电源地端连接在一起（共地）。

2. 放大器调增益、调零

将图 13-4 所示应变传感器模块上仪器放大器的两输入端口（IC_1、IC_2 正端）引线暂时脱开，并用导线将其短接（$V_i=0$），放大器输出电压 V_{o2} 端接入主机箱电压表。调节放大器

增益电位器 R_{W3} 使增益最大(顺时针旋转到底)。将主机箱电压表的量程开关切换到 2 V 挡,合上主机箱电源开关。调节放大器的调零电位器 R_{W4},使电压表显示为零。再将电压表量程开关切换到 200 mV 挡,继续调零。

3. 电桥调零

拆去仪器放大器输入端口的短接线,复原电桥输出端与仪器放大器输入端暂时脱开的引线。当托盘载荷为零时,调节应变传感器模板上的电桥平衡电位器 R_{W1},使电压表显示为零(同样将电压表的量程开关依次切换到 2 V 挡和 200 mV 挡进行调零)。

4. 满量程调节

将主机箱上的电压表量程开关切换到 20 V 挡。

在托盘上放置 200 g 砝码,调节放大器增益电位器 R_{W3},使满量程时放大器输出电压 V_{o2} 不超过 A/D 转换器允许的最大输入电压(3.3 V),同时为了减小后端 ADC 的量化误差,使输出接近 3.3 V(如 3.2 V 左右)。

如果放大器增益调节至最大时(R_{W3} 顺时针旋转到底),其输出电压仍然较小,可以增加一级放大器。如果放大器输出电压为负值,可以交换电桥激励电源的接线(正、负极对调)或放大器两输入端口(IC_1、IC_2 正端)的引线。

托盘载荷为零时,调节放大器调零电位器 R_{W4},使输出接近 0 V(如 0.1 V 左右)。

反复交叉调节放大器增益(托盘载荷为 200 g 时调节 R_{W3},使输出接近 3.3 V,如 3.2 V 左右)和放大器零位(托盘载荷为零时调节 R_{W4},使输出接近 0 V,如 0.1 V 左右),直至符合要求为止。

5. 系统调试

将放大器输出电压 V_{o2} 端接入 A/D 输入端——Cortex-M4 实验模块上的 PB0 连接孔(PB0 即 ADC-CH8)。合上配套实验箱的电源开关。设计、调试 A/D 转换程序,运行 A/D 转换程序(程序下载后,按 S9 复位键即可),在托盘上放置砝码,按表 13-1 格式记录数据。

利用 Matlab 对这 10 组数据进行最小二乘法线性拟合,得到重力计算公式(非线性校正与标度变换关系式)。

设计系统程序(在 A/D 转换程序的基础上进行修改,加入非线性校正与标度变换模块):在得到 A/D 转换有效值后,将其代入质量计算公式,即得到被测质量,再将被测质量显示在 TFT 彩屏上。

表 13-1 砝码质量与 A/D 转换数值表

砝码质量/g	0	20	40	60	80	100
A/D 数值						
砝码质量/g	120	140	160	180	200	
A/D 数值						

6. 质量测量

运行系统程序进行测量:按照表 13-2 所列数据,在托盘上放置砝码,读取 TFT 彩屏显示数值(砝码规格有 1 g、2 g、5 g、10 g、20 g、50 g 等)。

表 13-2　砝码质量与显示质量对应表

砝码质量/g	0	1	2	5	10	21	33	45
显示质量/g								
砝码质量/g	57	69	70	82	94	106	118	120
显示质量/g								
砝码质量/g	133	144	155	166	177	188	199	200
显示质量/g								

六、实验扩展

分析参考程序,分析系统测量误差。

七、参考程序

main. c

```
1. #include "sys.h"
2. #include "gpio_bitband.h"
3. #include "delay.h"
4. #include "SysTickDelay.h"
5. #include "usart.h"
6. #include "led.h"
7. #include "lcd_ILI9341.h"
8. #include "stm32f4xx.h"
9. #include <stdio.h>
10. #include "adc.h"
11. int main(void)
12. {
13. u8 t=0;
14. float temp;
15. static u16 adcx;
16. float vol;
17. NVIC_PriorityGroupConfig(NVIC_PriorityGroup_2); //设置系统中断优先级分组 2
18. SysTick_Initaize();  //初始化延时函数
19. LEDInit();                    //初始化 LED
20. lcddev.height=320;
21. lcddev.width=240;
22. LCD_Init();
```

```
23. LCD_Clear(WHITE);
24. BACK_COLOR=WHITE;
25. POINT_COLOR=RED;      //设置字的颜色为红色
26. LCD_ShowString((240-9*8)/2,50,200,16,16,"STM32F407");
27. LCD_ShowString((240-18*8)/2,70,200,16,16,"Weight Measurement");
28. POINT_COLOR=MAGENTA; //设置字的颜色为紫红色
29. LCD_ShowString((240-11*8)/2,130,200,16,16,"Vol:      .  ");
30. LCD_ShowString((240-11*8)/2,150,200,16,16,"Dig:    ");
31. LCD_ShowString((240-11*8)/2,170,200,16,16,"W(g):      .  ");
32. NVIC_PriorityGroupConfig(NVIC_PriorityGroup_2); //设置系统中断优先级分组2
33. SysTick_Initaize();
34. LEDInit();            //初始化 LED
35. ADCInit();            //初始化 ADC
36. while(1)
37. {
38. adcx=Get_Adc_Average(ADC_Channel_8,20);//[电位器]获取 ADC 通道 8 的转换值,
    20 次,取平均
39. vol=(float)adcx/4095.0*3.3;          //数字量转换成电压
40. temp=(float)adcx*0.0757-11.9485;
41. if(temp<=10&&temp>0)temp=temp+0.6;
42. else if(temp>10&&temp<50) temp=temp+1.2;
43. LCD_ShowNum((240-11*8)/2+5*8+8,130,(u16)vol,3,16);          //显示电压值
44. LCD_ShowNum((240-11*8)/2+5*8+40,130,(vol-(u16)vol)*10000,4,16);
                                                                //显示小数部分
45. LCD_ShowNum((240-11*8)/2+4*8+8,150,adcx,4,16);              //显示数字量
46. LCD_ShowNum((240-11*8)/2+5*8+8,170,(u16)temp,3,16);     //显示整数部分
47. LCD_ShowNum((240-11*8)/2+5*8+40,170,(temp-(u16)temp)*10000,4,16);
     //显示小数部分
48. delay_ms(10);
49. t++;
50. if(t==20)
51. {
52. t=0;
53. LED0=!LED0;
54. }
55. }
56. }
```

实验三十七　智能位移传感器设计实验

一、实验目的

(1) 加深对电容式位移传感器结构及特点的理解。

(2) 学习如何设计智能位移传感器，掌握智能位移传感器硬件与软件设计的步骤。

二、实验内容

设计一简易智能位移传感器系统，位移测量范围为 0～5 mm，分辨率为 0.05 mm。

采用差动电容式位移传感器测量位移，将传感器输出的信号调理、放大后，输入到 Cortex-M4 实验模块，通过 A/D 转换得到相对应的数字量。

建立非线性校正与标度变换关系式，根据 A/D 转换的数字量计算出对应的位移大小，并且由显示模块显示结果。

三、系统硬件设计

简易智能位移传感器系统由 4 部分组成：差动电容式位移传感器、信号调理放大电路、Cortex-M4 实验模块和 TFT 显示模块等。系统硬件框图如图 13-6 所示。

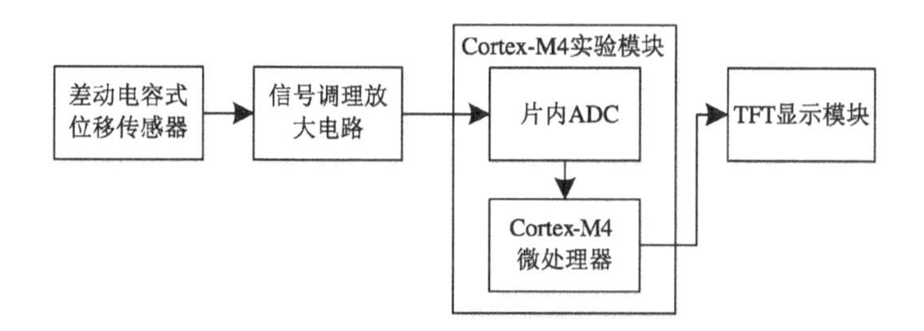

图 13-6　智能位移传感器系统硬件框图

1. 差动电容式位移传感器

本实验采用的传感器为圆筒式变面积差动结构的电容式位移传感器，如图 13-7 所示，它是由两个圆筒和一个可移动的圆柱组成。

设圆筒的半径为 R，圆柱的半径为 r，圆柱的长为 x，则电容量为：

$$C=\frac{2\varepsilon\pi x}{\ln\frac{R}{r}} \tag{13-2}$$

图 13-7 中 C_1、C_2 是差动结构，当圆柱产生 Δx 位移时，电容的变化量为：

$$\Delta C=C_1-C_2=\frac{2\varepsilon\pi\cdot\Delta x}{\ln\frac{R}{r}} \tag{13-3}$$

式中，$2\varepsilon\pi$、$\ln\dfrac{R}{r}$ 为常数，所以 ΔC 与位移 Δx 成正比，利用配套的电路测量 ΔC，就可以测量出位移 Δx。

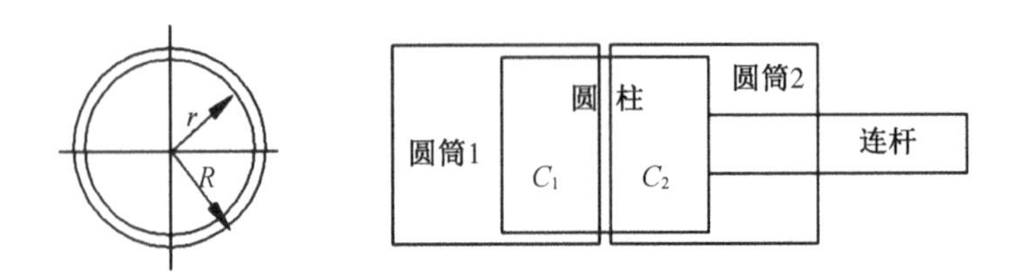

图 13-7　电容式位移传感器结构图

2. 测量电路

测量电路框图如图 13-8 所示。电容变换器的核心部分为二极管环路充放电电路，其电压输出与 ΔC 成正比。

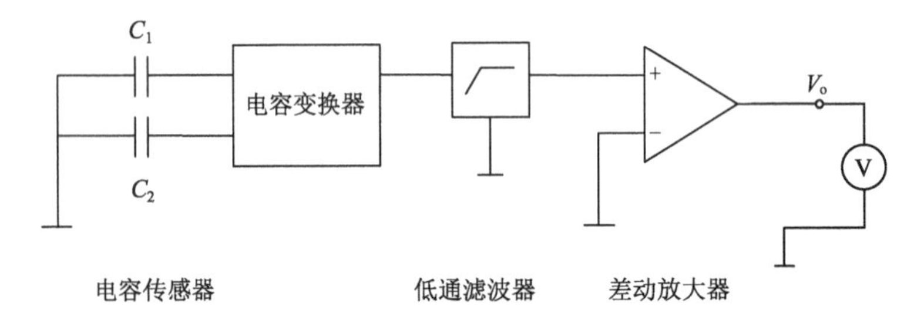

图 13-8　电容传感器位移实验原理图

3. 电容位移传感器模板及接线

电容位移传感器模板及接线如图 13-9 所示。电容位移传感器测量对象为位移，传感器信号经调理、放大后输出。±15 V 电源为 555 振荡器和运算放大器工作电源。

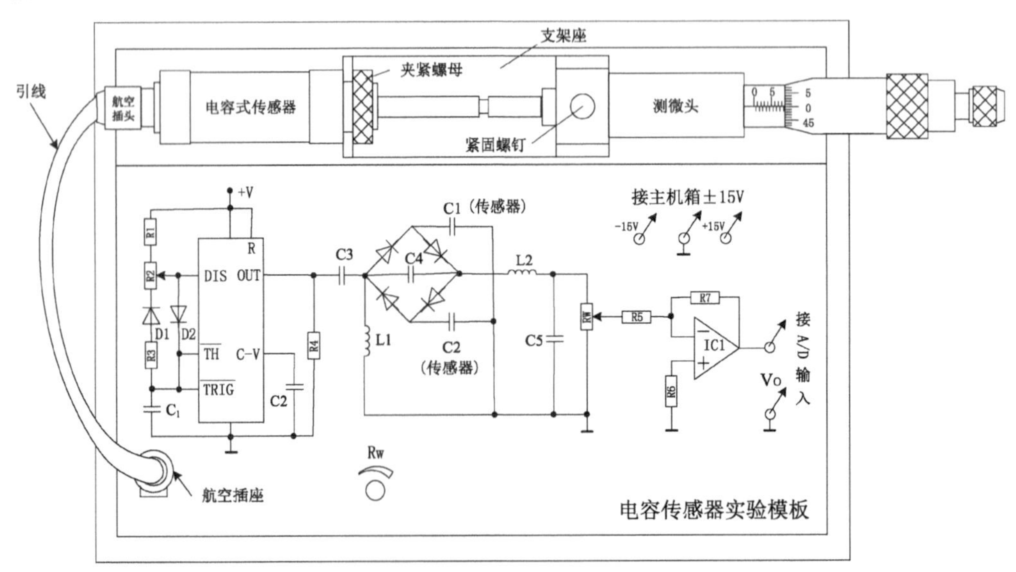

图 13-9　电容位移传感器实验模板、接线示意图

4. 硬件调试步骤

系统零位和满量程调节：根据系统设计要求，位移测量范围为 0～5 mm，而 Cortex-M4 片内 A/D 的输入范围为 0～3.3 V。所以，当位移为 0 mm 时，放大器输出电压应不小于 0 V；当位移为 5 mm 时，放大器输出电压应不大于 3.3 V。

四、系统软件设计

系统软件设计分两步进行：第一步，设计 A/D 转换程序；第二步，修改 A/D 转换程序，加入非线性校正与标度变换模块。

1. A/D 转换

设计 A/D 转换程序，将输入的电压信号转换成数字量，并在 TFT 彩屏上显示。

为了提高采样精度，经常需要对 A/D 采样值进行数字滤波，以获得有效采样值。常用的数字滤波方法有：程序判断滤波、中值滤波、算术平均滤波和去极值平均滤波等。

2. 非线性校正与标度变换

在全量程范围内(0～5 mm)，选取足够多的测量点，读取 A/D 转换的数值。以位移为因变量，A/D 转换的数值为自变量，利用 Matlab 对这些 A/D 转换的数值进行最小二乘法线性拟合，得到位移计算公式(非线性校正与标度变换关系式)。修改 A/D 转换程序，加入非线性校正与标度变换模块，形成完整的系统软件。

系统程序中，在得到 A/D 转换有效值后，将其代入位移计算公式，即得到被测位移，再将被测位移显示在 TFT 彩屏上。

程序流程图如图 13-10 所示。

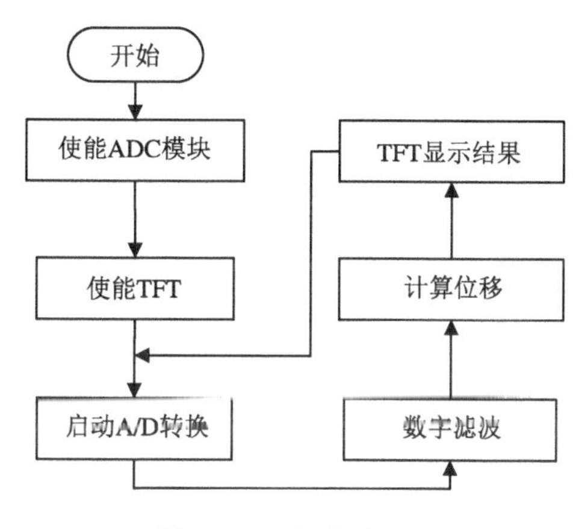

图 13-10　程序流程图

五、实验步骤

1. 安装、接线

在电源关闭状态下，根据图 13-9 安装、接线。

放大器输出电压端暂时不要接入 Cortex-M4 实验模块上的 A/D 输入端。

Cortex-M4 实验模块通过 J-link 口与计算机连接，开关 K0 选择 GPIO(拨向上)，接驳配套的实验箱(实验箱电源暂时关闭)。

实验电路使用了主机箱的±15 V电源、电压表以及配套的实验箱(包含Cortex-M4实验模块),接线时要将±15 V电源的地端和电压表的负端(地端)、实验箱的电源地端连接在一起(共地)。

2. 零点调节

将实验模板上的R_w旋钮顺时针转到底(使输出电压最大),将主机箱上的电压表量程切换到2 V挡,放大器输出端接入主机箱电压表,合上主机箱电源开关。

旋转测微头微分筒使其刻度(读数)大约处于中间位置(10 mm处),再将测微头放入支架套筒中,与电容式传感器连杆接触。

在套筒中整体左右移动测微头,改变电容式传感器的动极板(圆筒)位置,首先确定并记录电压输出为正的方向(即正位移方向),然后使电压表读数大约为零,拧紧紧固螺钉,固定测微头。

调节测微头的微分筒,继续改变电容式传感器的动极板(圆筒)位置,使电压表显示为0 V,再将电压表量程开关切换到200 mV挡,继续旋转测微头调零。记录此处测微头读数,此处为位移零点($\Delta X=0$)。

3. 满量程调节

将主机箱上的电压表量程开关切换到20 V挡。

从位移零点向正位移方向旋转测微头5 mm(10圈),在$\Delta X=5$ mm处调节R_w使满量程时输出电压不超过A/D转换器允许的最大输入电压(3.3 V),同时为了减小后端ADC的量化误差,使输出接近3.3 V(如3.2 V左右)即可。

4. 系统调试

将放大器输出电压端接入A/D输入端——Cortex-M4实验模块上的PB0连接孔(PB0即ADC-CH8);合上配套实验箱的电源开关。

设计、调试A/D转换程序,运行A/D转换程序(程序下载后,按S9复位键即可),按照表13-3调节位移(反向旋转测微头,旋转1圈为0.5 mm),将数据记录在表中。

利用Matlab对这10组数据进行最小二乘法线性拟合,得到位移计算公式(非线性校正与标度变换关系式)。

设计系统程序(修改A/D转换程序,加入非线性校正与标度变换模块):在得到A/D转换有效值后,将其代入位移计算公式,即得到被测位移,再将被测位移显示在TFT彩屏上。

表13-3 位移与A/D转换数值表

位移/mm	5	4.5	4	3.5	3	2.5	2
A/D数值							
位移/mm	1.5	1	0.5	0			
A/D数值							

5. 位移测量实验

运行系统程序进行测量:按照表13-4所列位移数值,旋转测微头调节位移,读取TFT

彩屏显示数值。

表 13-4　实验数据表　　（单位：mm）

位移	0	0.55	1.05	1.55	2.05	2.55	3.05
显示位移							
位移	3.55	4.05	4.55	4.95	5		
显示位移							

六、实验扩展

如果系统的位移量程为 0～±5 mm，如何设计该系统？测微头机械回差会影响测量准确度，如何解决这个问题？

七、参考程序

main.c

```
1. #include "sys.h"
2. #include "gpio_bitband.h"
3. #include "delay.h"
4. #include "SysTickDelay.h"
5. #include "usart.h"
6. #include "led.h"
7. #include "lcd_ILI9341.h"
8. #include "stm32f4xx.h"
9. #include <stdio.h>
10. #include "adc.h"
11. int main(void)
12. {
13. u8 t=0;
14. float temp;
15. static u16 adcx;
16. float vol;
17. NVIC_PriorityGroupConfig(NVIC_PriorityGroup_2);//设置系统中断优先级分组 2
18. SysTick_Initaize();  //初始化延时函数
19. LEDInit();                          //初始化 LED
20. lcddev.height=320;
21. lcddev.width=240;
22. LCD_Init();
```

```
23. LCD_Clear(WHITE);
24. BACK_COLOR=WHITE;
25. POINT_COLOR=RED;     //设置字的颜色为红色
26. LCD_ShowString((240-9*8)/2,50,200,16,16,"STM32F407");
27. LCD_ShowString((240-18*8)/2,70,200,16,16,"Distance Measurement");
28. POINT_COLOR=MAGENTA;//设置字的颜色为紫红色
29. LCD_ShowString((240-11*8)/2,130,200,16,16,"Vol:     . ");
30. LCD_ShowString((240-11*8)/2,150,200,16,16,"Dig:     ");
31. LCD_ShowString((240-11*8)/2,170,200,16,16,"L(mm):     . ");
32. NVIC_PriorityGroupConfig(NVIC_PriorityGroup_2);//设置系统中断优先级分组2
33. SysTick_Initaize();
34. LEDInit();          //初始化 LED
35. ADCInit();          //初始化 ADC
36. while(1)
37. {
38. adcx=Get_Adc_Average(ADC_Channel_8,20);//[电位器]获取 ADC 通道8的转换值,
    20次,取平均
39. vol=(float)adcx/4095.0*3.3;
40. temp=(float)adcx*0.0757-11.9485;
41. if(temp<=10&&temp>0)temp=temp+0.6;
42. else if(temp>10&&temp<50) temp=temp+1.2;
43. LCD_ShowNum((240-11*8)/2+5*8+8,130,(u16)vol,3,16);    //显示电压值
44. LCD_ShowNum((240-11*8)/2+5*8+40,130,(vol-(u16)vol)*10000,4,16);//显
    示小数部分
45. LCD_ShowNum((240-11*8)/2+4*8+8,150,adcx,4,16);    //显示数字量
46. LCD_ShowNum((240-11*8)/2+5*8+8,170,(u16)temp,3,16);    //显示整数
    部分
47. LCD_ShowNum((240-11*8)/2+5*8+40,170,(temp-(u16)temp)*10000,4,
    16);//显示小数部分
48. delay_ms(10);
49. t++;
50. if(t==20)
51. {
52. t=0;
53. LED0=!LED0;
54. }
55. }
56. }
```

实验三十八　智能气压传感器设计实验

一、实验目的

(1) 加深对半导体扩散型压阻式压力传感器结构及特点的理解。

(2) 学习如何设计智能气压传感器，掌握智能气压传感器硬件与软件设计的步骤。

二、实验内容

设计一简易智能气压传感器系统，气压测量范围为 2～15 kPa，分辨率为 0.1 kPa 。

采用半导体扩散型压阻式压力传感器测量气体压力，将传感器输出的电压信号调理、放大后，输入到 Cortex-M4 实验模块，通过 A/D 转换得到相对应的数字量。

建立非线性校正与标度变换关系式，根据 A/D 转换的数字量计算出对应的气压大小，并且通过显示模块显示结果。

三、系统硬件设计

简易智能气压传感器系统由 4 部分组成：半导体扩散型压阻式压力传感器、信号调理放大电路、Cortex-M4 实验模块和 TFT 显示模块等。系统硬件框图如图 13-11 所示。

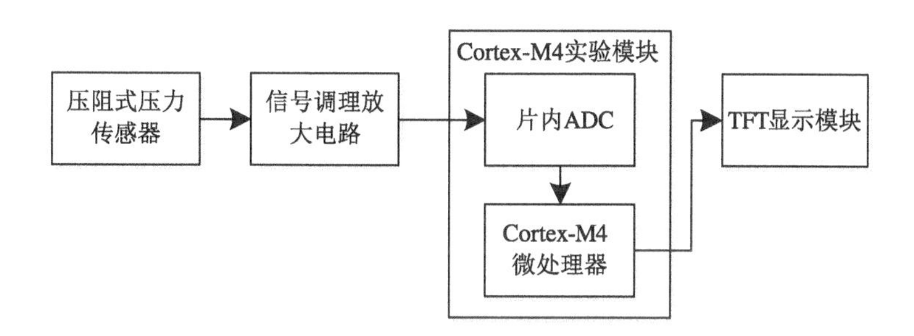

图 13 11　智能气压传感器系统硬件框图

1. 半导体扩散型压阻式压力传感器

半导体压阻式传感器有两种类型：一类是利用半导体材料的体电阻制作成的粘贴式半导体应变计；另一类是在半导体材料的基片上，用集成电路工艺制作成扩散电阻而制成的传感器，称为扩散型压阻式传感器。

扩散型压阻式传感器一般采用 N 型单晶硅作为传感器的弹性元件(基片)，在它上面蒸镀扩散出多个半导体电阻应变薄膜或敏感栅(扩散出 P 型或 N 型电阻条)组成电桥。

2. 半导体电阻电桥电路

如图 13-12 所示，半导体电阻应变薄膜或敏感栅组成电桥。

在压力作用下，半导体电阻应变薄膜或敏感栅产生应变，电阻率发生很大变化，引起电

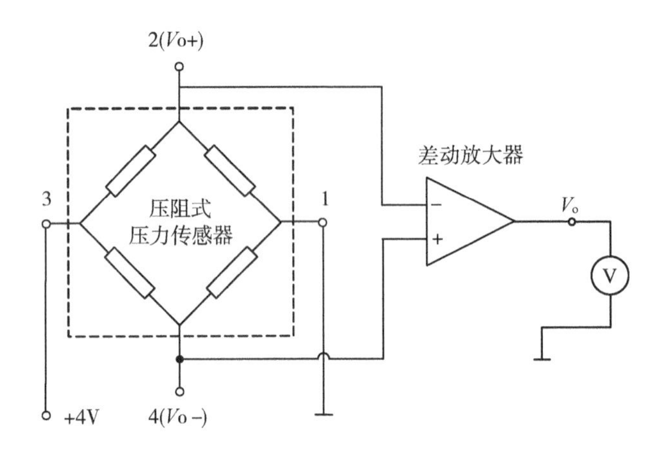

图 13-12　半导体电阻电桥电路

阻的变化，我们把这个电阻的变化引入测量电路，电路输出电压的变化就反映了所受到的压力变化。

3. 压力传感器模板及接线

压力传感器模板及接线如图 13-13 所示。压力传感器测量对象为气源气压，传感器信号经放大器放大后输出。±15 V 电源为运算放大器工作电源，+4 V 电源为传感器工作电源。

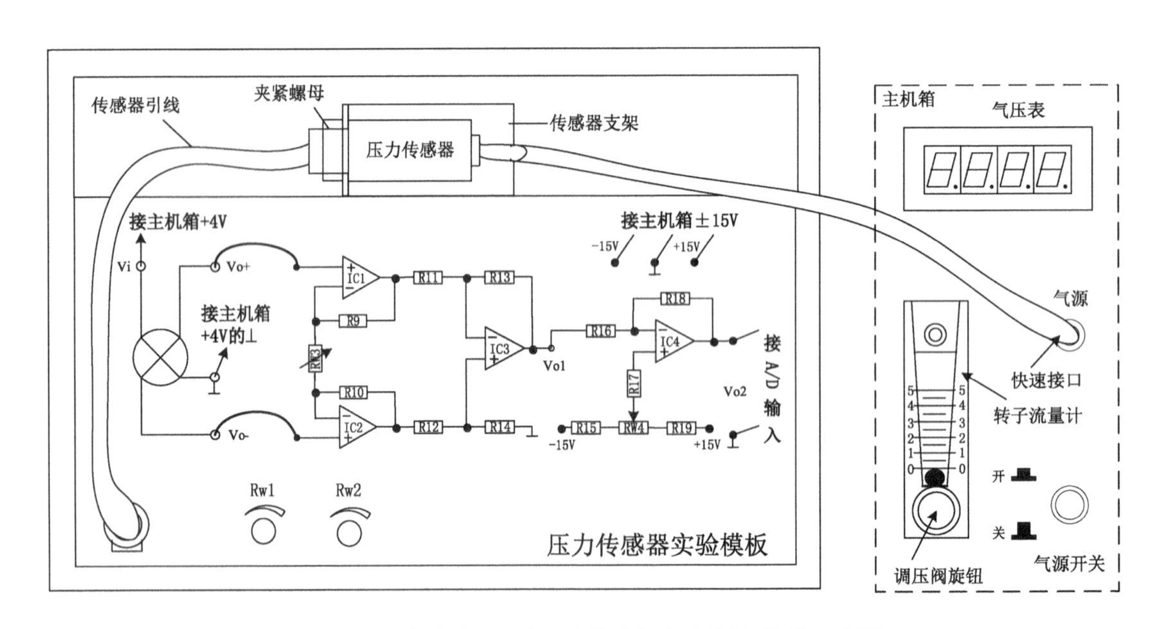

图 13-13　扩散型压阻式压力传感器实验模板、接线示意图

4. 硬件调试步骤

① 放大器增益调节和零位调节；

② 系统零位和满量程调节。

根据系统设计要求，气压测量范围为 2～15 kPa，而 Cortex-M4 片内 A/D 的输入范围

为 0～3.3 V。所以，当气压为 2 kPa 时，放大器输出电压应不小于 0 V；当气压为 15 kPa 时，放大器输出电压应不大于 3.3 V。

四、系统软件设计

系统软件设计分两步进行：第一步，设计 A/D 转换程序；第二步，修改 A/D 转换程序，加入非线性校正与标度变换模块。

1. A/D 转换

设计 A/D 转换程序，将输入的电压信号转换成数字量，并在 TFT 彩屏上显示。

为了提高采样精度，经常需要对 A/D 采样值进行数字滤波，以获得有效采样值。常用的数字滤波方法有：程序判断滤波、中值滤波、算术平均滤波和去极值平均滤波等。

2. 非线性校正与标度变换

在全量程范围内(2～15 kPa)选取足够多的测量点，读取 A/D 转换的数值。

以气压为因变量，A/D 转换的数值为自变量，利用 Matlab 对这些 A/D 转换的数值进行最小二乘法线性拟合，得到气压计算公式(非线性校正与标度变换关系式)。修改 A/D 转换程序，加入非线性校正与标度变换模块，形成完整的系统软件。

系统程序中，在得到 A/D 转换有效值后，将其代入气压计算公式，即得到被测气压，再将被测气压显示在 TFT 彩屏上。

程序流程图如图 13-14 所示。

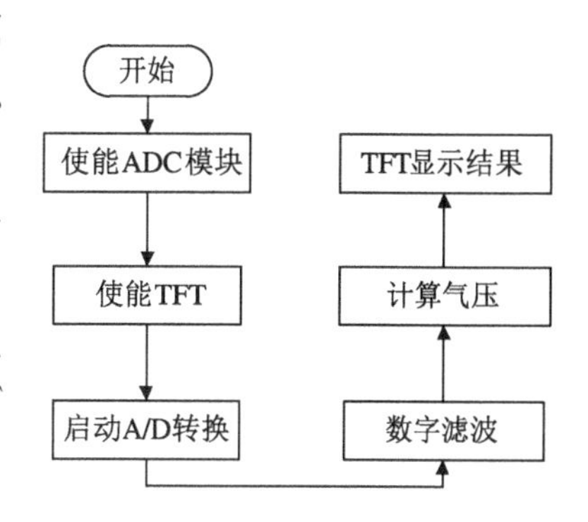

图 13-14 程序流程图

五、实验步骤

1. 安装、接线

在电源关闭状态下，根据图 13-13 安装、接线。

放大器输出电压 V_{o2} 端暂时不要接入 Cortex-M4 实验模块上的 A/D 输入端。

Cortex-M4 实验模块通过 J-link 口与计算机连接，开关 K0 选择 GPIO(拨向上)，接驳配套的实验箱(实验箱电源暂时关闭)。

实验电路使用了主机箱的 +4 V 电源、±15 V 电源、电压表以及配套的实验箱(包含 Cortex-M4 实验模块)，接线时要将 +4 V 电源、±15 V 电源的地端和电压表的负端(地端)、实验箱的电源地端连接在一起(共地)。

2. 放大器调增益、调零

将图 13-13 所示的压力传感器实验模板上仪器放大器的两输入端口引线暂时脱开，并用导线将其短接($V_i=0$)，放大器输出电压 V_{o2} 端接入主机箱电压表。调节放大器增益电位器 R_{W1} 使增益最大(顺时针旋转到底)。将主机箱电压表的量程开关切换到 2 V 挡，合上主机箱电源开关。调节放大器的调零电位器 R_{W2}，使电压表显示为零。再将电压表量程开关切换到 200 mV 挡，继续调零。拆去仪器放大器输入端口的短接线，复原传感器输出与仪器放大器输入端暂时脱开的引线。

3. 满量程调节

将主机箱上的电压表量程开关切换到 20 V 挡。

将气压调到 15 kPa，调节放大器增益电位器 R_{W1}，使满量程时输出电压不超过 A/D 转换器允许的最大输入电压(3.3 V)，同时为了减小后端 ADC 的量化误差，使输出接近 3.3 V(如 3.2 V左右)即可。

将气压调到 2 kPa，调节放大器的调零电位器 R_{W2}，使输出接近 0 V(如 0.1 V 左右)。

反复交叉调节放大器增益(将气压调到 15 kPa，调节 R_{W1} 使输出电压接近 3.3 V，如 3.2 V左右)和放大器零位(将气压调到 2 kPa，调节 R_{W2}，使输出接近 0 V，如 0.1 V 左右)，直至符合要求为止。

4. 系统调试

将放大器输出电压 V_{o2} 端接入 A/D 输入端——Cortex-M4 实验模块上的 PA3 连接孔(PA3 即 ADC-CH3)。合上配套实验箱的电源开关。

设计、调试 A/D 转换程序，运行 A/D 转换程序(程序下载后，按 S9 复位键即可)，按照表 13-5 调节气压、记录数据。

利用 Matlab 对这 13 组数据进行最小二乘法线性拟合，得到气压计算公式(非线性校正与标度变换关系式)。

设计系统程序(修改 A/D 转换程序，加入非线性校正与标度变换模块)：在得到 A/D 转换有效值后，将其代入气压计算公式，即得到被测气压，再将被测气压显示在 TFT 彩屏上。

表 13-5　气压与 A/D 转换数值表

气压/kPa	2	3	4	5	6	7	8
A/D 数值							
气压/kPa	9	10	11	12	13	14	15
A/D 数值							

5. 气压测量实验

运行系统程序进行测量：按照表 13-6，调节气源输出气压，读取 TFT 彩屏上的显示数值。

表 13-6　实验数据表　(单位：kPa)

输出气压	2	3.1	4.3	5.5	6.7	7.9	8	9.2
测量气压								
输出气压	10.4	11.6	12.8	13	14.1	14.9	15	
测量气压								

六、实验扩展

分析参考程序，并分析系统测量误差。

七、参考程序

main. c

```
1. #include "sys.h"
2. #include "gpio_bitband.h"
3. #include "delay.h"
4. #include "SysTickDelay.h"
5. #include "usart.h"
6. #include "led.h"
7. #include "lcd_ILI9341.h"
8. #include "stm32f4xx.h"
9. #include <stdio.h>
10. #include "adc.h"
11. int main(void)
12. {
13. u8 t=0;
14. float temp;
15. static u16 adcx;
16. float vol;
17. NVIC_PriorityGroupConfig(NVIC_PriorityGroup_2);     //设置系统中断优先级分组2
18. SysTick_Initaize();  //初始化延时函数
19. LEDInit();                //初始化 LED
20. lcddev.height=320;
21. lcddev.width=240;
22. LCD_Init();
23. LCD_Clear(WHITE);
24. BACK_COLOR=WHITE;
25. POINT_COLOR=RED;     //设置字的颜色为红色
26. LCD_ShowString((240-9*8)/2,50,200,16,16,"STM32F407");
27. LCD_ShowString((240-18*8)/2,70,200,16,16,"Pressure Measurement");
28. POINT_COLOR=MAGENTA; //设置字的颜色为紫红色
29. LCD_ShowString((240-11*8)/2,130,200,16,16,"Vol:      .  ");
30. LCD_ShowString((240-11*8)/2,150,200,16,16,"Dig:     ");
31. LCD_ShowString((240-11*8)/2,170,200,16,16,"P(Kpa):      .  ");
32. NVIC_PriorityGroupConfig(NVIC_PriorityGroup_2);     //设置系统中断优先级分组2
33. SysTick_Initaize();
34. LEDInit();     //初始化 LED
```

```
35. ADCInit();    //初始化 ADC
36. while(1)
37. {
38. adcx=Get_Adc_Average(ADC_Channel_3,20);
                        //[电位器]获取 ADC 通道 3 的转换值,20 次,取平均
39. vol=(float)adcx/4095.0*3.3;
40. temp=(float)adcx*0.0757-11.9485;
41. if(temp<=10&&temp>0)temp=temp+0.6;
42. else if(temp>10&&temp<50) temp=temp+1.2;
43. LCD_ShowNum((240-11*8)/2+5*8+8,130,(u16)vol,3,16);        //显示电压值
44. LCD_ShowNum((240-11*8)/2+5*8+40,130,(vol-(u16)vol)*10000,4,16);
                                                            //显示小数部分
45. LCD_ShowNum((240-11*8)/2+4*8+8,150,adcx,4,16);            //显示数字量
46. LCD_ShowNum((240-11*8)/2+5*8+8,170,(u16)temp,3,16);     //显示整数部分
47. LCD_ShowNum((240-11*8)/2+5*8+40,170,(temp-(u16)temp)*10000,4,16);
                                                            //显示小数部分
48. delay_ms(10);
49. t++;
50. if(t==20)
51. {
52. t=0;
53. LED0=!LED0;
54. }
55. }
56. }
```

实验三十九 智能网络传感器设计实验

一、实验目的

(1) 了解智能网络(以太网)传感器的结构。
(2) 学习如何设计智能网络传感器,掌握智能网络传感器硬件与软件设计的步骤。

二、实验内容

以实验三十八为基础,设计一简易智能网络气压传感器系统,将智能气压传感器接入网络,将采集到的信息通过以太网发送给PC机,由TCP调试软件调试并显示。

三、系统硬件设计

在已有的智能气压传感器的基础上,嵌入TCP/IP协议,采用以太网标准接口,将传感器与PC机(网络设备)连接。

简易智能网络气压传感器系统由5部分组成:半导体扩散型压阻式压力传感器、信号调理放大电路、Cortex-M4实验模块、以太网模块和PC机(网络设备)等。

系统硬件框图如图13-15所示。

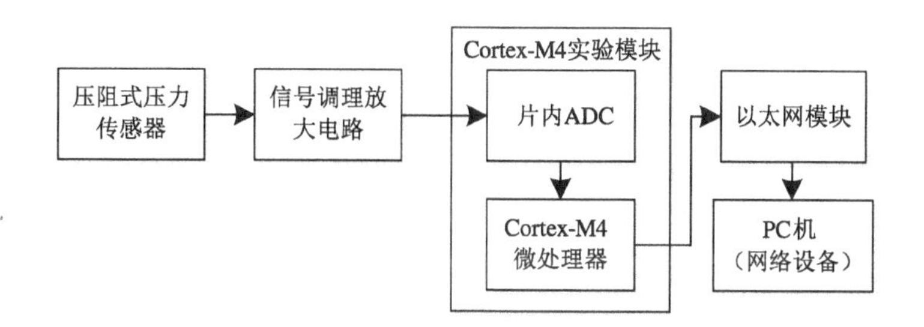

图13-15 智能网络气压传感器系统框图

1. 网络通信方式

STM32F407芯片自带以太网模块,可以通过片内以太网模块实现网络通信;另外,芯片还可以通过串口与外部以太网模块连接,实现模拟网络通信。

本实验将STM32F407的串口与外部以太网模块EtherNet_CH9121连接,采用TCP_Client模式,实现网络通信功能。硬件框图见图13-16。

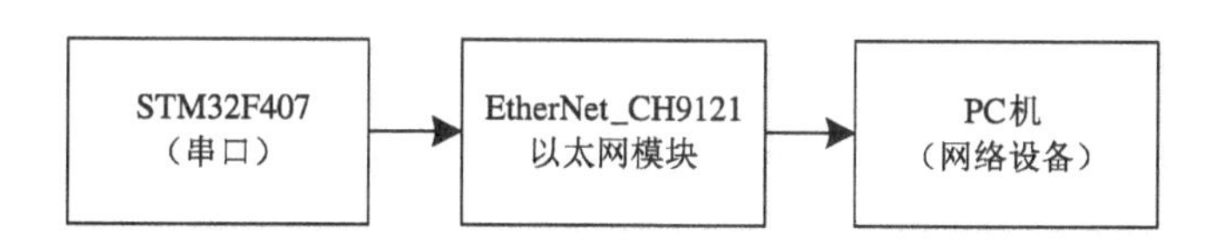

图13-16 基于CH9121透传模块的应用框图

2. EtherNet_CH9121 以太网模块简介

EtherNet_CH9121 是以 CH9121 以太网芯片为核心的以太网模块，可实现 TCP 或 UDP 网络数据包与串口(TTL 电平)数据包的透明传输。作为一款多功能型嵌入式数据转换模块，其内部集成了硬件 TCP/IP 协议栈和 10～100 M 以太网数据链路层(MAC)及物理层(PHY)。用户通过串口可以轻松地将终端接入网络，大大减少了开发时间和开发成本。

EtherNet_CH9121 以太网模块可以通过串口或网络发送指令实时修改参数，也可以通过参数设置软件查询、修改参数。串口波特率支持 300～921 600 b/s。模块的工作模式有 TCP_Server 模式、TCP_Client 模式、UDP_Client 模式和 UDP_Server 模式 4 种方式。

该模块作为通用的串口转以太网透传设备，可将 51、AVR、PIC、ARM 等单片机(MCU)及其他串口(TTL)设备接入以太网。

四、系统软件设计

系统软件设计分两步进行：第一步，设计智能气压传感器系统软件；第二步，加入网络通信模块，将采集到的信息通过以太网发送给 PC 机并显示。

程序流程图如图 13-17 所示。

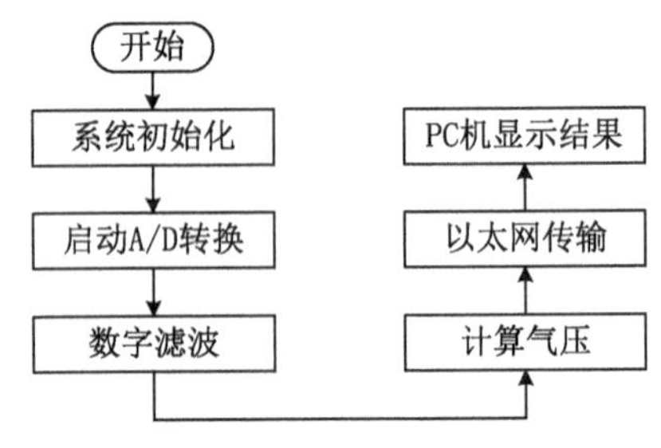

图 13-17 主程序流程图

五、实验步骤

(1) 参考实验三十八的实验步骤(安装、接线与设计、调试)，设计、调试智能网络传感器系统的硬件、软件。

(2) 用网线连接 EtherNet_CH9121 以太网模块和 PC 机，STM32F407 串口与 EtherNet_CH9121 以太网模块已经在实验系统内部连接。

(3) 参考实验二十六配置网络通信模块。

(4) 调试并下载程序。

(5) 运行系统程序进行测量：按照表 13-7，调节气源输出气压，读取 PC 机显示数值。

表 13-7 输出气压与测量气压数据表 (单位：kPa)

输出气压	2.0	3.1	4.2	5.3	6.4	7.5	8.6	9.7
测量气压								
输出气压	10.8	11.9	12.0	13.2	13.4	14.6	14.8	15.0
测量气压								

六、实验扩展

了解 STM32F407 片内以太网模块，思考如何通过片内以太网模块实现网络通信。

七、参考程序

main. c

```
1. #include "main.h"
2. char *reverse(char *s)
3. {
4. char temp;
5. char *p = s;      //p指向s的头部
6. char *q = s;      //q指向s的尾部
7. while(*q)
8. ++q;
9. q--;
10. //交换移动指针,直到p和q交叉
11. while(q > p)
12. {
13. temp = *p;
14. *p++ = *q;
15. *q-- = temp;
16. }
17. return s;
18. }
19. /*
20. * 功能:整数转换为字符串
21. * char s[] 的作用是存储整数的每一位
22. */
23. char *my_itoa(int n)
24. {
25. int i = 0,isNegative = 0;
26. static char s[100];        //必须为static变量,或者是全局变量
27. if((isNegative = n) < 0)//如果是负数,先转为正数
28. {
29. n = -n;
30. }
31. do          //从个位开始变为字符,直到最高位,最后应该反转
32. {
33. s[i++] = n%10 + '0';
34. n = n/10;
35. } while(n > 0);
```

```
36. if(isNegative < 0)      //如果是负数,补上负号
37. {
38. s[i++] = '-';
39. }
40. s[i] = '\0';     //最后加上字符串结束符
41. return reverse(s);
42. }
43. int main(void)
44. {
45. static u16 adcx, dacx;
46. static u16 adcv_int, adcv_dec;
47. static u16 dacv_int, dacv_dec;
48. static float temp,adcv,vol;
49. u8 DATA[128];
50. u8 cnt=0;
51. u8 t=0;
52. u8 k=1;
53. u16 j=0;
54. u8 m=1;
55. u16 n=0;
56. unsigned char * s;
57. static u16 dacval=0;
58. u8 key;
59. NVIC_PriorityGroupConfig(NVIC_PriorityGroup_2);  //设置系统中断优先级分组 2
60. SysTick_Initaize();        //初始化延时函数
61. uart1_init(115200);        //串口初始化波特率为 115200 b/s
62. uart3_init(9600);          //串口初始化波特率为 9600 b/s
63. LEDInit();                     //初始化 LED
64. ADCInit();                     //ADC 初始化
65. KEYInit();                     //按键初始化
66. printf("★★★STM32F407 实验扩展模块 ADC 实验★★★\r\n\r\n");
67. while(1)
68. {
69. cnt++;
70. if(cnt==10)
71. {
72. adcx=Get_Adc_Average(ADC_Channel_3,10);       // 得到 ADC 转换值
73. vol=(float)adcx*(3.3/4096);        // 计算 ADC 值对应的电压值(参考电压 3.3 V)
```

```
74. temp=(float)adcx*0.0757-11.9485;
75. adcv = temp;                    // 气压值
76. adcv_int=temp;                  // 气压值的整数部分
77. temp-=adcv_int;
78. temp*=1000;
79. adcv_dec=temp;                  //气压值的小数部分
80. printf("STM32F407 DAC TEST Demo\r\n");
81. printf("ADC VOL: %4.3fV\r\n", adcv); // 显示采样到的电压值的整数部分
82. printf("=========================\r\n");
83. unsigned char* p;
84. unsigned char* w;
85. unsigned char data[100]="gas pressure(kpa): ";
86. j=adcv_int;
87. p=my_itoa(adcv_int);
88. while(1)
89. {
90. j=j/10;
91. if(j==0)
92. break;
93. else  k++;
94. }              //判断整数部分有几位
95. for(t=0;t<k;t++)
96. {
97. data[18+t]=*p;
98. p++;
99. }
100. data[18+k]='.';
101. w=my_itoa(adcv_dec);
102. n=adcv_dec;
103. m=1;
104. while(1)
105. {
106. printf("n: %iV\r\n", n);
107. n=n/10;
108. if(n==0)
109. break;
110. else  m++;
111. }
```

```
112. if(m= =1)                   //如果小数部分只有一位
113. {
114. printf("m=1: %cV\r\n", *w);
115. data[19+k]='0';
116. data[20+k]='0';
117. data[21+k]= *w;
118. data[22+k]='\n';
119. }
120. if(m= =2)                    //如果小数部分有两位
121. {
122. printf("m=2: %cV\r\n", *w);
123. data[19+k]='0';
124. data[20+k]= *w+ +;
125. data[21+k]= *w;
126. data[22+k]='\n';
127. }
128. if(m= =3)                    //如果小数部分有三位
129. {
130. printf("m=3: %cV\r\n", *w);
131. for(t=0;t<m;t+ +)
132. {
133. data[19+k+t]= *w+ +;
134. }
135. data[22+k]='\n';
136. }
137. for(t=0;t<100;t+ +)
138. {
139. USART_SendData(USART3,data[t]);                              //发送数据
140. while(USART_GetFlagStatus(USART3, USART_FLAG_TC)!=SET);
                                                                   //等待发送结束
141. }
142. LED0=!LED0;
143. cnt=0;
144. k=1;
145. }
146. delay_ms(1000);
147. }
148. }
```

附录一

一、Pt100 铂电阻分度表

分度号：BA_2　$R_0 = 100\ \Omega$　$\alpha = 0.003\ 910$

温度/℃	电阻值/Ω									
	0	1	2	3	4	5	6	7	8	9
0	100.00	100.40	100.79	101.19	101.59	101.98	102.38	102.78	103.17	103.57
10	103.96	104.36	104.75	105.15	105.54	105.94	106.33	106.73	107.12	107.52
20	107.91	108.31	108.70	109.10	109.49	109.88	110.28	110.67	111.07	111.46
30	111.85	112.25	112.64	113.03	113.43	113.82	114.21	114.60	115.00	115.39
40	115.78	116.17	116.57	116.96	117.35	117.74	118.13	118.52	118.91	119.31
50	119.70	120.09	120.48	120.87	121.26	121.65	122.04	122.43	122.82	123.21
60	123.60	123.99	124.38	124.77	125.16	125.55	125.94	126.33	126.72	127.10
70	127.49	127.88	128.27	128.66	129.05	129.44	129.82	130.21	130.60	130.99
80	131.37	131.76	132.15	132.54	132.92	133.31	133.70	134.08	134.47	134.86
90	135.24	135.63	136.02	136.40	136.79	137.17	137.56	137.94	138.33	138.72
100	139.10	139.49	139.87	140.26	140.64	141.02	141.41	141.79	142.18	142.66
110	142.95	143.33	143.71	144.10	144.48	144.86	145.25	145.63	146.10	146.40
120	146.78	147.16	147.55	147.93	148.31	148.69	149.07	149.46	149.84	150.22
130	150.60	150.98	151.37	151.75	152.13	152.51	152.89	153.27	153.65	154.03
140	154.41	154.79	155.17	155.55	155.93	156.31	156.69	157.07	157.45	157.83
150	158.21	158.59	158.97	159.35	159.73	160.11	160.49	160.86	161.24	161.62
160	162.00	162.38	162.76	163.13	163.51	163.89	164.27	164.64	165.02	165.40
170	165.78	166.15	166.53	166.91	167.28	167.66	168.03	168.41	168.79	169.16
180	169.54	169.91	170.29	170.67	171.04	171.42	171.79	172.17	172.54	172.92
190	173.29	173.67	174.04	174.41	174.79	175.16	175.54	175.91	176.28	176.66

二、Cu50 铜电阻分度表

分度号：Cu50　$R_0 = 50\ \Omega$　$\alpha = 0.004\ 280$

温度/℃	电阻值/Ω									
	0	1	2	3	4	5	6	7	8	9
0	50.00	50.21	50.43	50.64	50.86	51.07	51.28	51.50	51.71	51.93
10	52.14	52.36	52.57	52.78	53.00	53.21	53.43	53.64	53.86	54.07
20	54.28	54.50	54.71	54.92	55.14	55.35	55.57	55.78	56.00	56.21
30	56.42	56.64	56.85	57.07	57.28	57.49	57.71	57.92	58.14	58.35
40	58.56	58.78	58.99	59.20	59.42	59.63	59.85	60.06	60.27	60.49
50	60.70	60.92	61.13	61.34	61.56	61.77	61.98	62.20	62.41	62.63
60	62.84	63.05	63.27	63.48	63.70	63.91	64.12	64.34	64.55	64.76
70	64.98	65.19	65.41	65.62	65.83	66.05	66.26	66.48	66.69	66.90
80	67.12	67.33	67.54	67.76	67.97	68.19	68.40	68.62	68.83	69.04
90	69.26	69.47	69.68	69.90	70.11	70.33	70.54	70.76	70.97	71.18
100	71.40	71.61	71.83	72.04	72.25	72.47	72.68	72.90	73.11	73.33
110	73.54	73.75	73.97	74.18	74.40	74.61	74.83	75.04	75.26	75.47
120	75.68	75.90	76.11	76.33	76.54	76.76	76.97	77.19	77.40	77.62
130	77.83	78.05	78.26	78.48	78.69	78.91	79.12	79.34	79.55	79.77
140	79.98	80.20	80.41	80.63	80.84	81.06	81.27	81.49	81.70	81.92
150	82.13	—	—	—	—	—	—	—	—	—

三、K 型热电偶分度表

分度号：K　　(参考端温度为 0℃)

测量端温度/℃	热电动势/mV									
	0	1	2	3	4	5	6	7	8	9
0	0.000	0.039	0.079	0.119	0.158	0.198	0.238	0.277	0.317	0.357
10	0.397	0.437	0.477	0.517	0.557	0.597	0.637	0.677	0.718	0.758
20	0.798	0.838	0.879	0.919	0.960	1.000	1.041	1.081	1.122	1.162

（续表）

测量端温度/℃	热电动势/mV									
	0	1	2	3	4	5	6	7	8	9
30	1.203	1.244	1.285	1.325	1.366	1.407	1.448	1.489	1.529	1.570
40	1.611	1.652	1.693	1.734	1.776	1.817	1.858	1.899	1.949	1.981
50	2.022	2.064	2.105	2.146	2.188	2.229	2.270	2.312	2.353	2.394
60	2.436	2.477	2.519	2.560	2.601	2.643	2.684	2.726	2.767	2.809
70	2.850	2.892	2.933	2.975	3.016	3.058	3.100	3.141	3.183	3.224
80	3.266	3.307	3.349	3.390	3.432	3.473	3.515	3.556	3.598	3.639
90	3.681	3.722	3.764	3.805	3.847	3.888	3.930	3.971	4.012	4.054
100	4.095	4.137	4.178	4.219	4.261	4.302	4.343	4.384	4.426	4.467
110	4.508	4.549	4.590	4.632	4.673	4.714	4.755	4.796	4.837	4.878
120	4.919	4.960	5.001	5.042	5.083	5.124	5.164	5.205	5.246	5.287
130	5.327	5.368	5.409	5.450	5.490	5.531	5.571	5.612	5.652	5.693
140	5.733	5.774	5.814	5.855	5.895	5.936	5.976	6.016	6.057	6.097
150	6.137	6.177	6.218	6.258	6.298	6.338	6.378	6.419	6.459	6.499
160	6.539	6.579	6.619	6.659	6.699	6.739	6.779	6.819	6.859	6.899
170	6.939	6.979	7.019	7.059	7.099	7.139	7.179	7.219	7.259	7.299
180	7.338	7.378	7.418	7.458	7.498	7.538	7.578	7.618	7.658	7.697
190	7.737	7.777	7.817	7.857	7.897	7.937	7.977	8.017	8.057	8.097
200	8.137	8.177	8.216	8.256	8.296	8.336	8.376	8.416	8.456	8.497
210	8.537	8.577	8.617	8.657	8.697	8.737	8.777	8.817	8.857	8.898
220	8.938	8.978	9.018	9.058	9.099	9.139	9.179	9.220	9.260	9.300
230	9.341	9.381	9.421	9.462	9.502	9.543	9.583	9.624	9.664	9.705
240	9.745	9.786	9.826	9.867	9.907	9.948	9.989	10.029	10.070	10.111
250	10.151	10.192	10.233	10.274	10.315	10.355	10.396	10.437	10.478	10.519

四、E型热电偶分度表

分度号：E （参考端温度为0℃）

测量端温度/℃	热电动势/mV									
	0	1	2	3	4	5	6	7	8	9
0	0.000	0.059	0.118	0.176	0.235	0.295	0.354	0.413	0.472	0.532
10	0.591	0.651	0.711	0.770	0.830	0.890	0.950	1.011	1.071	1.131
20	1.192	1.252	1.313	1.373	1.434	1.495	1.556	1.617	1.678	1.739
30	1.801	1.862	1.924	1.985	2.047	2.109	2.171	2.233	2.295	2.357
40	2.419	2.482	2.544	2.607	2.669	2.732	2.795	2.858	2.921	2.984
50	3.047	3.110	3.173	3.237	3.300	3.364	3.428	3.491	3.555	3.619
60	3.683	3.748	3.812	3.876	3.941	4.005	4.070	4.134	4.199	4.264
70	4.329	4.394	4.459	4.524	4.590	4.655	4.720	4.786	4.852	4.917
80	4.983	5.047	5.115	5.181	5.247	5.314	5.380	5.446	5.513	5.579
90	5.646	5.713	5.780	5.846	5.913	5.981	6.048	6.115	6.182	6.250
100	6.317	6.385	6.452	6.520	6.588	6.656	6.724	6.792	6.860	6.928
110	6.996	7.064	7.133	7.201	7.270	7.339	7.407	7.476	7.545	7.614
120	7.683	7.752	7.821	7.890	7.960	8.029	8.099	8.168	8.238	8.307
130	8.377	8.447	8.517	8.587	8.657	8.827	83.797	8.867	8.938	9.008
140	9.078	9.149	9.220	9.290	9.361	9.432	9.503	9.573	9.614	9.715
150	9.787	9.858	9.929	10.000	10.072	10.143	10.215	10.286	10.358	10.429
160	10.501	10.578	10.645	10.717	10.789	10.861	10.933	11.005	11.077	11.151
170	11.222	11.294	11.367	11.439	11.512	11.585	11.657	11.730	11.805	11.876
180	11.949	12.022	12.095	12.168	12.241	12.314	12.387	12.461	12.534	12.608
190	12.681	12.755	12.828	12.902	12.975	13.049	13.123	13.197	13.271	13.345
200	13.419	13.493	13.567	13.641	13.715	13.789	13.864	13.938	14.012	14.087
210	14.161	14.236	14.310	14.385	14.460	14.534	14.609	14.684	14.759	14.834
220	14.909	14.984	15.059	15.134	15.209	15.284	15.359	15.435	14.510	15.585
230	15.661	15.736	15.812	15.887	15.963	16.038	16.114	16.190	16.266	16.341
240	16.417	16.493	16.569	16.645	16.721	16.797	16.873	16.949	17.025	17.101
250	17.178	17.254	17.330	17.406	17.483	17.559	17.636	17.712	17.789	17.865

五、J 型热电偶分度表

分度号：J （参考端温度为 0℃）

测量端温度/℃	热电动势/mV									
	0	1	2	3	4	5	6	7	8	9
0	0. 000	0. 050	0. 101	0. 151	0. 202	0. 253	0. 303	0. 354	0. 405	0. 456
10	0. 507	0. 558	0. 609	0. 660	0. 711	0. 762	0. 814	0. 865	0. 916	0. 968
20	1. 019	1. 071	1. 122	1. 174	1. 226	1. 277	1. 329	1. 381	1. 433	1. 485
30	1. 537	1. 589	1. 641	1. 693	1. 745	1. 797	1. 849	1. 902	1. 954	2. 006
40	2. 059	2. 111	2. 164	2. 216	2. 269	2. 322	2. 374	2. 427	2. 480	2. 532
50	2. 585	2. 638	2. 691	2. 744	2. 797	2. 850	2. 903	2. 956	3. 009	3. 062
60	3. 116	3. 169	3. 222	3. 275	3. 329	3. 382	3. 436	3. 489	3. 543	3. 596
70	3. 650	3. 703	3. 757	3. 810	3. 864	3. 918	3. 971	4. 025	4. 079	4. 133
80	4. 187	4. 240	4. 294	4. 348	4. 402	4. 456	4. 510	4. 564	4. 618	4. 672
90	4. 726	4. 781	4. 835	4. 889	4. 943	4. 997	5. 052	5. 106	5. 160	5. 215
100	5. 269	5. 323	5. 378	5. 432	5. 487	5. 541	5. 595	5. 650	5. 705	5. 759
110	5. 814	5. 868	5. 923	5. 977	6. 032	6. 087	6. 141	6. 196	6. 251	6. 306
120	6. 360	6. 415	6. 470	6. 525	6. 579	6. 634	6. 689	6. 744	6. 799	6. 854
130	6. 909	6. 964	7. 019	7. 074	7. 129	7. 184	7. 239	7. 294	7. 349	7. 404
140	7. 459	7. 514	7. 569	7. 624	7. 679	7. 734	7. 789	7. 844	7. 900	7. 955
150	8. 010	8. 065	8. 120	8. 175	8. 231	8. 286	8. 341	8. 396	8. 452	8. 507
160	8. 562	8. 618	8. 673	8. 728	8. 783	8. 839	8. 894	8. 949	9. 005	9. 060
170	9. 115	9. 171	9. 226	9. 282	9. 337	9. 392	9. 448	9. 503	9. 559	9. 614
180	9. 669	9. 725	9. 780	9. 836	9. 891	9. 947	10. 002	10. 057	10. 113	10. 168
190	10. 224	10. 279	10. 335	10. 390	10. 446	10. 501	10. 557	10. 612	10. 668	10. 723
200	10. 779	10. 834	10. 890	10. 945	11. 001	11. 056	11. 112	11. 167	11. 223	11. 278
210	11. 334	11. 389	11. 445	11. 501	11. 556	11. 612	11. 667	11. 723	11. 778	11. 834
220	11. 889	11. 945	12. 000	12. 056	12. 111	12. 167	12. 222	12. 278	12. 334	12. 389
230	11. 445	12. 500	12. 556	12. 611	12. 667	12. 722	12. 778	12. 833	12. 889	12. 944
240	13. 000	13. 056	13. 111	13. 167	13. 222	13. 278	13. 333	13. 389	13. 444	13. 500
250	13. 555	13. 611	13. 666	13. 722	13. 777	13. 833	13. 888	13. 944	13. 999	14. 055

附录二

一、实验箱介绍

实验箱与 Cortex-M4 实验扩展模块见附图 1。

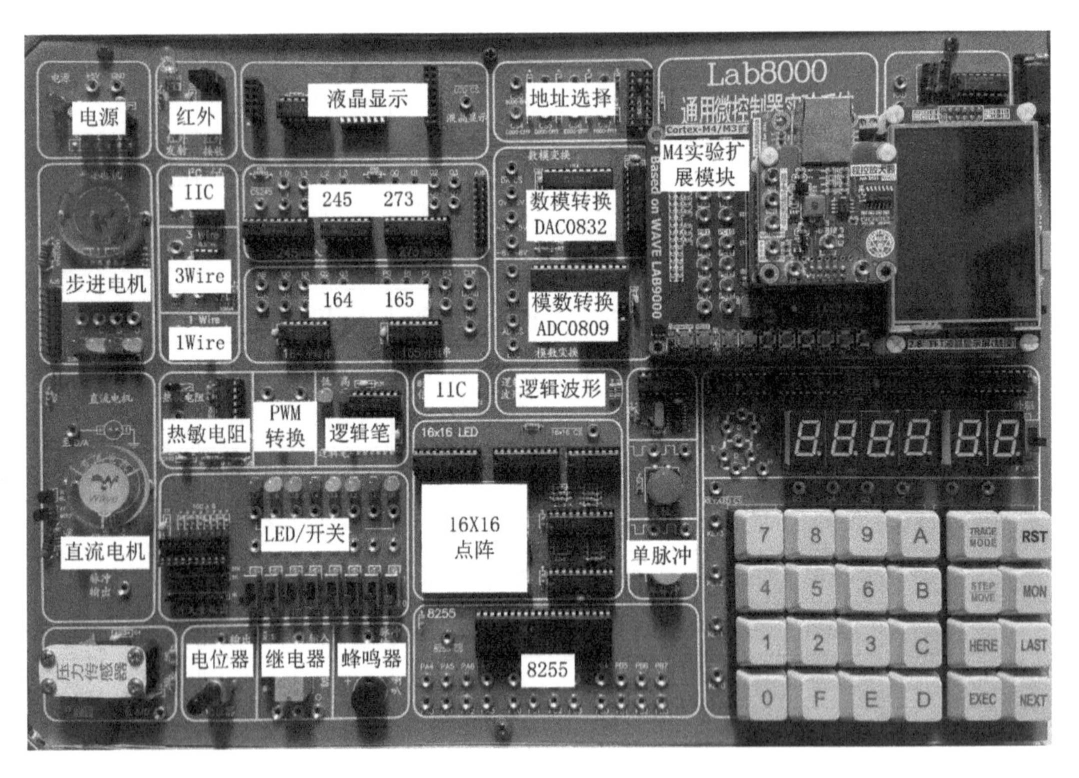

附图 1

实验箱地址选择(片选信号)范围见附表 1。

附表 1　实验箱地址选择(片选信号)范围表

片选信号	地址范围	片选信号	地址范围
$\overline{CS0}$	08000H～08FFFH	$\overline{CS4}$	0C000H～0CFFFH
$\overline{CS1}$	09000H～09FFFH	$\overline{CS5}$	0D000H～0DFFFH
$\overline{CS2}$	0A000H～0AFFFH	$\overline{CS6}$	0E000H～0EFFFH
$\overline{CS3}$	0B000H～0BFFFH	$\overline{CS7}$	0F000H～0FFFFH

二、Cortex-M4 实验扩展模块介绍

Cortex-M4 实验扩展模块见附图 2。

附图 2

Cortex-M4 实验扩展模块可以独立使用，此时实验扩展模块的电源由 USB 提供，可以通过板载仿真器对实验扩展模块进行调试。

实验扩展模块也可接实验箱使用，此时实验扩展模块的电源由实验箱提供，USB 电源经过一个肖特基二极管（有压降）提供给实验扩展模块，当实验箱供电时，USB 电源由于电压低于实验箱电源而被隔离。

当实验扩展模块接驳于实验箱使用时，请务必注意以下事项：

1. 实验扩展模块插入实验箱时，务必注意接口方向和位置对齐（凸头对缺口）。

2. 实验扩展模块本身自带一个调试器，不再需要外挂调试器；如板载调试器出现故障无法调试，则需要外挂调试器，此时请将实验扩展模块上的 R_6、R_7（0 Ω 电阻，位于 RTC 电池右下方）去除。

3. 实验箱内置一个仿真器和仿真头，当实验扩展模块插入实验箱时，实验箱内置仿真头的管脚与实验扩展模块部分管脚相连，为了防止冲突造成实验箱或实验扩展模块管脚损坏，实验扩展模块插入实验箱时，切勿启动实验箱软件或 Keil 调试环境对“实验系统”进行联机操作。一旦进行联机操作，实验箱内置的仿真器和仿真头会被激活，相应管脚特性由三态转为输入或输出，将与实验扩展模块管脚产生冲突而导致硬件损坏。

4. 实验扩展模块左下角的 K0 为“BUS/GPIO”切换开关，用于选择与实验箱总线接驳的相关 IO 口是作为驱动实验箱使用（BUS）还是作为独立 IO 使用（GPIO）。当实验中需要驱动实验箱上的总线外设（例如矩阵键盘扫描、数码管显示、ADC、DAC、16×16 点阵、8255、单色液晶显示、245 输入、273 输出等）时，要将 K0 切换到 BUS 一侧。反之则建议将 K0 切换到 GPIO 一侧，避免一个 IO 口同时接驳两个外设导致硬件损坏。

5. 实验扩展模块启动方式仅支持从用户程序存储器启动，也即 BOOT0 限定为 0。

6. 本教程以 Keil MDK 作为调试平台，采用 STM32 官方固件库作为编程基础，教程仅以调试平台为基础介绍实验扩展模块的简明使用方法，对于调试平台本身的介绍涉及不多，建议参考相关手册。

Cortex-M4 实验扩展模块部分资源见附表 2、附表 3 和附表 4。

附表 2　模块 PA、PB 和 PC 口插孔表

名称	标号	备注
插孔 1	PA1	液晶复位 TFT－RST
插孔 2	PA2	光敏传感器
插孔 3	PA3	预留 ADC 输入口，ADC-CH3(连接到 CN6)
插孔 4	PA4	液晶片选/DAC 输出，TFT-CS(连接到 CN6)
插孔 5	PA5	液晶时钟 TFT-SCK
插孔 6	PA6	液晶数据输出 TFT1-SDO
插孔 7	PA7	液晶数据输入 TFT1-SDI
插孔 8	PA8	液晶命令/数据选择 TFT1-DC
插孔 9	PB1	DS18B20
插孔 10	PB5	触摸 IC(XPT2046)，TOUCH-PEN_IT
插孔 11	PB6	I^2C 存储器-SCL，24LC02-SCL
插孔 12	PB7	I^2C 存储器-SDA，24LC02-SDA
插孔 13	PC10	USART3_DX
插孔 14	PC11	USART3_TX
插孔 15	PC12	触摸 IC(XPT2046)，TOUCH-BUSY
插孔 16	PC13	未使用

附表 3　模块硬件资源表

名称	备注	
CPU	型号	STM32F407Vx
	封装	LQFP144
	内核	Cortex-M4
	主频	最高 168 MHz
	工作电压	3.63 V
	FLASH	1 024 kB
	SRAM	192 kB
	GPIO	114 个

（续表）

名称	备注	
CPU	ADC	18 通道(12-bit)
	DAC	2 通道(12-bit)
	Timer	14 个
	SPI	3 个
	EtherNet	10/100 M
	I^2C	3 个
	USART	6 个
	USB	1 个
	CAN	2 个
	SDIO	2 个
	DMA	2 通道
仿真器	自带仿真器	
液晶屏和触摸屏	2.8 in(1 in=2.54 cm)彩色液晶屏，自带电阻式触摸屏	
RTC	内置 32.768 kHz 晶振、RTC 后备电池	
光强传感器	GM-5528/5549 或其他替代型号	
高精度温度传感器	DS18B20	
温湿度传感器	DHT11	
CAN 驱动	TJA1050	
I^2C 存储器	24C02	
电位器	10 kΩ	
发光管	8 个	
微动开关	8 个独立按键+1 个复位键+1 个 WAKE_UP 键	
蜂鸣器	无源	
OLED 屏(非标配)	128 * 64	
Wi-Fi 模块(非标配)	ESP8266 透传	

附表 4　模块硬件接口表

名称	标号	备注
SWD 接口	CN1	用于外挂支持 SWD 的仿真器，默认不装配
CAN 接口	CN3	2 芯 KF128-3.81 端子
USB 接口	CN2	板载调试器/USB-TTL 模块，同时用于扩展模块供电

（续表）

名称	标号	备注
IO 扩展接口	1P1	26 芯插座，默认不装配
IO 扩展接口	1P2	26 芯插座，默认不装配
IO 扩展接口	1P3	26 芯插座，默认不装配
IO 扩展接口	1P4	26 芯插座，默认不装配
插孔(16 个)	PA/PB/PC	用于与“实验系统”外设接驳进行联合实验
液晶和触摸屏接口	TFT1	用于接驳液晶和触摸屏
3.3V 扩展接口	CN4	8 芯插座，默认不装配
GND 扩展接口	CN5	8 芯插座，默认不装配

三、程控放大器实验模块介绍

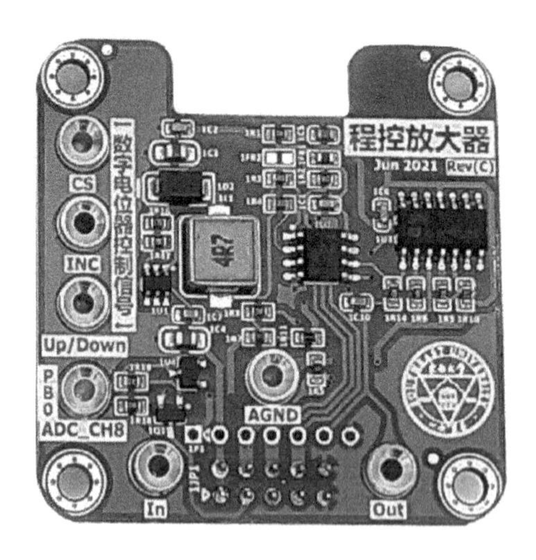

附图 3

程控放大器模块(附图 3)是以数字电位器为核心的，用于调节由运算放大器组成的比例放大器放大倍数。

程控放大器模块可独立使用，独立使用时，信号由接线孔引入/引出，也可以焊接 P1(2.54 mm间距 7pin 单排针)后从 P1 引入或引出，还可配合 Cortex-M4 扩展板使用。

(1) 程控放大器模块的功能特点如下：

① 放大/缩小倍数阶梯可调。

典型值：1/2 倍@5 kΩ，1/3 倍@10 kΩ，1 倍@25 kΩ，1.5 倍@40 kΩ，@后为数字电位器阻值。

② 内置 1 通道 3.6 V 保护电路(≤12 V)。

(2) 程控放大器模块特性参数见附表 5。

附表 5　程控放大器模块特性参数表

电气参数	
放大倍数	1/6～7/6(阶梯可调)
输入信号	0～24 VDC
输出信号	0～3.5 VDC
工作电压	3.3 VDC
工作电流	≤100 mA(输出浮空时)
工作温度	−40～85℃

(3) 程控放大器模块接口信息见附表 6。

附表 6　程控放大器模块接口信息表

编号	接线孔	说明
1	CS	数字电位器控制信号 CS
2	INC	数字电位器控制信号 INC
3	Up/Down	数字电位器控制信号 Up/Down
4	PB0/ADC_CH8	通过 JP1_PIN3 接到 M4 扩展板 PB0; 集成 3.6 V 保护电路(≤12 V)
5	AGND	模拟信号地
6	In	模拟信号输入
7	Out	模拟信号输出

(4) 程控放大器模块接口(JP1)与接驳 Cortex-M4 扩展板使用时 IO 占用表见附表 7。

附表 7　I/O 占用表

编号	JP1 引脚	Cortex-M4 扩展板信号
1	PIN1	3.3 V
2	PIN2	3.3 V
3	PIN3	PB0_ADC_CH8
4	PIN4-8	不连接
5	PIN9-10	GND

四、以太网实验模块介绍

该模块(附图 4)作为通用的串口转以太网透传设备,可以连接 51、AVR、PIC、ARM 等单片机(MCU)及其他串口(TTL)设备。

EtherNet_CH9121 是以 CH9121 以太网芯片为核心的以太网模块,可实现 TCP 或

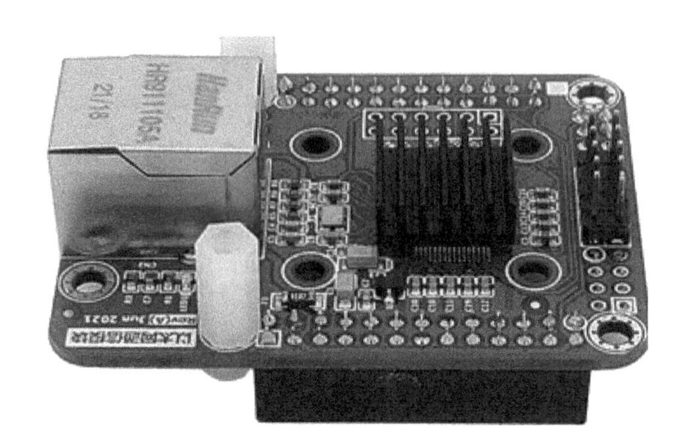

附图 4

UDP 网络数据包与串口(TTL 电平)数据包的透明传输。作为一款多功能型嵌入式数据转换模块,其内部集成了硬件 TCP/IP 协议栈和 10～100 M 以太网数据链路层(MAC)及物理层(PHY)。用户通过串口可以轻松地将终端接入网络,大大减少开发时间和开发成本。

EtherNet_CH9121 以太网模块可以通过串口或网络发送指令实时修改参数,也可以通过参数设置软件查询、修改参数。串口波特率支持 300～921 600 b/s。模块的工作模式有 TCP_Client 模式、TCP_Server 模式、UDP_Client 模式和 UDP_Server 模式 4 种方式。

在 UDP_Client 模式和 UDP_Server 模式下,网络发给模块的一帧数据最大为 1 472 B。根据以太网的规则,一帧以太网的数据帧大小为 46～1 500 B,数据帧的 IP 首部为 20 B,UDP 首部为 8 B,因此有效的数据长度最大为 1 472 B。用户使用时,如果数据大于 1 472 B,需要分帧发送。

参 考 文 献

[1] 周真，苑惠娟. 传感器原理与应用[M]. 北京：清华大学出版社，2011.
[2] 彭杰纲. 传感器原理及应用[M]. 2版. 北京：电子工业出版社，2017.
[3] 唐文彦，张晓琳. 传感器[M]. 6版. 北京：机械工业出版社，2021.
[4] 王化祥，张淑英. 传感器原理及应用[M]. 4版. 天津：天津大学出版社，2014.
[5] 陈建元. 传感器技术[M]. 北京：机械工业出版社，2008.
[6] 余瑞芬. 传感器原理[M]. 2版. 北京：航空工业出版社，1995.
[7] 王化祥，张淑英. 传感器原理及应用：修订版[M]. 2版. 天津：天津大学出版社，1999.
[8] 贾伯年，俞朴，宋爱国. 传感器技术[M]. 3版. 南京：东南大学出版社，2007.
[9] 宋爱国，赵辉，贾伯年. 传感器技术[M]. 4版. 南京：东南大学出版社，2021.
[10] 刘迎春，叶湘滨. 传感器原理、设计与应用[M]. 4版. 长沙：国防科技大学出版社，2004.
[11] 王雪文，张志勇. 传感器原理及应用[M]. 北京：北京航空航天大学出版社，2004.
[12] 董永贵. 传感技术与系统[M]. 北京：清华大学出版社，2006.
[13] 陈文仪，王巧兰，吴安岚. 现代传感器技术与应用[M]. 北京：清华大学出版社，2021.
[14] 朱晓青. 传感器与检测技术[M]. 2版. 北京：清华大学出版社，2020.
[15] 王晓飞，梁福平. 传感器原理及检测技术[M]. 3版. 武汉：华中科技大学出版社，2020.
[16] 胡向东，耿道渠，胡蓉. 传感器与检测技术[M]. 4版. 北京：机械工业出版社，2021.
[17] 周杏鹏. 现代检测技术[M]. 2版. 北京：高等教育出版社，2010.
[18] 周杏鹏. 传感器与检测技术[M]. 北京：清华大学出版社，2010.
[19] 马飒飒. 传感器与传感器网络[M]. 西安：西安电子科技大学出版社，2022.
[20] 罗志增，席旭刚，高云园. 智能检测技术与传感器[M]. 西安：西安电子科技大学出版社，2020.
[21] 宋爱国，梁金星，莫凌飞. 智能传感器技术[M]. 南京：东南大学出版社，2023.
[22] 陈雯柏，李邓化，何斌，等. 智能传感器技术[M]. 北京：清华大学出版社，2022
[23] 李邓化，陈雯柏，彭书华. 智能传感技术[M]. 北京：清华大学出版社，2011.
[24] 吴盘龙. 智能传感器技术[M]. 北京：中国电力出版社，2015.
[25] 汤晓君，张勇，李世维. 智能传感器系统[M]. 2版. 西安：西安电子科技大学出版社，2010.
[26] 田辉. 微机原理与接口技术：基于 ARM Cortex-M4[M]. 3版. 北京：高等教育出版社，2020.
[27] 杨永杰，许鹏. 嵌入式系统原理及应用：基于 ARM Cortex-M4 体系结构[M]. 北京：北京理工大学出版社，2018.
[28] 郭建，陈刚，刘锦辉，等. 嵌入式系统设计基础及应用：基于 ARM Cortex-M4 微处理器[M]. 北京：清华大学出版社，2022.